实验教学安全管理概论

主　编　代显华
副主编　葛一楠

科学出版社
北　京

内 容 简 介

本书以研究高等学校实验教学安全管理的基本理论和揭示实验教学安全管理的一般规律为主要内容。全书共 10 章,除了第一章带有研究背景介绍和文献综述性质外,其他各章分别阐述了高等学校实验教学安全管理的构成、原则、规律、目标、主体、对象、方法、环境,以及实验教学安全事故管理、纠纷处理等内容,涵盖了实验教学安全管理的基本理论和实践应用两个方面的内容。

本书可作为高等学校实验教学教师、学生和实验教学管理人员系统学习和研究实验教学安全管理的教材或参考书。

图书在版编目(CIP)数据

实验教学安全管理概论/代显华主编. —北京:科学出版社,2013
ISBN 978-7-03-037860-6

Ⅰ.①实… Ⅱ.①代… Ⅲ.①高等学校-实验室-安全管理 Ⅳ.①N33

中国版本图书馆 CIP 数据核字(2012)第 130394 号

责任编辑:胡云志 任俊红 乔艳茹 / 责任校对:胡小洁
责任印制:阎 磊 / 封面设计:华路天然工作室

科 学 出 版 社 出版
北京东黄城根北街 16 号
邮政编码:100717
http://www.sciencep.com

源海印刷有限责任公司 印刷
科学出版社发行 各地新华书店经销

*

2013 年 6 月第 一 版 开本:787×1092 1/16
2013 年 6 月第一次印刷 印张:13
字数:322 000

定价:26.00 元
(如有印装质量问题,我社负责调换)

序

　　中华人民共和国教育部(以下简称教育部)《关于进一步深化本科教学改革　全面提高教学质量的若干意见》(教高〔2007〕2 号)中指出,高等学校应着眼于国家发展和人的全面发展需要,坚持知识、能力、素质协调发展,注重能力培养,着力提高大学生的学习能力、实践能力和创新能力。《国家中长期教育改革和发展规划纲要(2010～2020 年)》第七章十九条明确指出:"加强实验室、校内外实习基地、课程教材等基本建设……强化实践教学环节。"实验教学是培养学生动手能力和创新能力的重要教学手段,正在引起教育部门和学校的极大关注和重视,但如何进行实验教学安全管理,保证实验教学安全、顺利地开展,是亟待解决的核心问题。

　　成都大学高度重视实验教学工作,着力于培养高素质、应用型人才,开展了实验教学安全管理研究,由学校党委书记屠火明教授担任课题主持人,代显华等老师编写的《实验教学安全管理概论》一书正是对推进地方高等学校实验教学安全管理所进行的一次有益的尝试,是促进实验教学安全管理向规范化发展的一次重要努力。阅读全书,深感该书有两个突出的特点和新意:①全书坚持以"安全第一、预防为主、责任至上、综合治理"为指导思想,做到理论与实际相结合,既保持理论的系统性和内容的科学性,又注重教材的实用性和针对性,是目前少有的实验教学安全管理教材;②全书以"实验教学安全管理"作为研究对象,全面探讨了实验教学安全管理的原理、知识、技术等,视野独特、观点新颖、内容全面、说理充分,是目前难得的有关实验教学安全管理的研究成果。

　　该书的编者都是从事实验教学管理且具有丰富经验的领导、管理人员,以及活跃在实验教学一线的教师,该书内容都是他们从实践中总结出来的宝贵经验,可以为高校实验教学管理人员、实验教学教师提供有益的参考。该书体系合理、选材新颖、内容翔实,具有一定的理论性和较强的实用性,是一本不可多得的有关实验教学安全管理的教材,读后使我有感而发,提笔为该书作序。

2012 年 11 月

前　言

高等教育是在完成高级中等教育基础上实施的教育,其任务是培养具有创新精神和实践能力的高级专门人才,发展科学技术文化,促进社会主义现代化建设。要完成这样一个重要而艰巨的任务,高等学校必须认真贯彻国家教育方针,不断提高办学水平和教学质量,而坚持抓好实验教学已成为提高教学质量不可缺少的重要环节。随着高等教育事业的发展,招生规模的扩大,参与实验教学的师生人数及时间在不断增加,师生员工在参与实验教学过程中的安全问题也日益突出。再加之,随着科学技术和教育教学手段的现代化,有不少新设施、新设备、新仪器被不断运用于实验教学,这对实验教学安全管理提出了越来越高的要求。近年来,尽管实验教学安全管理制度越来越完善,实验教学安全管理措施也越来越得力,但是,高等学校在进行实验教学研究和实践过程中,还没有把实验教学安全研究提高到应有的认识高度。面对这种情况,为了在高等学校实验教学中认真坚持"安全第一,预防为主"的安全生产管理方针,不断强化安全管理,防患于未然,我们结合实验教学和管理需要,结合实验教学安全特点,选择了实验教学安全管理作为研究课题,为有效开展实验教学安全教育、管理和研究提供应用基础理论。该课题被批准为四川省教育厅重点教改课题,着重探索实践教学的相关理论与规律,大力加强实验、实训、实习等实践环节,推进实验教学内容和实验教学模式改革与创新,培养学生的实践动手能力、分析问题和解决问题能力。课题批准后,在学校实验技术中心的直接组织和支持下,课题组进行了研究人员的培训,进一步明确了研究分工和合作的内容,统一研究目标和方法,统一初稿的撰写风格。在研究过程中,课题组又开展了多次实验教学安全管理学术研究,在听取不同的研究意见的基础上,进一步统一了对研究的认识,细化了研究提纲,为顺利开展研究和成果的撰写奠定了基础。课题组研究人员结合自己的研究任务和提纲需要,进一步补充查阅、研究大量的文献资料,学习有关实验、教学、管理、安全理论,结合自己的研究内容,开展了必要的调查研究和访问。在这些基础上,撰写出研究初稿,并围绕研究目的和要求,修改初稿。整个研究初稿形成后,课题组再次听取了有关分管领导和专家的意见,作了进一步修改、补充论证,最后以《实验教学安全管理概论》一书呈现在我们面前,这个过程虽然艰辛,但终于成书与大家见面,实感欣慰。

本书是以研究高等学校实验教学安全管理基本理论和揭示实验教学安全管理一般规律为主题的研究成果。全书共10章,除了第一章带有研究背景介绍和文献综述性质外,其他各章分别阐述了高等学校实验教学安全管理的构成、原则、规律、目标、主体、对象、方法、环境,以及实验教学安全事故管理、纠纷解决等内容,基本涵盖了学校实验教学安全管理基本理论和实践应用的各个方面。

本书有三个新的特点。

首先,理论性。本书每一章都结合自己的研究主体,对涉及的基本概念、原理、知识、技术等进行较为深入的理论探讨,为高等学校实验教学安全管理和实践研究奠定了较为系统的理论基础。

其次,新颖性。本书以"实验教学安全管理"作为逻辑起点,构建了具有内在逻辑的研究内容,全面探讨了实验教学安全管理的构成要素、五个原则、三大规律、目标系统、主体系统、方法系统、对象系统等,视野独特,观点新颖。

最后,应用性。书中所涉及的学校实验教学安全管理实践部分,都是编者多年从事实验教学安全管理实践经验的归纳、提炼、升华和技术路径的补充、完善,为提高实验教学安全管理的有效性提供了系统的技术指导。

本书的问世,是我校专家引领指导、团队分工合作、成员艰苦攻关的集体智慧的结晶,对学校实验教学安全管理研究和实践有着重要启迪和技术指导价值,可作为高等学校实验教学教师、学生和实验教学管理人员系统学习和研究实验教学安全管理的教材。

学校实验教学安全管理是个复杂的系统工程,可以说,我们的研究只是开了个头,还有许多相关课题需要进一步去发现、分析和进行艰苦的研究。由于我们的研究视野、理论和实践的局限,书中有的论述还不够充分,有的地方对基本概念的界定,以及对外延的描述、分析还不一定准确,提出的实验教学安全管理技术路径也有待继续深入研究和进行实践提炼,不足之处恳请同行专家及读者批评指正。

课题主持人:

2012 年 11 月于成都

目　　录

第一章　实验教学安全管理概述

《中华人民共和国高等教育法》第 5 条规定:"高等教育的任务是培养具有创新精神和实践能力的高级专门人才,发展科学技术文化,促进社会主义现代化建设。"要完成高等教育人才培养任务,坚持抓好课堂教学和实验教学以保证教育质量是高等学校的核心任务。而要提高教育质量,抓好实验教学是不可缺少的一项核心工作。随着高等教育事业的发展、招生规模的扩大,实验项目和参与实验教学的师生人数逐渐增加,学校实验室建设得到很大发展,实验教学过程中的安全问题也日益突出。目前,对于实验教学安全方面的问题已有不少研究,但大多是在强调安全制度建设和安全责任方面,缺乏比较全面系统的思考。因此,结合实验教学和管理需要,较为全面系统地研究实验教学安全管理,已经成为教学管理研究的重要课题。为了便于开展学校实验教学安全管理学习和研究,下面对实验教学安全管理研究情况作一个概括性介绍。

第一节　实验教学安全管理的提出

实验室是学校教学和科研的基础平台。实验室的建设、管理和使用在教学、科研和社会服务中占有极其重要的地位。实验教学是教学工作的重要组成部分,不仅对促进学生理解专业知识、掌握实际操作技能、培养创新能力具有举足轻重的作用,同时也是完成教育任务、实现人才培养目标、不断完善和构建新型人才培养模式的重要体现。实验教学管理工作是一个多层次、多目标、多因素的系统工程,在教育人、影响人等方面有独特的作用。学校安全无小事,安全稳定是学校快速发展的根本保障。实验教学安全是学校安全工作的组成部分,是安全工作的重中之重。调查发现,实验教学安全事故多数发生在学校实验室,并且事故一旦发生,给师生员工生命财产带来危害的同时,也会给学校带来较大的负面影响。所以做好实验教学安全工作,是学校平稳、有序发展的根本要求。坚持抓好实验教学的安全管理,强化实验教学参与人员的安全责任意识,丰富其安全技术知识,防止和减少安全事故的发生,保障师生员工的生命财产安全,是保证学校实验教学健康发展的重中之重。

一、提出背景

1. "以人为本"是前提

科学发展观的核心是"以人为本"。"世界上的一切科学技术的进步,一切物质财富的创造,一切社会生产力的发展,一切社会经济系统的运行,都离不开人的服务、人的劳动与人的管理。人本原理就是以人为中心的管理思想。这是管理理论发展到 20 世纪末的主要特点。"[1]毛泽东曾经说过:"世间一切事物中,人是最可宝贵的,只要有了人,什么人间奇迹都可以造出来。"[2]同样,在实验教学中最积极、最活跃的因素是人。人是实验教学活动的重要而关键的组

---

①　周三多,陈传明,鲁明泓. 管理学——原理与方法. 4 版. 上海:复旦大学出版社,2003.

②　毛泽东. 唯心历史观的破产//毛泽东. 毛泽东选集. 4 卷. 北京:人民出版社,1991.

成部分,是开展实验教学活动的根本目的,是实验教学发展的根本动力。所有的实验教学活动,以及参与实验教学主体的所有行为,都应该在保证"人"安全的前提下来进行。不以人的安全为前提,任何实验教学都将失去价值。因此,在实验教学中,保障参与实验教学的师生、员工的生命财产安全是首要任务。

现代安全管理理念中的事故致因理论,明确提出引发事故的四个基本因素:人的不安全行为、物的不安全状态、环境的不安全条件和管理方面的缺陷,其中人的不安全行为占了很大比例。美国安全生产专家海因里希对 7.5 万起工伤事故的调查统计发现,人的不安全行为因素占了 89.8%。我国企业工伤事故产生的原因中,85% 也与人的不安全行为有关。显然,以人为本思想和引发事故的四要素都充分说明人是安全的核心问题。因此,实验教学安全不仅包括硬件、软件等的安全,更重要的是实验教学领导者、管理者以及参与实验教学的师生的安全,离开他们片面或抽象地讨论实验教学安全管理,都会失去应有的价值。

首先,只有坚持"以人为本",才能确保实现实验教学的根本目的。任何实验教学的根本目的都是验证已有的基本知识和理论,或者探讨新的知识、理论和技术。这个验证或探讨过程受各种条件的限制:一方面,实验内容本身的问题可能存在生命财产风险;另一方面,因人的认识局限或疏忽、操作技能的失误等导致对人生命的威胁。因此,必须坚持"以人为本",在坚持保证"人"安全的条件下,对实验内容和技术路径进行科学设计,对实验仪器设备进行科学选择,从而把风险或损失控制在最小范围或降低到最低限度。

其次,只有坚持"以人为本",才能充分发挥相关制度的作用。任何实验教学安全管理都离不开制度,必须通过注重实验教学安全制度的建设,进而加强实验教学安全管理。任何管理制度都是由人来制定,最终也是靠人去执行的。在实施每一项管理制度、措施时,要考虑其对人的精神状态的影响,是使人的精神状态更加健康、人性更加完美,还是起相反的作用,这是安全管理考虑的首要前提。任何安全管理制度,离开了人这个根本,不仅难以消除安全管理上的漏洞,而且其本身就隐含了不安全因素。因此,安全管理中应突破"就安全抓安全、就管理抓管理"的框架,注重对人的安全意识和自我行为管理的培养,促使实验教学参与者自觉发现安全隐患、排除安全隐患、自觉遵守安全操作规范,从而有效避免风险或者把风险控制在人们可以接受的范围内。

最后,坚持"以人为本"才能形成确保实验教学安全的合力。实验教学除了通过实验可以获得新的知识、技术或产品外,还可以通过实验培养参与者的个体安全职业道德,养成遵章守纪的安全行为习惯,更为重要的是把这些参与者的思想意识、价值取向、安全行为、安全措施都凝结到共同的安全理念之中,体现出一种具有鲜明时代特点的人文精神,增强安全管理的整体意识,产生一种人人认同并全力践行的共同价值观,营造一种安全氛围,激发安全管理的积极性和创造性,形成一种确保安全的强大合力。这种合力是预防、避免、控制和消除实验安全事故,确保实验达到预期目标的关键所在。

倡导"以人为本"就是要充分尊重人的价值、重视人的尊严,鼓励发挥个人特长,提倡创新精神,强调人与人之间应该建立民主、平等、关爱、互相尊重的人际关系,营造积极向上、奋进发展的文化氛围,并以此促进实验教学安全管理。

2. "课程改革"是导向

《国家中长期教育改革和发展规划纲要》第七章第十九条明确指出:"加强实验室、校内外实习基地、课程教材等基本建设。深化教学改革。推进和完善学分制,实行弹性学制,促进文理交融。支持学生参与科学研究,强化实践教学环节。"为此,调整和增加实验教学课程分量,是学校课程改革发展的必然要求。

美国著名教育学家杰罗姆·布鲁纳认为,教学过程是一个学生探究和发现的过程。在此过程中,强调学生的自主独立,强调积极主动地发现和探索。实验教学,既是培养学生创新精神和实践能力的重要途径,又是提高教学质量的关键环节。因此,在学校课程改革中,实验教学被提到了相当高度。一方面,夯实验证性实验教学;另一方面,根据专业属性和学生兴趣抓好综合性、设计性实验教学。这样,实验教学从单纯注重学生实验操作能力培养向创新思维能力和实验操作能力相结合、验证和开发实验能力并重的方向转变。实验教学模式以教师"教"为主转变为以学生"学"为主,从而逐步实现学生自己动手进行实验设计,自行动手开展实验操作,自行动手总结实验经验和教训,自己动手撰写实验研究报告。因此,随着人才培养目标的变化,综合性、设计性实验必将在实验教学中占据主导地位并发挥越来越重要的作用,同时也增大了实验教学安全管理难度和事故发生的概率,进而要求学校必须加大实验教学安全管理的力度。

二、实验教学安全现状

随着我国教育事业的发展,实验教学已成为人才培养的一个重要手段。如何加强实验教学安全管理,必须先了解实验教学安全现状,保障实验教学安全进行,这已成为亟待解决的问题。

1. 规划设计不科学,安全隐患较多

由于各方面的原因,许多学校在实验教学配套设施的建设、管理过程中,重点放在仪器设备的更新上,缺少对实验教学基础设施安全的系统思考和对安全环境的营造,普遍存在一些因规划设计而造成的安全隐患。例如,实验室房屋、水、电、气等管线设施不规范,布局不合理;乱设防护门窗、堵塞安全通道;安全资金投入不足、安全设施陈旧落后;实验场地紧张,设备的安全操作距离不够;一些需要分开存放的物品,如化学试剂等,不能完全做到分开存放;环保设施不能满足要求,一些会产生有毒气体的实验室没有安装通风橱,无法使用排气扇通风;一些废水没有进行处理就直接排放;缺乏备用供电设施等应急保障系统,导致一些重要实验设备因使用中突然停电造成损坏甚至报废;缺乏必备的救助设施和药品,在发生烧伤、烫伤、割伤等事故时,不能及时施救等,这些系统设计和环境营造的不足,都可能留下实验教学管理的安全隐患。

2. 安全制度不完善,安全职责不明确

长期以来,学校实验教学安全管理体制不顺,管理机构参差不齐,职能交叉、多头管理的现象比较突出,且安全责任不明、安全制度不完善、安全检查不力等管理体制和机制上的问题也大量存在。许多学校实验教学现行的安全管理职能部门是保卫处,通常保卫部门缺少专业技术人员,很难实现实验教学安全管理的专业化;同时,保卫部门和实验教学管理部门之间职责划分不够明确,或者部门之间的沟通协调不足,导致实验教学安全管理成了校园安全管理的薄弱环节。同时,由于学校扩招,实验场地紧张甚至超负荷运转,致使无暇顾及实验教学的安全管理,导致有抽象的制度而无具体实施细则,有纸质的制度而无具体责任人员落实,甚至有些根本没有实验教学安全管理制度。

3. 安全教育缺乏系统管理,有效性差

教学是学校的中心工作,但必须以安全为前提。一般情况下,学校在研究和思考如何提高教学质量上投入的精力较多,尽管这种研究和思考是正确的、应该的,却没有更多的精力去关注安全,更谈不上对实验教学安全管理的关注,导致部分学校的实验教学安全管理处于自由状态;有的由分管部门或者人员从自己的良心出发,开展形式安全教育;有的由教师自由进行简单安全教育;有的甚至因实验任务紧张,而不进行安全教育等。正因为这样,学生普遍安全意识淡漠,缺乏自保和他保技能,导致学校安全教育的有效性差。据不完全统计,许多学校安全意识淡薄,安全观念较弱,缺乏有针对性的、系统的安全教育和培训。因此,加强安全知识和基本技能的普及是学校实验室安全管理面临的一个普遍问题。

另外,专业实验教学人员严重不足、实验教学资金短缺等方面,既严重制约了学校实验教学的健康发展,也为实验教学安全管理埋下了隐患。

4. 事故时有发生,安全管理紧迫

2001~2009年,高校实验教学安全事故时有发生,直接造成师生生命危险或者重大财产损失,同时也给学校带来了不同程度的负面影响。

2001年5月20日,江苏省某化工学院化工楼一个实验室发生火灾,烧毁了该实验室的全部设备。

2001年11月20日,广东某工业大学5号楼三楼化工研究所的一个化工实验室发生爆炸事故,造成两人重伤、三人轻伤,其中一人生命垂危。

2002年9月24日,南京某大学一栋理化实验室,由于一实验室在实验过程中操作不当引起火灾,造成整栋大楼烧毁。

2003年1月19日,中山市某大学地球与环境科学学院实验室发生化学原料爆炸。

2003年6月12日,北京某大学一实验室突然发生猛烈爆炸,爆炸事故共造成3名教师受伤。

2003年9月9日,新加坡某大学研究生在环境卫生研究院实验室中感染SARS病毒。

2006年12月5日,成都某大学综合实验楼的三楼化学实验室发生爆炸事故,造成一名教师当场死亡,两名学生受伤。

2008年9月09日,四川某大学高分子学院实验大楼303室,一学生在实验中不慎将装有化学品的容器打倒,造成有毒、强腐蚀性化学品"三氯化磷"泄漏。

2009年6日下午5时30分许,四川某师范大学田家炳教学大楼微机实验室因电线短路发生火灾。

……

从这些事故可以看出,实验教学安全意识淡薄、制度不健全、设施不完善、管理不到位、监管不落实是实验教学安全事故发生的主要原因。实验教学安全事故的发生,不仅暴露出安全管理工作中存在的诸多薄弱环节,也反映出加强实验教学安全工作的紧迫性。所以学校管理者一定要以这些安全事故为鉴,充分认识实验教学安全管理工作的重要性,增强责任心和紧迫感,切实加强对实验教学安全工作的领导,改进实验教学安全设施建设和安全管理工作措施,完善实验教学安全管理制度,明确安全管理责任,确保将师生安全放在一切工作的首位,为创建平安校园、构建和谐社会营造良好的安全环境。

第二节　国内外研究现状

人类对防范意外事故的了解与认识已经历了漫长的岁月,从宿命论到经验论,从经验论到系统论,从系统论到本质论;从无意识地被动承受到主动谋求对策,从事后型的"亡羊补牢"到预防型的安全管理;从单因素的就事论事到安全系统工程;从事故致因理论到安全科学原理等,安全、科学的理论体系在不断发展和完善。随着以人为本理念的逐步深化和日益深入人心,安全管理方面研究的内容和范围已经涉及各个方面,实验教学安全管理研究越来越受到人们的重视。为了更好地认识实验教学安全管理的必要性和价值,需要通过对国内外安全管理相关研究,展示最新研究进展,识别当前研究的不足之处。

一、国内研究现状

据了解,在实验教学安全管理方面,理论界的研究成果多数仍停留在强调安全制度建设、落实安全责任上,尚未发现有对实验教学安全管理的系统研究。但是,国内学者在安全管理、实验室安全管理方面的研究却相对比较丰富。

1. 安全管理研究成果

在我国的煤炭、矿山、航天等领域,对安全管理的研究很重视,成果也比较丰富,概括起来主要有以下四个方面。

1) 理念、对象方面的研究

第一,在理念研究上。提出了安全生产问题是伴随着生产和技术的发展而发展的,安全管理的理念也伴随着人们对安全生产的理解的不同而逐渐变化。有些理念突出安全管理的功能,适用于普通中小企业;有些则强调了对安全生产的系统管理,适用于大型高危险性企业等。安全管理理念有三个层次:一是要让基层人员学会动脑筋去思考在哪里可能出现什么危险、如何去按章操作等;二是要让管理人员去想哪里是安全重点、是薄弱环节,监督责任是否落实,职工操作是否规范等;三是中高级管理层要把责任、制度、规程、措施落实到现场,遇到问题要勤沟通,并有解决问题的方法和措施等,只有三层人员努力合作,才能真正做到"安全无误"。

第二,在安全管理对象方面。罗云认为,安全管理涉及两个系统对象:一是事故系统;二是安全系统。从事故系统出发,带有事后性,是被动、滞后的;从安全系统出发,具有超前和预防意义。由此可以看出,人们依据实际生产上的需要会对安全管理有不同的理解,不存在适用于所有企业的统一模式。

2) 企业安全管理的研究

在安全管理认识方面,企业管理理论的发展使学术界开始从企业管理的视角研究安全管理,把安全管理视为企业管理的一个组成部分,利用企业管理的最新理论对安全管理进行研究。例如,袁昌明认为,安全管理是研究人、物、环境三者之间的协调性,对企业安全进行工作决策、计划、组织、控制和协调,在法律制度、组织管理、技术和教育等方面采取综合措施,控制人、物、环境的不安全因素的一门综合性学科。陈宝智以伤亡事故致因理论作为指导安全管理工作的基本理论,论述了人、物、管理三大要素在伤亡事故发生中的作用和预防伤亡事故的基本原则,从人的不安全行为或失误两个层次上对人的因素进行了分析研究,从管理角度探讨了控制人的因素的基本原理和方法,以及预防伤亡事故的安全技术原则。陈宝智认为,安全管理是为实现安全生产而组织和使用人力、物力、财力等各种物质资源的过程;安全管理要利用计划、组织、指挥、协调、控制等管理机能控制来自自然界的、机械的、物质的不安全因素及人的不安全行为,以避免发生伤亡事故;安全管理还必须遵从伤亡事故预防的基本原理和原则。这两种观点既强调了安全管理具有企业管理的全部功能,又强调了安全管理对象的特点,比较全面地反映了安全管理的内涵与特征。还有一些国内学者也结合自己的理解从传统企业管理的视角提出了对安全管理的理解,如甘心孟等。他们把安全管理视为企业管理的一部分,主张采用计划、领导、组织、协调等企业管理方法对企业进行管理,主张通过这些管理职能把事故发生率降到最低水平,适用于对传统生产类型企业安全生产过程的管理。

3) 系统安全管理的研究

随着现代工业生产规模的扩大,企业生产中蕴涵的风险越来越大,航天、核电、民航等“高可靠性组织”和石油化工等“流程工业”均要求生产中的绝对安全。由此,对安全过程实施系统监控的要求日益强烈,系统安全管理的理念开始成为企业安全管理的主流。系统安全管理把安全管理视为对“员工”、“设备”、“环境”、“制度”等构成的安全系统的管理,以协调的观点来看待安全管理过程。陈宝智提出了以人为中心的安全管理和通过系统方式实施安全管理的思想;罗云认为,安全管理已经由近代的事故管理发展为现代的隐患管理,分析了现代安全管理的重要特征,提出了现代安全管理的理论。

4) 安全管理评价的研究

这方面的研究主要体现在安全管理效能和行业安全评价方面。学者们认为,安全管理的最终目的是实现安全系统的高效运转,以减少作为被管理对象的企业安全生产体系的事故损失。在对安全管理效能的研究方面,学者们的理解并不相同,他们都在自己的研究框架内进行着相关研究。例如,刘铁忠利用信息熵理论研究了信息流动对安全管理组织机构效能的影响,建立企业安全管理组织机构性能的评价模型。但该项研究只是就某类企业的安全管理机构组织方式进行了比较分析,没有从事故分析的角度研究一般企业的安全管理效能的特点,其研究成果的适用范围有限。在行业安全评价的研究方面,我国颁布的《机械工厂安全性评价标准》(1987)提出从“安全管理上作的有效性与可靠性”、“预防事故发生组织措施的完善性”、“事故控制能力”这三个方面衡量综合安全管理现状;中国石油化工集团公司颁布的《石油化工企业安全评价实施方法》(1990),也对综合管理系统评价方法做出了规定;国内还有其他一些专家在企业管理实践中摸索了很多提升企业安全管理的措施与手段。李济坤提出提高基础单位企业安全管理能力的几点措施:界定安全管理职责、明晰安全管理目标、提高安全管理行为的有效性、增强专业管理手段、提高应急处理实效性。

2. 实验教学安全管理研究

尽管学校实验教学安全管理的研究开始引起重视,但是研究的视角还显狭窄,国内大部分研究是针对学校实验室存在的安全隐患及其原因,是对影响实验室安全的硬件、软件、“三废”排放以及实验室安全事故的类型等方面的研究,这些对实验室安全管理问题进行的分析研究,在坚持“安全第一”思想指导下,以“以人为本,预防在先”为核心,提出了积极改进和加强学校实验室安全管理的若干对策。

李五一、阮慧、项晓慧指出,在我国高校,学校的安全通常由保卫部门、后勤部门、实验室与设备管理处几个部门分别管理(甚至还涉及基建、房产部门),往往分属不同的校领导分管,相互之间边界不清、职责不明、对接困难、扯皮较多。尤其是近年来随着科研发展凸显出来的一些新问题,更是使人难以理清。这样,就难免出现安全隐患,甚至可能酿成安全事故,造成不可挽回的损失。李五一等认为,学校实验室发展很快,科研任务增多,而实验室安全本身往往只是实验室与设备管理处(或者后勤或者教务处)的一项分管工作,人员配备严重不足。在各院系、各研究所层面也没有健全的安全管理体系。在我国高校实验室安全管理方面,规章制度还不够完善,只有危险化学品管理等为数不多的几个条例,这与国家法规的对接还有一定的距离,平时的安全管理工作基本靠应急性的通知来临时性布置,学校的各项规章制度还正在不断酝酿和制定过程中。除此之外,还应看到,一项新制度的制定有时容易发生管理空当,或职能重复,或制度之间出现矛盾等问题,也需经过实践的检验。因此,李五一等提出以下建议。一是要加强高校安全体系的建设,并设立单独统一的安全管理部门,加强安全管理,将实验室安全工作和学校的安全环保管理内容,统一由专门的职能部门进行实务管理。无法设安全管理部门的,至少应建立安全管理委员会之类的组织,将实验室安全管理纳入学校安全管理范畴,作为学校最重要的工作之一,借用学校层面和其他部门的力量来协同管理,消除人为原因造成的管理空当和安全漏洞。同时在院(系)及实验室层面加强管理,层层落实责任制。二是应学习美国现有的规范化管理办法,加快制定一系列的高校实验室危险化学品、剧毒品、生物安全、辐射安全等管理制度。另外,还应对采购、储运、使用、处置实行全过程监控。通过学校网络平台建立危险化学品、剧毒品的全过程监管系统。三是要加大投入,建立并完善实验室安全配套和校园环保设施。必要的实验室安全保障设施需要政府加大投入,尤其是在"985 计划"、"211 工程"建设中,在考虑实验室建设的过程时,必须明确要求实验室具备必要的安全设施保障,关键的部位甚至可以参照美国一流大学的实验室来建设。特别是要建立健全使用化学试剂频繁的实验教学大楼的烟雾报警系统、喷淋系统等。四是要借鉴美国的经验,开展学校排污调查,掌握校园排污量及其分布。提出实验室排污管理详细方案,并实行环境保护责任制和校园排污管理制度化、以人为本、以预防为主,做到基础数据完整、管理上严格量化,为教学、科研事业的可持续发展提供坚实的保障。

二、国外研究现状

从某种角度上说,国外安全理论和管理研究产生得比较早,安全管理理论研究成果比较丰富,但是研究成果多数还是停留在企业生产安全与管理方面,在有限的研究视域范围内,尚未发现有专门系统研究实验教学安全管理的著作,所以这里仅从安全理论、实验教学安全管理研究两个方面对国外研究进行概括介绍。

1. 安全理论介绍

第一,事故倾向性理论。1919 年,英国的格林伍德等对许多工厂伤亡事故的发生次数按不同分布进行了统计。结果发现工人中的某些人较其他人更容易发生事故。从这种现象出发,1939 年法默等提出了"事故频发倾向"的概念,"是指个别人容易发生事故的、稳定的、个人内在的倾向"[①]。根据这种观点,少数工人具有事故频发倾向,是事故频发倾向者,他们的存在是工业事故发生的原因。如果企业中减少了事故频发倾向者,就可以减少工业事故的发生。因此,人员选择就成了预防事故的重要措施。通过严格的生理、心理检验,从众多的求职人员中选择身体、智力、性格特征和动作特征等方面优越的人才,把企业中的事故频发倾向者解雇。

---

① 隋鹏程,陈宝智,隋旭. 安全原理. 北京:化学工业出版社,2005.

　　但是,这种个人所具有的事故倾向性,在研究和实践中曾经是一个颇有争议的现象,现在它已经不是被广泛认同的事故致因理论。尽管一些事故倾向性理论的研究人员试图说明工作中的不同危险,但他们疏忽了一些导致某些工人比其他工人更容易发生事故的因素,忽略了那些与个人问题和工作同伴相关的因素。有人也承认事故倾向性理论的有效性,但认为这个理论只能解释很少一部分事故,大约仅占10%~15%。

　　第二,多米诺骨牌理论。几乎同一时期,美国的海因里希在《工业事故预防》一书中根据当时工业安全实践总结出工业安全理论,比较系统地介绍了当时的安全管理思想和经验,是安全管理理论的代表性著作。该理论认为,社会环境和传统、人的失误、人的不安全行为和事件是引发事故的连锁原因,就像著名的多米诺骨牌一样,一旦第一张倒下,就会导致第二张、第三张⋯⋯骨牌依次倒下,最终导致事故发生和相应的损失。同时还指出,控制事故发生的可能性及减少伤害和损失的关键环节在于消除人的不安全行为和物的不安全状态,即抽去第三张骨牌就有可能避免第四和第五张骨牌的倒下。只要消除了人的不安全行为和物的不安全状态,安全事故就不会发生,由此造成的人身伤害和经济损失也就无从谈起。这一理论从产生伊始就被广泛应用于安全生产工作之中,被奉为安全生产的经典理论,对后来的安全生产产生了巨大而深远的影响。例如,施工现场要求每天工作开始前必须认真检查施工机具和施工材料,并且保证施工人员处于稳定的工作状态,正是这一理论在工程建设安全管理中的应用和体现,如图1-1所示。

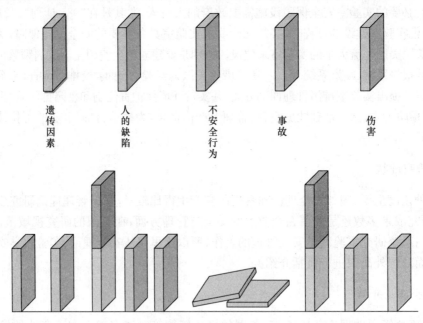

图1-1　海因里希多米诺骨牌事故致因理论①

　　第三,能量释放理论。第二次世界大战后,科学技术有了飞跃发展。新技术、新工艺、新能源、新材料及新产品不断涌现、与日俱增,给工业生产及人们的生活面貌带来巨大变化的同时,也给人类带来了更多的危险。战后,人们对事故频发倾向的概念提出了新的见解。一些研究表明,工业事故由事故频发倾向者引起的观念是错误的;有些人较另一些人容易发生事故,与他们从事的作业有较高的危险性有关。越来越多的人认为,不能把导致事故发生的责任说成

　　①　李万帮,肖东生.事故致因理论评述.南华大学学报:社会科学版,2007,8(1):57-61.

是工人个人应注意的,更应该注重机械的、物质的危险性质在事故致因中的重要影响。于是,在安全工作中比较强调实现生产条件(如机械设备)的安全。先进的科学技术和经济条件为此提供了物质基础和技术手段。能量意外释放理论的出现是人们在对伤亡事故发生原理的实质性认识方面的一个飞跃。20世纪60年代,吉布森等提出了一种新概念:事故是一种不正常的或不被希望的能量释放,各种形式的能量释放是构成伤害的直接原因。于是,应该通过控制能量或控制作为能量达到人体媒介的能量载体来预防伤害事故的发生。根据能量意外释放理论,可以利用各种屏蔽来防止意外的能量转移。

　　与早期的事故频发倾向理论、海因里希因果连锁理论等强调人的性格特征、遗传特征等不同,战后人们逐渐地认识到管理因素作为背后原因在事故致因中的重要作用。人的不安全行为或物的不安全状态是引发工业事故的直接原因,必须加以追究。但是,它们只不过是其背后的深层原因的征兆,是管理缺陷的反映。只有找出深层的、背后的原因,改进企业管理,才能有效地防止事故发生。

　　第四,因果连锁理论。博德在海因里希事故因果连锁的基础上,提出了反映现代安全观点、用于统计分析的事故因果连锁理论,如图1-2所示。事故因果连锁中一个最重要的因素是安全管理。安全管理员应该充分理解他们的工作要以得到广泛承认的企业管理原则为基础,即安全管理者应该懂得管理的基本理论和原则。控制是管理机能(计划、组织、指导、协调及控制)中的一种。安全管理中的控制是指损失控制,包括对人的不安全行为、物的不安全状态的控制,是安全管理工作的核心。当前,国内外进行事故原因调查与分析时,广泛采用如图1-3所示的事故连锁模型。该模型进一步把物的原因划分为起因物和加害物,前者为导致事故发生的事物(机械、物体、物质),后者为直接对人造成伤害的事物。在人的问题方面,区分行为人和被害者,前者为引起事故发生的人,后者为事故发生时受到伤害的人。针对不同的物和人,需要采取不同的控制措施。

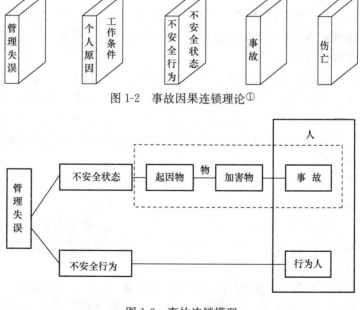

图 1-2　事故因果连锁理论①

图 1-3　事故连锁模型

① 吕保和,朱建军. 工业安全工程. 北京:化学工业出版社,2004.

第五,系统安全理论。20 世纪 50 年代以后,科学技术进步的一个显著特征是设备、工艺及产品越来越复杂。战略武器研制、宇宙开发及核电站建设等使得作为现代科学技术标志的大规模复杂系统相继问世。这些复杂的系统往往由数以万计的元素组成,元素之间由非常复杂的关系相连接,在研究制造或使用过程中往往涉及高能量,系统中微小的差错就会导致灾难性事故。大规模复杂系统的安全性问题受到了人们的关注,于是,出现了系统安全理论和方法。按照系统安全的观点,世界上不存在绝对安全的事物,任何人类活动中都潜伏着危险因素。能够造成事故潜在危险的因素称为危险源,它们是物的故障、人的失误、不良的环境因素等。某种危险源造成人员伤害或物质损失的可能性称为危险性,它可以用危险度来度量。在事故致因理论方面,强调通过改善物(硬件)的可靠性来提高系统的安全性,从而改变以往人们只注重操作人员的不安全行为而忽略硬件故障的现象。作为系统元素的人在发挥其功能时会发生失误。人的失误不仅包括工人的不安全行为,而且涉及设计人员、管理人员等各类人员的失误,因而对人的因素的研究也较以前更深入了。根据系统安全的原则,在一个新系统的规划、设计阶段,就要开始注意安全工作,并且要一直贯穿于制造、安装、投产,直到报废为止的整个系统寿命期间内。系统安全工作包括危险源识别、系统安全分析、危险性评价及危险控制等一系列内容。人们发现,对于已经建成并正在运行的系统,管理方面的疏忽和失误是导致事故发生的主要原因。

第六,海因里希理论与其他理论。海因里希较早地提出安全管理的理念,详细地阐述了工业事故发生的因果论,如海因里希认为"人的不安全行为,物的不安全状态是事故的直接原因。企业事故预防工作的中心就是消除人的不安全行为和物的不安全状态"[①]。同时他还对不安全行为的原因、安全与生产之间的关系等进行了分析论述,海因里希这些著名的安全管理理论被称为"工业安全公理"。丹麦标准协会认为安全管理是管理危险的方法。这种视角把安全管理等同于事故管理和风险管理,较容易理解,缺点是考虑问题的面比较单一。但是,不少学者却认为安全管理是决定和实施安全政策的全部管理功能,包括活动、主观行为、计划等的整个过程,它关注技术、人和组织方式,包括组织内的所有个人活动,这些安全管理因素往往形成了安全管理系统。这种观点容易造成安全管理与企业管理的混淆,不能体现出安全系统的特性,从而很难形成有针对性的管理措施。

Lisa Aronald 提出了现代安全管理程序应包括的几方面:以人为本的文化、积极的安全领导/管理部门、工作设计和人机设计、安全培训和激励、有力的管理和健康促进程序。他认为,在现代安全管理中,管理和监督部门应积极、持续地支持健康安全计划,鼓励员工参与实施降低伤害率的行为。这种安全管理理论提出的全员管理和全过程管理的安全管理新思路,体现了系统安全管理的思想。

W. C. Pope 等关注安全管理的功能,主张通过回顾整个系统的细节来界定可能的失效模式及它们对安全系统的影响,指明在已存在的政策、方向、目标或实践中存在的潜在不足。其研究成果表明,安全管理的作用在于审视整个安全管理系统,而不只是审视一次行动的错误。该研究成果把研究的视角定位为大量事故的统计分析,其研究结论表明事故统计分析对于研究安全管理功能具有重要的作用。

D. Petersen 研究了安全系统效能,提出了持续改进能力、建立合理文化的能力、改善管理者技能的能力、改善员工技能的能力、改善操作者行为的能力和改善物质条件的能力这六个

① 隋鹏程,陈宝智,隋旭. 安全原理. 北京:化学工业出版社,2005.

方面的能力。该项研究实质上是对企业安全管理测度方法的概括,提出了通过有效的事故调查识别安全问题,但该项研究主要侧重于事件分析,没有利用事故统计结论来反映普遍规律。

经济合作与发展组织(Organization for Economic Co-operation and Development, OECD)提出了安全管理绩效指标,指出"安全管理系统应当从安全政策出发提供结构化的方法以达到企业良好的安全绩效",并提出衡量安全管理绩效时应同时使用"行为指标"和"结果指标"。安全管理评估在国内外安全管理实践中也得到了广泛的应用。美国杜邦公司的安全管理流程提出通过"安全文化"、"管理领导能力和行为"、"综合的 PYVI 程序"、"运作的优秀"等步骤衡量安全管理的有效性。

2. 实验教学安全管理研究

根据安全管理相关理论,借鉴企业安全生产管理研究成果,对实验教学安全特别是实验室安全的研究比较丰富,但由于文献和视域有限,这里只能作概括性的介绍,以便于启迪研究的顺利展开。这些研究成果概括起来,主要包括以下三个方面。

第一,实验教学的安全管理真正体现了"以人为本"的精神,并围绕"以人为本"理念制定了健全的实验室安全规章制度,做到了有章可循、有法可依,保证了学校正常的教学秩序;同时也做到了事先告知、及早防范、遵纪守法、依法治校。例如,在法国,教师指导学生做实验或博士生指导四、五年级的学生时,要求必须手把手地教。同时,还要求实验室的房门和冰箱上都应设有明确的安全与环保警示标志、图案或告示,以免操作失误。

第二,实验教学的安全管理大部分实行了严格的层级管理责任制。以美国麻省理工学院的材料工程系安全检查制度为例,PI 和 EHS 代理人每周要对他们的实验室进行安全自查,也称一级检查,一级检查的指导文本可通过网络下载。系里建议(但不强制要求)一级检查结果作为工作文档上报。同时,系里每半年对每个实验室作一次复查,也称二级检查,二级检查记录必须分别报系里和学校 EHS 办公室备案。二级检查的形式是不定时抽查,要求实验室所有工作人员都仔细复习 EHS 指导手册,并保留实验进程和处理方法记录,作好随时备查的准备。二级检查的内容实际上就是系统性的安全评估,严格按照评估项目检查,包括对通风柜状况的检查、对实验室空气质量的检查等专项内容。

第三,在实验教学安全教育方面,普遍高度重视安全教育的质量。很多院校就实行了硬性的安全与环保教育和实验室准入制度,新来的教职员工或学生在进入实验室之前,利用一、二年级假期选修有关安全课程并达到考试合格,不合格的必须重修。

此外,在实验教学指导人员的队伍建设、危险废物的处置等方面,国外很多院校也都有了明确的要求。

三、对国内外研究成果的简单评述

概览国内外对安全管理的研究成果,开阔了研究的视野,为实验室安全管理研究提供了丰富的借鉴内容。但是这些研究发展不平衡,要么重在对企业安全管理系统理论或致因理论的研究,或者关系理论方面的研究,要么重在对实验室的安全管理应用研究,而至今还很难找到有一定理论高度的、系统的实验教学安全管理方面的研究成果。

现今,学校实验室工作普遍存在着"重建设轻管理"的现象,尤其是忽视实验室安全设施投入和安全管理制度的保障,但实验教学中涉及安全与环保的问题越来越多,面越来越广。许多实验室使用了各种化学药品、易燃易爆物品、剧毒物品、放射性物品和生物实验品,有些实验需要高温、高压、超低温、强磁、真空、微波辐射、高电压或高转速等特殊环境和条件,由此还引起危险化学品安全贮运、实验室使用、实验室排污(废气、废液、固废、噪声、辐射)与处置系统等一系列安全与环保问题。这些问题已经越来越引起学校自身和社会各界的高度关注,国家各有关部门,如教育部、环境保护部、公安部、卫生部、农业部、国家安全生产监督管理局办公室等,时有各类文件下达。在这种历史和环境条件下,国内外实验教学安全管理理论和应用研究成果就显得很薄弱,更缺乏系统的整理、提炼,难以形成专门的研究成果,概括起来存在以下不足。

一是研究内容不足。从理论上看,实验教学安全管理研究在宏观方面十分欠缺。例如,实验教学安全管理体系研究有待深入,学校具体的实验教学安全管理研究有待加强。特别是安全意识的培养、安全知识和技能的普及、安全基本理论开发、安全管理理论和系统开发研究、应急理论研究等没有引起足够的重视,这些都需要进行细致的专题研究。

二是研究视角有限。现有的对学校实验教学安全管理的研究,大多是实验教学管理人员在应用或制度建设方面进行的研究,研究视角决定了其缺乏理论基础和升华,也缺乏实证性和系统性分析,对实际实验教学安全管理没有系统、科学的指导性。目前,实验教学安全事故时有发生,无不与研究视角有关。为此,需要理论工作者与从事实验教学安全管理者合作,结合实验教学安全管理实际,深入实验教学第一线调研,得到第一手资料,才能有具体的数据资料分析。在定量研究基础上进行归纳和理论升华,佐证定性分析,才能获得现代实验教学安全管理需要的成果。

三是涉及领域有限。当前实验安全管理研究涉及领域还比较窄,主要集中在教育与制度学领域。而实验教学安全事故的多样性与诱发因素的复杂性,决定了必须借鉴多学科的理论与研究方法,如管理学、政治学、社会学、心理学、统计学、信息学等学科理论与研究方法。只有在不断借鉴各学科理论与研究方法、研究成果的基础上,才能拓展研究的新视界、新发现。当然,实验教学安全事件出现的一些新情况、新特征等都将是以后研究的方向。

第三节　实验教学安全管理基本概念

实验教学安全管理是实验教学管理的重要组成部分。为了选择本课题研究的逻辑起点,理清本研究的思维结构、基本内容,认识本研究构建的技术路径,保证课题研究的顺利展开,首先要界定"实验教学安全管理"包含的最基本的学术概念。

一、实验教学安全管理的定义

1. 实验、教学、安全和管理定义

第一,实验的定义。实验,区别于试验。一般说来,其定义有描述性和揭示性两种。从描述性定义看,实验是为了解决文化、政治、经济、社会、自然问题的科学研究中,用来检验某种新的假说、假设、原理、理论,或者验证某种已经存在的假说、假设、原理、理论而进行的明确、具体、可操作、有数据、有算法、有责任的技术操作行为。通常,实验要预设"实验目的"、"实验环境",进行"实验操作",最终以"实验报告"的形式发表"实验结果"。从揭示性定义看,实验是指根据实验目的,运用一定的手段,主动干预或者控制研究对象,在典型的环境中或者特定的条件下进行的一种探索活动,包括:①实际的效验。汉代王充《论衡·遭虎》:"等类众多,行事比

肩,略举较著,以定实验也。"《扫迷帚》第二十一回:"自今以往,事事悉凭实验,一切纸糊的老虎,都尽被人戳破,不值一文。"鲁迅《且介亭杂文二集·"题未定"草一》:"极平常的豫想,也往往会给实验打破。"②实际的经验。北齐颜之推《颜氏家训·归心》:"昔在江南,不信有千人氊帐;及来河北,不信有二万斛船:皆实验也。"③为了检验某种科学理论或假设而进行某种操作或从事某种活动。梁启超《泰西学术思想变迁之大势》第一章:"甲派主实验,乙派主推理,丙派执其中庸,所以有异同者在于此。"胡适《实验主义》六:"有时候,一种假设的意思,不容易证明,因为这种假设的证明所需要的情形平常不容易遇着,必须特地造出这种情形,方才可以试验那种假设的是非。凡科学上的证明,大概都是这一种,我们叫做'实验'。"郭沫若《苏联纪行·八月二日》:"他耐心地作着种种的交配实验,结果是成功了。"④引申指实验工作,如做实验、化学实验、物理实验、工程实验、管理实验等。不管是描述性还是揭示性定义,这个定义反应的核心是探索性活动,是狭义性的实验定义。

实验目的是为了阐明某种现象、检验某种科学理论或假设,是人为选择、创造的特定科学条件。既可以通过社会实践、生产操作去实现,也可以通过实验室仪器验证来实现。从这个角度来说,实验是为了检验课堂理论或书本知识的科学性所开展的系列活动。例如,社会实践中的实习、见习、调查,在实验室通过仪器设备去印证书本知识,或在生产中通过实际操作训练独立生产技能的过程。所以社会实践、仪器验证、生产训练是广义的实验定义。根据不同的范围或依据来划分,实验的分类也不一样。从学科范围来说,实验可以分为人文与社会科学实验、工程与技术科学实验、医药科学实验、农业科学实验、自然科学实验等;从课程来分,实验可以分为数学实验、生物实验、化学实验、物理实验等;从教学培养目标和层次来分,实验又分为基础性实验和提高性实验两大类。其中,提高性实验还包括单项实验和综合性实验、设计性实验和验证性实验、模仿性实验和研究性实验等。

第二,教学的定义。通俗地讲,教学就是指教师教和学生学的双边活动。早在商朝即公元前20世纪前后,甲骨文中已经出现了"教"字,如"丁酉卜,其呼以多方小子小臣其教戒";甲骨文中也有了"学"字,如"壬子卜,弗酒小求,学"。通过甲骨文中的字形分析看,"教"是从"学"派生出来的。"教"和"学"最初都是独立的单字。最早将"教"、"学"二字连为一词,据有人考证,见于《书·商书·说命》"教学半"。《学记》引用它作为"教学相长"思想的经典依据。[①]可见,"教学"二字有"教师的讲授"和"学生的学习"的意思。

根据中国古代文献的记载,"教"有教授、教诲、教化、告诫、令使等含义。《说文解字》中记载:"教,上所施,下所效也。"有人分析,"其'施'就是操作、演示,即传授蓍占和龟卜;其'效'就是模仿、仿效,即学习蓍占和龟卜"。"教"、"学"还是被单独解释的。

"教学"一词在英文中有很多词可以表达。在英语中与"教学"相对应的词有"teach"、"learn"、"teach and learn"。

根据胡森主编的《国际教育百科全书》中的解释,learn 来自中世纪英语中 lernen 一词,意思是"学"和"教"。lernen 的词干是 lar,lar 是 lore 的一个词根。Lore 的原意是学习和教导,现在常用来指所教的内容。也就是说,learn 和 teach 是由同一词源派生出来的。teach 一词还有另一种派生形式,它源自古英语中的 taecan 一词,taecan 又是从 taikjan 一词派生来的。taikjan 的词根是 teik,意思是"说明"。teik 可以一直追溯到梵文的 dic。teach 这个词与 token (意为"信号"或"符号")也有关系。token 与 taikjan(后来成为古英语的 taecan)同源,意思是

①　王策三.教学论稿.北京:人民教育出版社,1988.

"教"。因此，token 和 teach 两个词在历史上是有联系的。从这个词源看，"教"的意思就是通过信号或符号引起人对事物、人物，以及观察和研究的结果等做出反应。由这种派生关系看，teach 同进行教学的中介有关。

teach 和 instruct 也有区别，teach 常与教师的行为有联系，作为一种活动；而 instruct 常常与教学情境有关系，强调教学过程。正因为如此，经常有人认为，不能仅用 teach 一个词来对应教学，而应该用 teach and learn，以同时强调教师的教和学生的学。

结合中国当代教学状况和不同的教学定义，概括来讲，教学是指在学校中传授经验和学习经验的活动，即指在学校教育活动中，教师传授知识、技能，学生学习知识、技能，教师的教和学生的学相互联系、相互作用的统一活动。教学是学校实现教育目的、完成教育任务的基本途径。它具有环境的特定性、师生目标的一致性、教师和学生行为的协调性、教和学方法选择的灵活性、教师主导性与学生主体性结合等特点。广义的教学是指在一定时间、地点、场合下传授经验的活动，即教的人指导学的人进行学习的活动，都可以被称为教学，不仅仅局限于学校。例如，课外活动、各种形式的劳动、学生集体组织的活动、社会公益活动、家庭活动等都可以作为教学活动的载体。因此，广义的教学最大的特点就是范围广，教者与学者相对较为自由。狭义的教学是指学校教学活动，其核心或者主要途径是课堂教学。

第三，对安全的定义。"安"与"全"是汉语中常用的字。《辞海》中，对"安"的解释有多条，如安分、安康、安庆、安乐、安静、安详、安定、安稳等；对"全"的解释，认为"全"的本意是齐备、最好的状态，基本意思是完备、完美、完整、整个，包含了个人的衣、食、住、行等各种层次的需要。

"安"和"全"组成"安全"这个概念自古有之，是人类生存和发展的永恒主题。什么是安全，却没有统一的定义。一般认为，安全就是指没有危险或风险。理论界对安全的理解有两种相对立的观点：绝对安全观点和相对安全观点。绝对安全观点认为，安全是没有危险，不出威胁、不出事故，即消除能导致人员伤害，引发疾病、死亡或造成财产破坏、损失，以及危险环境的条件。在现实生活中，绝对安全是不存在的，绝对安全只是安全的一种极端或理想状态，应用范围和研究的价值受到了很大的限制，特别是在分析教育-技术系统的安全性时更是如此。相对安全观点则认为，"安全是在具有一定危险性条件下的状态，安全并非绝对无事故"或者"没有超过允许限度的危险"[①]。在现实生活中，没有绝对安全，只有相对安全，相对安全才是实事求是的态度。因此，安全定义采用"安全是客观事物的危险程度能够为主体普遍接受的状态"。包含的意思为：与安全对应的是危险或风险，没有危险或风险就是安全；安全是相对的，只要客观事物存在，就有安全问题；对客观事物风险程度的认识，因主体认识不同而异；风险程度与主体的主观感觉有关；安全与否的基本衡量标准是主体身心接受程度或者心理感受；安全是可接受的风险。

按照不同的依据，安全的划分有很多种。例如，人的安全、物的安全和环境安全；学校安全、社会安全、国家安全；商业安全、企业安全、农业安全；水利安全、国防安全、教育安全；高科技生物技术安全、高科技材料安全等。应用马克思主义动态的、永恒的、发展的观点去看待安全，安全所涉及的内容会随着时代的发展、科技的进步而不断拓展，即安全会有更多、更新的内容向外延伸出去，"安全"这棵参天大树会变得更加枝繁叶茂。

第四，管理的定义。一般说来，"管理"有四种代表性定义。第一种认为，管理是指在一定组织中的管理者，运用一定的职能和手段来协调他人的劳动，使别人同自己一起高效率地实现

---

① 叶龙，李森. 安全行为学. 北京：清华大学出版社，北京交通大学出版社，2005.

组织既定目标的活动过程。第二种认为,管理就是通过对组织资源的计划、组织、领导和控制,以有效和高效的方式实现组织目标的过程。第三种认为,管理就是计划、执行、检查和改进。其中,计划就是制定或规定目标、技术路线、资源使用等;执行就是按照计划去做,即实施;检查就是将执行的过程或结果与计划进行对比,总结出经验,找出差距;改进首先是推广检查总结的经验,将经验转变为长效机制或新的规定,再次是针对问题进行纠正,制定纠正、预防措施,以持续改进。第四种认为,管理就是计划、组织、指挥、协调和控制。其中,计划就是确定组织未来发展目标以及实现目标的方式;组织是实现计划所进行的资源调配,并反映着计划达到目标的方式;指挥是运用影响力激励员工或者促进资源有效搭配,以便促进计划目标的实现;协调是根据计划或者一定价值观念以及变化的环境,与员工沟通或适当改进资源,或者对员工鼓舞等,最大限度地实现预期计划;控制是对员工的活动进行监督,判定组织是否正朝着既定的计划目标健康地向前发展,并在必要的时候及时采取矫正措施。这些站在不同角度、不同层次对管理的不同定义,对认识实验教学安全管理有着重要的意义。

管理可以分为很多种,如行政管理、社会管理、工商企业管理、人力资源管理、教育管理等。每一种组织都需要对其事务、资产、人员、设备等所有资源进行管理。人同样也需要管理,如管理自己的起居饮食、时间、健康、情绪、学习、职业、财富、人际关系、社会活动、精神面貌等。企业管理可以划分为多个分支:人力资源管理、财务管理、生产管理、物控管理、营销管理、成本管理、研发管理、风险管理、安全管理等。在企业系统的管理上,又可分为企业战略、业务模式、业务流程、企业结构、企业制度、企业文化等系统的管理。

2. 实验教学安全管理定义

"实验、教学"和"安全、管理"分别有机结合构成"实验教学"和"安全管理"的概念,而"实验教学安全管理"概念由"实验教学"和"安全管理"两个概念有机结合构成。

关于"实验教学"的定义。结合对实验和教学的认识,实验教学也可能有多种定义。结合实验和教学的一般定义,实验教学就可以定义为"在教师或实验技术人员的指导下,学生在已设定或自己创造的条件下,观察实验过程和结果,记录数据、分析结果,得到某种科学理论,或对某种现象、假设按照一定技术路径的验证,从中得到科学实验方法和技能,或获得新知识和新思想的活动"。实验教学是提高学生发现问题、分析问题、解决问题的能力,培养学生形成理论联系实际的学风和实事求是的科学态度,并使之形成科学的世界观和方法论,使之具有创新精神和实践能力的主要途径。

关于"安全管理"的定义。对"安全"和"管理"理解的差异导致对"安全管理"有不同理解。但是,目前学术界比较公认安全管理是管理中的一个特定领域。狭义的安全管理"是指对人类生产劳动过程中的事故和防止事故发生的管理,又扩展到对生活和生活环境中安全问题的管理"[①];广义的安全管理"是指对物质世界的一切运动按对人类的生存发展繁衍有利的要求所进行的管理控制。"[①]比如,对生态环境恶化的控制与治理,对海洋污染的控制与治理,对大气层被破坏的防止及对臭氧层被损坏的防止,对国家政治、经济、文化领域不稳定因素的治理与控制等都与人类生存空间的安全有关,均属于广义的安全管理的范畴。在这里,结合对安全和管理的认识,安全管理定义为:管理者对安全生产进行计划、组织、指挥、协调和控制等一系列活动,或者管理者为了保护人在生产过程中的安全与健康、避免或减少国家和集体财产的损

---

① 叶龙,李森. 安全行为学. 北京:清华大学出版社,北京交通大学出版社,2005.

失、为各项事业的顺利发展提供安全保障所进行的计划、执行、检查和总结的系列活动。该定义的含义有四点：安全管理的主体是管理者；安全管理的基本目的是保护人的生命、财产安全；安全管理是一种计划、执行、检查和总结的过程；安全管理是管理的重要组成部分。

关于"实验教学安全管理"的定义。结合对"实验教学"和"安全管理"的定义以及这两个概念的基本含义，"实验教学安全管理"定义为：实验教学安全管理就是指实验教学管理主体对实验教学安全进行计划、组织、指挥、协调和控制等一系列活动，或者管理者为了保护实验教学参与人员在实验过程中的安全与健康，避免或减少师生生命、财产或声誉损失，为学校实验教学工作顺利进行提供安全保障所进行的计划、执行、检查和总结的系列活动。该定义的含义有四点：实验教学安全管理的主体是学校实验教学管理者，包括有关行政管理人员、教师和学生等；实验教学安全管理的基本目的是保护师生生命与学校、师生财产和声誉安全；实验教学安全管理是一种计划、执行、检查和总结过程；实验教学安全管理是学校管理和教学管理的重要组成部分。

二、实验教学安全管理的分类

结合对实验、教学、安全和管理外延的认识，根据不同的标准或依据进行划分，实验教学安全管理的外延同样很丰富。例如，根据国家学科分类标准，高校实验教学安全管理可以分为人文与社会科学实验教学安全管理、工程与技术科学实验教学安全管理、医药科学实验教学安全管理、农业科学实验教学安全管理、自然科学实验教学安全管理五类。其中，人文与社会科学实验教学安全管理又可以细分为哲学，宗教学，语言学，文学，艺术学，历史学，考古学，经济学，政治学，法学，军事学，社会学，民族学，新闻学与传播学，图书馆、情报与文献学，教育学，体育科学，统计学；工程与技术科学实验教学安全管理可以细分为测绘科学技术，材料科学，矿山工程技术，冶金工程技术，机械工程，动力与电气工程，能源科学技术，核科学技术，电子、通信与自动控制技术，计算机科学技术，化学工程，纺织科学技术，食品科学技术，土木建筑工程，水利工程，交通运输工程，航空、航天科学技术，环境科学技术，安全科学技术，管理学实验教学安全管理；同样，医药科学实验教学安全管理、农业科学实验教学安全管理、自然科学实验教学安全管理都还可以继续细分为各项具体实验教学安全管理。

第四节　实验教学安全管理的特点

所谓特点，一般讲，就是指人或物所具有的独特地方。特点是此事物区别于彼事物的本质反应。特点是相比较而言的，没有比较就无所谓特点。实验教学安全管理的特点就是实验教学安全管理的独特性。这种独特性就是同企业生产安全管理、学校教育安全管理等相比较来认识的。

一、与企业生产安全管理比较

安全生产问题是伴随着生产和技术的发展而发展的，安全管理的理念也伴随着人们对安全生产的理解而逐渐变化。安全管理涉及两个系统，一是事故系统，二是安全系统。从事故系统角度出发，安全管理带有事后性，是被动、滞后的；从安全系统角度出发，安全管理带有超前和预防意义。实验教学安全管理和企业生产安全管理都应归属于安全管理的范畴，两者同时都要贯彻"安全第一，预防为主，责任至上，综合治理"方针，都具有安全管理的特点，但因内容、研究方向等的不同,两者又具有各自的独特性。

企业生产安全管理,它的主要任务是为了贯彻国家安全生产的方针、政策、法律或法规,确保生产过程中的安全而采取的一系列组织、制度措施;它的根本任务是发现、分析和消除生产过程中的各种风险或隐患,防止发生生产事故,尽量避免事故造成人身伤害、财产损失、环境污染及其他损失,从而推动企业生产的顺利发展,提高经济效益和社会效益。

实验教学安全管理,是指为实现实验教学安全目标运用现代安全管理原理、方法和手段,分析和研究各种实验教学过程中的风险或隐患因素,从技术上、组织上采取有力措施,解决和消除实验教学过程中的各种风险或隐患因素,防止事故的发生,从而推动实验教学工作顺利开展,保证实现预期实验目标。

具体说来,实验教学安全管理与企业生产安全管理相比较,又有何独特之处呢? 可以从以下两个方面来认识。

首先,从发展目的角度认识。一般来说,企业生产安全管理是为了确保企业生产顺利有序地开展,通过安全有效生产而获取经济效益。而实验教学安全管理则是为了保障实验教学顺利进行,根本目的是为实验教学服务,保证实验教学达到预期目标。因此,从发展目的角度理解,实验教学安全管理的根本目的就是在保证理论知识的理解、掌握、运用的基础上,促使学生实现理论知识的创新和对有关技能的掌握、巩固,从而推动“理论知识的理解和掌握——理论知识的操作和运用——理论知识的创新和发展”的循环前进。这一独特性也就决定了两者之间的本质区别。

其次,从参与人员来看。企业生产安全管理较之实验教学安全管理更为复杂。首先,从受教育程度上看,企业内部各项工种在安全上均有明确要求,决定胜任该项工作的员工的知识水平、文化素养和教育程度的要求不同;而对于实验教学安全管理,无论实验教师之间还是学生之间,所具备的学科知识、能力水平都具有相似性,各自之间的学科知识和技能差距远不如企业那么明显。其次,从专业技术上看,企业生产为保证其经济利益的获取,工作岗位之间、车间管理层之间的分工细致明确,比如,食品生产过程中设计、采购、配料、加工、包装、储存、运输和销售各环节,其安全知识和技术要求就有明显的区别,员工承担的安全责任也各有不同。而实验教学安全管理的参与者,在一般条件下,只能围绕实验项目,严格按照实验操作程序进行,承担着确保实验教学顺利进行的安全责任。

二、与学校教育安全管理比较

学校教育安全管理是学校进行有效管理的第一要务,该概念有广义和狭义之分。广义的学校教育安全管理是指教育主体在学校教育中,为防止和控制各种风险发生并最大限度地减少损失而采取的决策、组织、协调、整治、防范、救助等活动,突出的是学校教育安全工作。狭义的学校教育安全管理是指学校管理主体在管理中,为防止和控制风险,并最大限度地减少损失而采取的决策、组织、协调、整治、防范等活动,突出的是安全管理工作。这里重点讨论狭义的概念。因此,学校教育安全管理的中心是着眼于预防或控制各种风险,或者把各种风险的发生控制在最低限度,以实现学校教育和谐发展、学生健康成长的有效管理目标。

学校教育安全管理的特点。第一,管理对象的特殊性。学校教育安全管理的对象极其复杂,但是其核心对象是教师和学生。在高等学校教育安全管理对象中,大学生具有“准成熟性”,即年龄达到成年人年龄,而社会阅历、风险认识和判别等还未成熟;而教师又是成熟的成年人。因此,管理对象是成熟和不成熟对象的结合,具有特殊性。第二,管理范围的复杂性,学校教育安全管理是将开放性(校外)和封闭性(校内)结合,相对较复杂。第三,管理方法的多样性,学校教育安全管理的方法不仅涉及教育、行政、法规、经济的方法,还涉及制度、文化等方法。第四,管理时间的连续性,如学生在学校接受教育的时间和自身健康发展的时间都是连续的。第五,管理主体的多元性,在国家政策和法律指引下,学校、社会、家庭、政府、军队等对大学生这种特殊未成年人仍然实施保护。第六,管理强制性,只要涉及学校安全问题,有关主体不能讲任何条件,必须无条件地对学校主体的生命财产安全负责。

两者的联系。实验教学安全管理是发生在实验教学领域的安全管理,又是学校教育安全管理的主要组成内容,属于学校教育安全管理范畴。通俗地说,学校教育安全管理与实验教学安全管理是大概念和小概念的关系,或者说学校教育安全管理包含实验教学安全管理,两者是包含关系。因此,它会随着学校教育安全管理的理念、方法、手段等的改变而改变;反之,当实验教学安全管理发生了变化,它也会影响学校教育安全管理的发展,两者紧密联系,不可分割。

两者的区别。实验教学安全管理与学校教育安全管理相比较,主要区别体现在四个方面。一是概念范畴不同,相对说来后者是属概念,前者是种概念;二是反应的管理层面不同,后者反应的是学校宏观安全管理层面,前者反应的是学校实验领域的微观安全管理层面;三是反应的技术性有别,后者反应的是宏观教育安全管理技术,重点反应管理技术性,前者反应的是实验教学安全管理技术,重点反应学科专业技术性;四是反应的技术要求不同,后者重点是宏观层面的安全管理,在技术要求上主要反应方针、目标、制度、责任、基本程序等带有原则性的技术,而前者可以是后者的具体化,是将后者的要求转化为安全现实的具体操作技术,要求更具体细致、更专业周到。

三、与几个基本概念的比较

从实验教学安全管理、实验室安全管理、实习教学安全管理、实训教学安全管理四个概念的关系看,比较它们之间的联系和区别,从而更深入、全面地了解实验教学安全管理的特点。

1. 与实验室安全管理比较

实验室是进行科学研究和实验教学的重要场所,是实验教学的重要组成部分,既是发现和产生科学的摇篮,也是实验教学得以顺利实施的重要物质保障。除必备仪器设备、实验材料、实验方法和高素质的实验人员、研究人员外,还必须具备良好的实验环境和必要的安全设施,以确保实验结果的质量和实验室的安全。实验室安全管理是指保证参与学校和实验室活动的师生生命、财产不受损失而实施的安全计划、执行、检查和总结的系列活动,是实验教学安全管理的一部分。主要是指在从事具体实验活动的实验室中避免实验药品、器械及不规范的操作等对工作人员和相关人员的危害、对环境的污染和对公众的伤害。为了保证试验研究的规范性、科学性,即通过规范实验室设计建造、实验设备的配置、个人防护装备的使用,严格遵从标准化的操作程序和管理规程等以确保实验操作的危险因子不伤害相关人员、不污染周围环境、不改变实验对象原有本性所采取的综合措施。因此,实验教学安全管理同实验室安全管理相比,二者有联系也有区别。

首先,两者均属于教学安全管理范畴,即都是教学安全管理的种概念,或者说教学安全管理包含实验教学安全管理和实验室安全管理。其次,两个概念有区别。一是两个概念的范畴有别。实验教学安全管理既包括教学及教学类科研的实验安全管理,也包括因教学需要而设立的各类实验室安全管理,而实验室安全管理就是专门对各种实验室安全的管理。二是两者管理的对象有别,实验教学安全管理的对象相对规范,既包括室内实验教学安全管理,也包括室外实验教学安全管理,既包括理论验证性实验教学安全管理,也包括综合设计性的实验教学安全管理;而实验室安全管理的对象就是实验室安全管理。三是两个概念的清晰度不同,实验教学安全管理的概念相对模糊,实验室安全管理的概念非常清楚、具体明白。

2. 与实习教学安全管理比较

实习,顾名思义,具体指学生在经过一段时间的课堂理论学习和实验室实验操作之后,或者说当学生在学校学习告一段落的时候,需要将自己的所学、所知、所掌握的技术放到实际生产或工作岗位去印证、体验和巩固的活动和过程。学生在此过程中会及时发现在理论学习过程中的不足,通过不断学习,将理论与实践相结合,为日后顺利上岗就业做好铺垫。实习教学安全管理,指在这一过程中对师生安全、教学过程等活动的安排与部署,以圆满完成实习教学任务。由于实习是一种印证、体验活动,具有一定的实验因素,所以应将实习教学安全管理归结为实验教学安全管理范畴,是实验教学安全管理的组成部分。因此,实验教学安全管理同实习教学安全管理相比,二者有联系也有区别。

首先,两者均属于教学安全管理范畴,即都是教学安全管理的种概念,或者实验教学安全管理包含生产第一线实习安全管理,也包含实验室的实习安全管理等。其次,两者虽然都属于教学安全管理,但反映的复杂程度不同。实习教学安全管理重点反应的是学生在实习中的一整套安全活动,包括学校——个人——实习单位三方安全管理,三方要反复协调与安排,任何一方忽视安全要求,都很难保证实习的安全开展。而实验教学安全管理的范围更广,凡是属于实验教学管理范畴的内容都应该进行统一协调与管理。

3. 与实训教学安全管理比较

实训是学校实践教学的一种组织形式。实训,是职业技能实际训练的简称,或者简单理解为"实践"加"培训"。实训源自 IT 业的管理实践和技术实践,指在特定的专业实践技能训练场地上,教师将专业理论知识和专业技能在课程上融合、交叉和有序地进行传授,其教学的主要内容是对学生进行专业技能训练。实训是专业实践教学的一种组织形式。该定义有如下五方面含义。一是指明了实训是一种专业实践教学组织形式,它与实验、实习等处于并列地位。二是指明了使用实训的教学组织形式时,教师必须具备讲授专业理论知识和技能的能力。三是明确了实训不仅原则上要有固定的教学场地,而且这种场地要根据不同的教学内容和要求而有不同的功能。四是指出了实训教师的教学方法与单纯专业理论教学或单纯专业实践教学不同,应是将专业理论知识与专业实践技能进行有机结合,使理论和技能交叉、有序地被传授。五是明确了实训教学的主要内容是对学生进行专业技能训练。这种专业技能,不仅包括学生就业需要的专业实践基本技能,而且还包括国家劳动部门对从业人员所要求的职业资格技能。目前实训已应用到各领域,如干部实训、职工实训、教师实训,理论实训、应用实训、技术实训,等等。实训具有很强的针对性,重点是岗位的适应素质,基本要求是全面提高主体职业素质,最终达到主体满意就业、单位满意用人。

因此,两者的区别、联系在于:①从教学目的和要求上看,实验教学要求学生加深对理论课所学知识的理解,掌握实验原理、仪器设备使用方法、实验方法以及操作技能等,它的安全管理重点就在于实验操作过程中的一些技法、方法是否得当;实训教学则要求学生掌握某一项或几项专业实践基本技能,在对学生进行职业资格技能实训时,要求学生不仅要全面掌握国家劳动部门的职业资格技能标准所要求的专业知识和技能,而且还要在实训后参加职业资格技能考试,并获取相应等级的职业资格技能证书,其安全管理重点就应当是对全程的监控,避免任何不安全因素的出现。②从教学内容上看,实验教学内容一般有两个特点:即课程性和单一性。课程性特点指实验教学内容是由某门理论课的内容来决定的。实验课一般穿插安排在相应理论课的各单元之间,是理论课的配套课程。虽然实验教学努力增强其内容的技能性和实用性,拓展综合型、设计型实验项目的内容和比例,但总也无法超越它与理论教学紧密相连的本质属性,即无法分割实验课程与理论课程的对应关系。单一性特点指某实验教学单元内容一般只与某一理论课教学单元内容相对应,知识脉络简单清晰。实训教学内容明显与实验教学内容不同,它也有两个特点,即技能性和综合性。技能性特点指实训教学的主要内容是对学生进行专业技能训练,独立于理论课的教学活动。综合性特点指专业理论和专业技能在实训教学中都进行了综合,培养学生由多个单一技能组成的专业基本技能,如培养学生的职业资格技能。由此延伸,它们各自的安全管理也是不相同的。③从教学方法上看,实训与实验在教学方法上的差异可从它们各自具有的特点来分析。实验教学方法具有程序性特点,主要体现在学生实验步骤和实验仪器设备操作的程序化,实验教学一般都是按照预先设计的步骤和操作方法进行,其安全管理的重点就在程序化的监控上。实训教学方法具有规范性特点,指为使学生的专业技能达到标准要求,在规范学生的操作动作上具有独特的作用,具体反映在实训教学过程中往往是对照专业技能标准进行教学,以保障学生的专业技能达标。例如,为使学生达到某一工种的职业资格技能标准,在实训时必须始终对照国家劳动部门的职业资格技能标准进行教学,使学生最终获得此标准规定的职业资格技能。所以实训教学安全管理的重点就与实验教学安全管理不同,重点是对学生在实际操作过程中的安全规范。

四、实验教学安全管理的特点

1. 综合性

任何管理活动,其教育、宣传、法律、科学技术、经济、行政等管理因子都综合地起作用,才能够取得应有的成效。同样,作为具有特殊对象、特殊条件、特殊要求的实验教学安全管理,也是由安全教育、宣传、法规制度、科学技术、行政、经济等多种管理因子构成,反映出实验教学安全管理的综合性。任何企图采用单一的手段想达到预期安全目标的想法和做法都是徒劳的。只有选择和采用综合性手段,才能够达到预期实验教学安全管理目标。

2. 不可替代性和可调剂性

每种实验教学安全管理手段都有其各自独特的功能和适用范围,缺一不可,具有不可替代性。例如,法律手段不能取代宣传教育手段,假如没有宣传教育手段,法律手段则会因"不教而罚"或"罚不责众"等而失效;同样,法律手段也不能取代经济手段,法律手段侧重于公正、公平,但一味地追求公正、公平而缺乏经济奖惩管理效率,法津手段也是不可能长久地发挥作用的。实验教学安全管理手段的具体实施过程中,在某一特定条件下,当某一管理手段的功能不足时,亦可通过相近的管理因子的加强来得到补偿,具有一定幅度的可调剂性。比如,如果排除安全隐患的科学技术落后,可以加强宣传教育而不造成安全隐患、发现安全隐患并且控制安全隐患的发展。

3. 阶段性

实验教学安全事故的发生都有一个孕育、发展、激化、产生、治理的周期过程,每个管理手段在不同阶段所起的作用是不同的。因此,应根据实际情况,合理选择相应的教育、法律和行政等管理手段和方法,体现了实验教学安全管理的阶段性。例如,行政手段重在利用行政措施,通过对有关安全法规的宣传、教育和执行,帮助人们严格按照法律程序办事,严格实验仪器的采购、安装和使用,保证实验仪器设备安全;宣传教育重在通过安全知识的学习、宣传,以及安全技能的强化训练,帮助人们树立安全意识,掌握基本技能,帮助人们能够及时发现安全隐患并且控制隐患的发展,帮助人们提高自身安全素质,避免自己的操作失误引发安全事故。这些都是重在预防实验教学安全事故发生,是事前安全管理,这种管理能够起到事半功倍的效果。法律手段重在当安全事故发生后,根据事故性质并结合法律的要求,分析处理事故产生的原因及其安全责任,能够有效处理事故纠纷,对有效解决事故、减少事故的影响起到事半功倍的效果。因此,行政、教育、科学技术手段和法律能够起到对实验教学安全进行"综合防治、安全减灾"的作用。

4. 直接性与间接性

各种管理手段对不同实验教学的安全管理,起直接或间接作用,主要取决于安全事故问题的类型与性质。教育宣传手段通过改变人的认知、心理、态度,改变人的作业行为,间接作用于实验教学安全事故;科学技术手段通过实验工程设施、安装设备、革新工艺等,直接作用于实验教学安全事故的综合防治问题;行政手段则可以直接通过行政措施,对实验教学进行干预,尽量避免安全事故的发生,或者对发生事故之后的救助工作进行直接干预,减少事故损失。

5. 最小限制因子性

实验教学安全管理的效果取决于实验教学安全事故发生、发展的最薄弱因子——最小限制因子的状况。最小限制因子的作用影响其他管理手段和整个实验教学安全管理系统的管理效果,不同类型的实验教学安全事故都有其各自的最小限制因子。例如,在化学实验中,最小限制因子多体现在化学试剂的使用方面,不同的化学试剂都有一个明确的量化范围,若不正确操作,就可能造成化学实验事故,给生命、财产等造成巨大伤害。因此,在实验教学安全管理过程中,研究确定各类安全事故发生、发展的最小限制因子,是成功、高效地解决实验教学安全问题的关键。

6. 相关性

实验教学安全管理手段的具体实施过程中,由于整个实验教学安全系统所涉及的要素较多,如涉及安全管理目标、方针规划及要求,安全岗位职责,安全与环境评价和安全预防措施,实验操作方法,实验教学参与者安全培训状况和安全思想素质等,若处于特定状态,当某一管理手段的功能不足或某一管理要素变化时,就应当及时调整相关的安全因子或通过相近的管理手段的加强来补偿,最终确保实验教学系统的整体安全。而这一过程的发生既反映了管理手段之间的可调剂性,也说明了管理手段之间执行的相关性。

第五节　实验教学安全管理的功能、作用与价值

功能、作用和价值是实体从不同角度存在的反映。功能是实体本身具有的作用、效能；作用是实体对其他事物产生的影响力；价值是实体对客体影响带来的积极意义。[①] 因此,研究实验教学安全管理的功能、作用和价值有重要的理论和实践意义。

一、实验教学安全管理功能

对功能有不同的认识。一般人认为,功能是指客体本身所具有的功用和能力。功能是不以人的主观意志为转移的客观存在。因此,实验教学安全管理功能是指实验教学安全管理本身具有的功用和能力,是不以人的意志为转移的客观存在。实验教学安全管理主要具有五大功能。

第一,计划功能。所谓计划,就是指"制定目标并确定为达成这些目标所必需的行动[②]"。实验教学安全管理的计划功能,表现在通过对不同实验教学安全问题指标体系的研究,制定保证实验教学安全管理顺利实施的目标。一是对实验教学安全管理过程中要涉及的场地、财物等资源做出合理的设想和安排;二是实验教学的所有参与者,必须对实验教学安全问题做出安排。该功能明确了实验教学安全管理工作的目标和路径,保证学校教学有计划、有步骤、有条不紊地安全运转,是实验教学安全管理的首要功能,其他功能均源于此。

第二,组织功能。计划的执行要靠他人的合作,组织工作正是源自人类对合作的需要[③]。为了让实验教学安全计划在执行的过程中,能够比合作个体的总和具有更大的力量、更高的效率,就应根据工作的要求与人员的特点设计岗位,通过授权和分工,将适当的人员安排在适当的岗位上,建立和健全实验教学安全管理系统,明确职责范围,发挥管理机构及人员的作用,使整个实验教学安全组织协调运转。这是实验教学安全管理活动的根本职能,是一切实验教学活动的保证和依托。

第三,控制功能。在实验教学安全计划的执行过程中,由于受到各种因素的干扰,常常使实际活动偏离原来的计划。为了保证安全目标及为此而制订的计划得以实现,就需要有控制。控制功能的实质就是使实验教学安全的实践活动符合计划,实验教学安全计划是控制的标准。这一功能具体表现在实验教学安全活动的参与者必须及时取得计划执行情况的信息,并将有关信息与计划进行比较,发现实践活动中存在的安全问题,及时分析这些问题,并采取有效的纠正措施,从而找出安全隐患,远离安全事故。纵向看,愈是基层的实验教学管理者,控制安全的时效性愈强,控制安全的定量化程度也愈高;愈是高层的实验教学管理者,控制安全的时效性愈弱,控制安全的综合性愈强。横向看,各个具体的实验教学活动和管理对象都要进行安全控制。一定条件下,没有实验教学的安全控制就没有实验教学的安全管理。

第四,反馈功能。实验教学安全管理的反馈功能是指实验教学活动的某一过程结束时,通

---

① 张玉堂. 学校安全预警与救助机制理论和实践. 成都:四川人民出版社,2010.

② Pamela S L, Stephen H. Goodman and Patricia M. Fandt. Management:Challenges in the 21st Century. 2nd ed. Illinois:South-Western College Publishing,1998(东北财经大学出版社影印本).

③ 周三多,陈传民,鲁明泓. 管理学——原理与方法. 4 版. 上海:复旦大学出版社,2003.

过对有关安全问题的指标进行评估而得出安全管理的效能，从而及时地作用于实验教学安全管理系统，让实验教学远离事故。一般来说，实验教学的安全管理都是通过实验教学安全的历史经验和数据以及定性、定量和评价等一系列指标，设立各类行为可能产生失误后果的界限区域，对某些可能冒险的行为进行识别与警告，以此规范实验教学安全秩序。

第五，归纳功能。归纳功能是指对同类或同性质的实验教学安全事故、风险、隐患及其诱因进行归类、提炼的一种功能。当实验教学安全管理过程中出现了过去曾经发生过的事物征兆或类似致错的环境、条件时，通过实验教学安全管理系统能进行预测并迅速运用适当手段予以有效控制、扼制、排除或回避，有效避免实验教学安全事故的发生或者减少事故带来的损失。从某种角度来说，归纳功能也就是监测和预防功能。

二、实验教学安全管理的作用

对作用有不同的认识。有的人认为，作用是"对事物产生的影响、效果、效用[1]"；有的人认为，作用是"客体对事物产生的影响"，带有一定的主观性；还有的人认为，作用是事物内在生命里对其他事物影响的表现。结合这些不同的认识，实验教学安全管理的作用是指实验教学安全管理对实验教学产生的影响、效用，是实验教学生命力的内在要求和表现。实验教学安全管理对实验教学影响到底有多大，一定条件下带有主体的感官性和认知性。实验教学安全管理的作用主要体现在以下五个方面。

第一，保障师生生命和财产安全。实验教学安全管理以安全为目的，为达到预定的安全防范而进行有关安全工作的方针、决策、计划、组织、指挥、协调、控制等方面的工作，合理、有效地分配和使用安全资源，如有关人力、财力、物力、时间和信息，从而降低实验教学事故发生的概率，达到保护人的生命和健康不受危害，保护实验器材、设备等财产不受损失的根本目的。因此，实验教学安全管理的实现，可以使实验教学中人的不安全行为或物的不安全状态得以预防、制止、纠正、回避、控制等，使人或物获得最大程度的安全保障。

第二，最大限度地减少事故对主体利益的危害。严重的实验教学安全事故，既对学校教育及社会稳定产生影响，也对师生生命、财产产生危害。其中，如何保证学生在实验教学中的安全问题，既是家长关心的问题，也是学校实验教学安全管理的重点和核心。因此，通过有效的实验教学安全管理避免事故的发生，或者将实验教学安全事故造成的影响和危害控制在最小范围，有助于最大限度地减少事故对主体利益的危害，从而达到最大限度地维护主体的合法利益。

第三，促进高水平实验教学安全管理队伍的形成。队伍是保证实验教学安全的根本。实验教学安全管理通过将制度建设和具体落实作为重要手段，改变实验教学安全以个人主观意志为转移的现象，使各项实验教学安全工作有法可依、有章可循、岗位明确、责任清楚，使承担安全管理的主体、参与实验教学的人员，养成严格按照实验教学安全制度办事的行为习惯，从而促进素质好、责任心强、操作技术熟练且稳定的实验教学安全管理队伍的形成。

第四，促进实验教学安全管理应急机制有效运行。实验教学安全管理要求有关主体要根据不同类别实验室或实验项目安全的特殊要求，有针对性地制定突发事件应急处理预案。例如，在消防方面，重点实验室或者重大实验项目，都要制定突发性火灾应急预案，预案内容包括应急组织、指挥机构，报警责任人和报警程序，应急疏散组织程序和措施，应急扑救要求和措

---

① 中国社会科学院语言研究所词典编辑部. 现代汉语词典. 北京：商务印书馆，1985.

施,现场救助等,同时要明确定期组织消防演练的时间、地点和类型等。这样在突发事故时,应急预案才能有效运行,才能够将事故控制在最小范围或尽量降低损失。

第五,促进实验教学安全管理的文化形成。思想影响意识,意识指导行为,行为决定实验教学安全的结果。实验教学安全的重中之重是人,关键是人的安全意识和行为。因为再好的实验设备也需要人去操作、使用,再好的实验安全制度也需要人去落实、遵守,良好的安全实验环境也需要人去营造。人是实验教学安全运行的决定性因素。所以通过实验教学安全管理,让师生树立"安全第一,预防为主,责任至上,综合治理"的观念,人人自觉遵守实验安全操作规范,实现实验教学安全管理制度化、标准化、规范化,形成实验教学安全"自控、可控和在控"的状态,营造人人自觉预防、避免实验教学事故发生的氛围。

三、实验教学安全管理的价值

站在不同角度,对价值有不同认识。从商品学角度看,价值是"体现在商品里的社会必要劳动[①]";从物理学角度看,价值是对事物产生的"积极作用";从心理学角度看,价值具有认知性,"价值不是源于需要,而是源于期望",换言之,"价值不仅是我们自己的需要,别人也想要,并且想要的是正当的东西";从事物本身性能角度看,"价值是指客体对主体的有用性,即客体对主体需要的满足状态"[②];从形而上学角度理解价值,价值是一个关系概念,是人们对某事物的合理想象而导致的期待。

结合对价值的形而上学理解,那么,实验教学安全管理的价值可以这样来认识,即实验教学安全管理的研究主体对实验教学安全的合理想象而导致的期待。简单来讲,实验教学安全管理的价值应当有四种基本形态:完全符合主体的合理想象并实现自己的期望,则价值高;基本符合,则价值一般;不符合,则价值低;对主体完全不符合,则无价值。实验教学安全管理的价值体现在以下五个方面。

第一,加强信息收集和利用。安全信息是安全活动所依赖的资源,安全信息是反映人类安全事物和安全活动之间的差异及其变化的一种形式。所以在实验教学安全管理过程中,正确、及时、准确地收集、分析和利用实验教学安全信息,是实验教学安全管理的基本责任。如果在实验教学过程中,有关责任人不能及时、准确地收集相关安全信息,错过了收集和利用安全信息,安全信息也就失去了其应有的作用,实验教学活动就处于一种无防备、无保护状态,就可能发生安全事故。实验教学安全管理的首要价值就体现在正确收集、分析和利用相关安全信息,防患于未然,有效避免事故的发生,或者发生后尽量减少损失的价值。

第二,提高安全管理水平。实验教学安全管理是对安全实验教学进行计划、组织、指挥、协调和控制的一系列活动,是为全面贯彻执行国家安全管理的方针、政策、法规,确保实验过程中的安全而采取的一系列组织措施;安全管理的目的是保护师生在实验过程中的安全与健康,保护学校财产不受损害,促进实验教学顺利进行。实验教学安全管理能够对实验教学安全事故早期征兆或诱因、解决方法、后期完善和总结进行检测、诊断与警示,为实验教学相关部门预防、制止、纠正、回避安全系统中人、财、物的不安全状态提供计划、组织、指挥、协调和控制方面的建议和意见,从而提高实验教学安全的水平和效能,体现提高实验教学安全管理水平的价值。

---

① 中国社会科学院语言研究所词典编辑部. 现代汉语词典. 北京:商务印书馆,1985.

② 黄薇. 教育学原理. 广州:广东高等教育出版社,2003.

第三,提高学校教育管理水平。一方面,实验教学安全管理是学校安全管理或者教育行政安全管理必不可少的组成部分,实验教学场所也是学校安全事故发生频率较高及安全隐患较多的场所或范围。加强实验教学安全管理是学校相关管理者义不容辞的责任。作为学校教育安全管理最基础、最复杂的实验教学安全管理,应当成为教育管理的一个重要研究领域。实验教学安全管理系统的不断完善,能在一定程度上体现教育管理者管理水平的不断提高。另一方面,实验教学安全事故,尤其是重大事故发生后,家长一般都会迁怒于学校,学校管理者和教师需要花费大量的时间和精力来应付和处理,既严重影响学校正常教育和管理秩序,也给学校带来了沉重的舆论和经济压力。而实验教学安全管理能有效地帮助学校及时发现和分析问题,并对不正常状态进行及时防范和控制,把问题解决在萌芽中,以避免事故的发生或尽可能降低损失,以较低的安全成本投入换取较大的学校安全利益,能够极大地提高教育管理水平。

第四,提高实验教学质量。安全稳定的教育环境是教育事业健康发展的前提,是教育目的得以实现和教育质量得以保证的首要条件。实验教学安全事故的发生,势必影响正常教学秩序,扰乱学校正常的教学计划而直接影响教育质量。由此,对实验教学中存在的隐患进行有针对性的分析、测度和及时排除、控制,对突发事故及时处理,从源头上减少或杜绝实验教学事故的发生,将其损失降低到最低程度,从而从精神上和经济上解放学校、解放教师,为全面推进素质教育、提高教育质量创造条件。有了安全的实验教学环境,学生生命得到保障,才有切实的教育质量,因为"生命不保,谈何教育质量"。

第五,体现"以人为本"观念和教育的根本价值。"以人为本"为实验教学安全管理奠定了良好的观念基础;为了人的发展的教育本质,为实验教学安全管理明确了目标。因此,实验教学安全管理既是"以人为本"观念和教育本质的体现,又是对国家和民族未来负责的体现。在"以人为本"观念下进行的实验教学安全管理,其根本就是保护实验教学师生的合法权益,降低实验教学安全事故对人的生命、财产的损害。在以人为本的前提下,各种管理机制与措施紧密结合、协调一致,达到预期的目标,最终体现以人为本和教育的根本目的。

思　考　题

1. 实验教学安全管理为什么要坚持"以人为本"原则?
2. 分析实验教学安全管理的内涵。
3. 分析实验教学安全管理的外延。
4. 分析实验教学安全管理的特点。
5. 评价实验教学安全管理的功能、作用与价值。

第二章 实验教学安全管理构成

构成即"形成或结构"。构成问题既是理论问题,也是实践问题。作为理论,它是探索事物的基本组成及组成要素间的关系及其作用的;作为实践,它是探讨事物组成要素的结合方式及其相互作用和联系的。因此,只有充分认识构成,才能从整体上认清实验教学安全管理,才能为科学地进行实验教学安全管理创造条件。本章从实验教学安全管理的构成概念、场所、过程和要素四个方面进行探讨。

第一节 实验教学安全管理构成的概念

任何概念问题都有个理论问题,实验教学安全管理构成也不例外。实验教学安全管理构成这一概念如何定义、其外延是什么、有何特点等是认识和理解实验教学安全管理构成的基础。

一、实验教学安全管理构成的内涵

管理是人类与生俱来的一种活动,当人们知道有些活动必须靠团队力量才能完成的时候,实际上管理就已经产生了[1]。而管理产生,也就产生了管理的构成。管理构成就是指管理由哪些基本元素结合而成,或者由哪些基本要素组成。实验教学安全管理构成就是指实验教学安全管理由哪些基本要素组成。该定义涵盖以下几点内容:首先要认识的是实验教学安全管理构成;其次要理解这种构成要有一定的基本要素,没有基本要素,谈不上构成;再次要理解这种构成是一种结构形式、一种组合形态;最后要认清对管理的构成探讨将直接影响对实验教学安全管理构成的探讨。

二、实验教学安全管理构成的外延

受管理构成理论的影响,对实验教学安全管理构成外延的理解也不同。

首先,从探讨的角度和层面上说。在管理学界,站在不同角度和层面,对管理的构成有不同认识。概括起来有过程说、活动说、职能说、对象说、要素说等,其中要素说有三要素说、四要素说、五要素说等。由于实验教学安全管理也是管理,所以仍然可以从这几个角度和层面探讨。从构成对象角度说,实验教学安全管理由人、物和环境三个基本要素构成。其中,从人的角度说,实验教学安全管理中的人有实验教学管理者、实验教学管理员、实验教学教师、实验教学学生;从环境的角度说,实验教学安全环境有实验室安全环境、实训场地安全环境、实习场地安全环境,或者实验空间安全环境、实验安全舆论环境、实验安全制度环境、实验安全人文环境;从物的角度说,实验教学安全物有安全房舍设施、仪器设备、机械设备、消防设备、实验药品、实验辅助品等;从职能的角度说,实验教学安全管理由计划、组织、指挥、协调和控制要素构成;从过程角度说,实验教学安全管理由计划、执行、检查和总结要素构成;从活动角度说,实验

---

① 张旭霞. 管理学. 北京:对外经济贸易大学出版社,2009.

教学安全管理由管理目标、管理者、管理对象、管理措施和管理环境要素构成；从实验教学安全管理涉及的场所方面说，有实习、实训、实验室安全要素等。总之，实验教学安全管理的构成从不同角度可有不同的构成成分。尽管实验教学安全管理的构成是多样的，但是只要抓住其构成实质，就能够很好地领会实验教学安全管理活动内涵，也就能更好地进行实验教学安全管理。

其次，关于基本要素问题。尽管站在不同角度有不同认识，但是，实验教学安全管理作为安全管理的一个微观领域，它的第一个基本构成要素是人。实验教学安全管理构成中，人的要素特指在实验教学安全管理过程中所涉及的全部劳动者。实验教学安全管理构成中人的要素既是安全管理的对象，也是安全管理所要达到的最终目标，同时也是实验教学安全管理的操作者、关键要素，是实验教学能够顺利进行的内在动力。第二个基本构成要素是物。安全管理是为了保障安全而规范特定群体的活动的，而任何活动必须有物的要素存在，一旦离开物的要素，任何活动包括安全管理活动就失去了价值。物是促进群体间人与人相互联系的纽带，是人开展活动的前提和基本条件。实验教学安全管理构成中物的要素主要有房舍设施、实验器材、实验物品、实验药品、其他保证物，如必要的经费、机械、消防、电器设备等。随着社会现代化程度的大幅度提升，实验教学中的实验器材也在不断更新换代，新的现代先进实验设备、实验器具迅速进入实验教学领域。第三个基本构成要素是环境。"环境"一词的含义是"周围的地方，周围的情况和条件[①]"。在实验教学安全管理构成中，环境是教学活动开展的场所，也是安全管理活动的空间和人文条件。随着实验教学领域的扩张，实验教学安全管理构成中的环境因素也日益复杂。实验室的内部环境、实验过道的设置、实验楼层的分布、实验楼的安排及其方位等都是实验教学安全管理活动中必须考虑的环境因素。

三、实验教学安全管理构成的特点

实验教学安全管理构成是实验教学环节的一个部分，是为了保证实验教学顺利进行、达到培养学生应用性技能的目的而采取的安全管理章程和措施的总和。它是学校教育安全管理的有机组成部分，且伴随教学改革的深入，实验设备的增加、实验工作量的增大及参与实验的人员增多，使得实验室的安全管理、制度建设、事故预防等工作更加重要。不断完善实验教学安全管理内容、不断丰富安全管理构成，是对实验教学环节的不断强化。具体来讲，实验教学安全管理构成具有以下三个特点。

1. 实验教学安全管理构成的特殊性

安全管理是在日常生产和生活中经常接触到的过程，各行各业、各级部门、企事业单位都应属于此范畴。实验教学安全管理特指在实验教学过程中的安全管理行为，它的构成具有实验教学的特殊性。这种特殊性体现在以下三个方面。

一是安全管理范围的特指性。构成实验教学安全管理的要件局限在教育计划或者课程计划范围内，并且特指在实验教学过程中。目前实验教学涉及校内外场所的实验室、实习单位和实训场所等。因此，实验教学安全管理构成更多体现在实验室安全管理构成中，这种构成的范围是特定的。

二是安全管理对象的复杂性。教师和学生既是实验教学安全管理的参与者，又是管理的

---

① 现代汉语小词典.5 版. 北京:商务印书馆，2008.

对象。通常,教师是实验教学过程的组织者,同时也是整个过程的参与、配合者;学生是实验教学管理活动的对象,也是实验教学管理过程的主体。在实验教学安全管理过程中,教师在很多时候既要执行安全规章、进行安全管理,同时还要示范遵守安全规范、接受管理,给学生做出良好的安全操作榜样;学生在这个过程中则学习正确、安全的操作要领,在安全的环境中学习实践操作知识、掌握安全操作技能。同时,实验教学安全管理的对象,不仅包括教师和学生,还包括财、物、信息、时间和空间等,是一个非常复杂的对象系统。

三是安全管理手段的特殊性。实验教学安全管理是整个学校安全管理活动的一个子系统,只是这个系统完全体现在实验教学活动过程中。实验教学安全管理构成不同于一般的学校安全管理构成,它不仅仅包括简单的防火、防爆、防毒、防污染或防感染等预防措施,在进行科学实验的过程中,既要消耗一定的原材料及能源,同时在这个过程中又可能产生新的物质或能源,如化学实验过程中的化合作用、物理实验中的能量转换等。因此,实验教学安全管理构成也必然包括这些可能的、未知因素的预防措施。

2. 实验教学安全管理构成的多样性

经济社会发展对学校人才的培养提出了更高的要求,不只是要求全面的理论知识,更需要扎实的实践操作技能。特别是为了强化学生的社会适应和实践能力,高校也在不断探索教学改革的实践之路,实验教学在学校教学中的重要性引起越来越广泛的共识。伴随学校办学规模的不断扩大,学校实验室也在不断扩建和兴建,实验室规模扩大,实验仪器和设施增多,实验项目增加,学生人数增加,学生使用实验室的累积开放时间和实验室使用效率不断增加,实验室安全管理中所涉及的因素也越来越多。同时,现在的实验教学不再停留于仅仅让学生在实验室做做实验、验证课堂理论知识的正确与否的程度上,而是在更多时候让学生独立选择项目、独立设计操作,让他们在一个开放的环境中发现、分析和解决问题,掌握创新知识的技能;实验教学也不仅仅局限于实验室的场地中,而是在实习、实训中让学生走向一个更广阔的实践空间,这些措施都进一步增加了实验教学安全管理构成的多样性。实验教学内容、时间、场地和环境的多样性,决定了实验教学安全管理构成也会越来越多样化,既有室内实验教学的安全管理过程,也有开始走向室外,如校园,甚至更广大的社会空间,如企、事业单位及其他市场的实验教学安全管理延伸。

3. 实验教学安全管理构成的动态性

经济、社会在不断发展,而推动社会发展的创新性因素很多时候都是在实验室中萌芽、生长起来的。实验教学作为培养学生创新精神和能力的重要环节,既要不断地演进,跟上时代前进的步伐,同时又要不断地给社会发展注入新的活力。只有不断加大实验教学中开放性、设计性实验项目的比例,才能更好地培养学生的创新精神和实践能力。这些新的实验项目要紧随国民经济发展、学校课程改革以及人才发展的需要不断更新才能适应实验教学的发展历程、根本保障实验教学的安全,这些更新也从客观上要求实验教学安全管理本身必须不断地调整,动态发展。实验教学安全管理构成的这种动态性体现在实验教学改革发展的过程中,新的实验内容、设备、场地和时间要有相适应的安全管理措施,对于增加的实验器材要有有效的安全管理办法,开展创新性的实验项目要有完备的安全管理制度等,这些都决定了实验教学安全管理的构成不是一成不变,而是随着时间、环境、内容的不同,参与主体采用的方法手段不同,其构成要素也要做出相应的变化。

第二节　实验教学安全管理场所构成

任何事物的构成从不同角度去探讨会有不同的结果。从实验教学活动开展的场所看,实验教学安全管理构成主要有实验室安全管理、实习场地安全管理、实训场地安全管理等。实验教学活动主要是培养学生的创新精神和实践操作能力,提高学生的实际应用技能。在实验教学中的安全管理活动更多是体现在不同的实际应用环境中,这里主要从实验教学活动开展的场所来认识实验教学安全管理的构成,探讨不同环境中的实验教学安全管理活动。

一、实验室安全管理

现阶段实验教学的主要场所还是在实验室中进行,实验室安全管理是实验教学安全管理的主体。实验室安全管理的最终目的就是要以最合理的支出,包括人力、物力、财力和精力支出,获取最大的安全保障,并经过风险评价确定可接受的风险,将风险降低至可容许的程度,减少实验过程中发生事故的风险,确保师生员工的健康和安全,从而满足师生员工对安全的需求。首先是实验室内部环境安全,例如,实验室的面积大小是否能承载学生的数量,学生在实验室中的活动是否有足够的安全空间,实验室是否有足够的常规安全防范措施,包括消防设施是否完善、人群疏散通道是否完好、电路是否有安全保护装置,实验室空气是否流通,实验室设备是否摆放有序、清洁卫生等。其次是实验器材的使用是否有完备的安全措施,如危险化学药品的使用章程是否完善、危重实验操作的意外处置方案是否可行、实验过程中器材使用意外情况的应急预案是否完备等。实验室安全管理还涉及对实验参与人员的管理措施,如实验教学管理人员、教师和参与学生的安全职责是否清楚,实验安全操作流程是否明确等。

二、实习安全管理

实习一般是讲"把学到的理论知识拿到实际工作中去应用和检验,以锻炼工作能力"[①],或者学生在进行了一定阶段的学校学习之后,由学校统一组织或经过学校批准由学生自行联系,到企事业单位工作环境中去适应工作过程或承担一定工作任务的过程。实习往往是离开了校园环境,学生进入了实际的社会生活中,因此,实习安全管理就更复杂多变了。实习的环境是具体的社会氛围,可能是在基层车间、单位办公室、商场柜台,甚至荒郊野外等。对实习中的安全管理难以一概而论,但管理重心还是学生。实习安全管理必须抓紧对学生个体的管理,既要让学生能在新的工作环境中学习知识、技能,又要经过安全教育和基本技能的培训,让学生遵守工作环境的安全管理规定,保证自己的人身、财物安全,同时维护实习环境的安定有序。在学生实习期间要突出思想教育工作,密切掌握学生的思想动态,从而保证学生的实习安全。实习安全管理还要突出安全管理预案的制定。针对学生实习场所、实习内容的相应特点,有针对性地拟定相关的安全管理方案,对实习过程中可能的意外情况预先设计、演练,制定出详细的安全管理预案。

见习与实习的共同特点是都要离开原来的学习、生活环境,都是课程计划的组成部分,且都是由学校组织或者经过组织批准到生产岗位的活动。但是也有区别,主要是时间和内容的区别。实习相对于见习来说时间较长,而见习时间较短;内容的区别是参与实习的学生要亲自

---

① 中国社会科学院语言研究所词典编辑室. 现代汉语词典. 北京:商务印书馆, 1985.

动手操作,而见习中学生只是参观,而不亲自动手操作。因此,由于见习学生不亲自动手操作,参观时间相对较短,也便于组织和控制,相对于实习来说,见习的安全管理要简单和易控制得多。只要学校对见习进行精心的安全教育、组织和管理,一般来说,基本上能够达到安全组织见习的目标。

三、实训安全管理

实训是"职业技能实际训练"的简称,是指在学校控制状态下,按照人才培养规律与目标,对学生进行职业技术应用能力训练的教学过程[①]。在实训中,学生在老师带领下深入厂矿实地,或者在实际的机械设备环境中进行有针对性的操作活动。实训安全管理就是针对学生在实训过程中的安全问题,运用有效资源,通过努力,进行相关决策、计划、组织和控制活动,实现实训过程中人与设备、物料、环境的和谐,从而达到实训的预期目标。实训安全管理的环境比实习的环境更为具体,主要体现了一般生产安全管理的过程,只是两者的对象都是学生而已。实训中,学生面对的往往是一些大型的、带一定危险性的机械设备,所以加强在实训前的安全操作培训至关重要。学生在实训前要进行操作要领学习、开展基本功的演练,让他们有了必要的理论基础和基本操作技能后才能进入实训学习中。在实训中老师要做好巡视工作,及时发现并纠正学生的不安全操作行为并随时提醒学生正确、安全的操作规范。同时,实训安全管理中强化学生小组的安全管理职能,让小组中的成员互相进行安全监督,有效化解实训操作中的危险隐患。

第三节　实验教学安全管理过程构成

"过程是事情进行或事物发展所经过的程序"[②]。根据海因里希事故法则,即"每一起严重事故的背后,必然有 29 起轻微事故和 300 起未遂先兆以及 1000 起事故隐患",即"1：29：300：1000"法则[③]。安全管理过程就是要从这 1000 起事故隐患入手,根据管理对象及环境的特征,做好安全工作中的过程管理,这样才能真正防微杜渐,达到安全管理的目的。实验教学安全管理作为安全管理中的微观领域,它与实验教学管理的基本过程"计划、执行、检查和总结"紧密结合在一起,或者在实验教学中要体现安全意识、知识和技能计划、执行、检查和总结,或者在实验教学安全管理过程中始终贯穿计划、执行、检查和总结工作。

一、实验教学安全管理的计划

1. 计划

计划是工作或行动以前预先拟定的具体内容和步骤,是确定目标并评估实现目标最佳方式的过程,是对未来行动的预先安排,是组织顺利达到预期目标的首要过程。因此,计划就是个人或组织根据社会的需要并结合自身的特点,确定本组织在未来一定时期的目标,并通过计划的编订、执行和监督来动员与协调相关各类资源,以成功达到预期目标的过程。计划为个人或组织的发展指明了方向,通过对未来变化的预测以减少冲击,同时减少行动过程中的重叠和

①　杨汉国. 实验教学安全管理构成探讨. 实验科学与技术,2011,(6):188-190.
②　现代汉语小词典. 5 版. 北京:商务印书馆,2008.
③　张丽丽. 本质安全管理"四要". 中国电力企业管理, 2009,(8):78-79.

浪费性活动。因此,任何个人或组织,特别是"一个组织中及各层次的管理者都要做计划工作"①。计划是一个组织的行为方向和前提,是组织及个人的行动路线图。

2. 安全管理计划

安全管理是一项琐碎、繁杂的系统工程,它需要从各个方面、各个角度入手。海因里希事故法则中的 1000 起事故隐患都是隐藏在日常工作中,它们都可能导致安全事故的发生,同时这 1000 起事故隐患又不会孤立地存在,它们相互间还会产生联系、发生作用,导致事物过程更加复杂多变,而计划工作就是在事情开始前的通盘考虑,就需要估量这些显性及隐性的各种隐患并安排相应的方法、措施。安全管理中的计划就是在确保安全的总目标下,根据事情的性质,结合管理工作的特点,对各种安全隐患综合评估,从而拟定在管理工作中的基本方针并形成初步的行动方案的过程。

安全管理计划一般具有以下四个基本要素:目标、措施、步骤和责任人。目标是安全管理计划的宗旨、中心。安全管理计划最终也是为安全工作任务而制订的。安全目标是安全管理计划产生的原因,也是安全管理计划努力的方向。没有努力方向,没有要求和指标,就没必要制订计划。因此,在制订安全管理计划前,要结合安全现状及生产的具体环境,明确无误地提出安全管理工作的目的和要求并准确地阐释这些要求的依据,使从事安全管理工作的相关人员事先就明晰安全工作未来的结果。措施是实现安全管理计划的保证。在向既定目标前进的过程中,为了达到预定的安全目标,需要什么手段、协调哪些因素、动员哪些力量、如何创造有利条件、可能遇到什么困难、如何排除可能的障碍等都体现在具体的行动中,也都需要在计划阶段进行全面思考并充分论证。步骤即工作的程序和时间的安排。安全管理工作是一项系统性、综合性的工程,在具体的实施过程中,它也有重点与非重点、紧张与舒缓、暂时与长远的区分。因此,在制订安全管理计划时,在总的时限要求下,还必须对每一阶段的时间要求、人力、物力、财力和精力的分配使用等有明确的安排与布置,把具体的工作分解到日常工作的点滴中,使具体的执行者清楚在一定的时间和条件下,把安全管理工作做到何种程度,以利于充分发挥人的主观能动性,顺利开展安全管理工作。

安全管理计划的形式是多种多样的。它可以从不同的角度、按照一定的标准进行分类,从而形成不同的计划体系。如果按时间长短来划分,安全管理计划可分为长期计划、中期计划和短期计划,时间的长短也可根据具体安全管理工作的需要而定;按内容可分为安全生产发展计划、安全文化建设计划、安全教育培训计划、安全隐患查找和整改措施计划、班组安全建设计划等;按性质可分为安全战略计划、安全战术计划;按具体化程度可以分为安全目标、安全策略、安全规划、安全预算等;按管理形式和调节控制程度的不同可分为指令性计划、指导性计划等。

3. 实验教学安全管理计划

实验教学安全管理计划作为安全管理计划的一个特定领域,它完全秉承了安全管理计划的特征,同样包括目标、措施及步骤三大要素,但又与特定的实验教学领域相联系,具有一定的特殊性。实验教学安全管理计划是实施实验教学的各级管理者在实验教学活动中,根据自身学校的特点,结合实验教学开展的现实情况,确定实验教学中的安全管理目标,并通过实验教学安全管理计划的编订和执行来动员与协调各类实验教学资源,以成功达到实验教学安全管

---

① 麦克斯温 T E. 安全管理:流程与实施. 2 版. 王向军,范晓虹译. 北京:电子工业出版社,2008.

理目标的过程。

第一,实验教学安全管理计划的主要功能。实验教学安全管理计划必须要解决计划功能的六个主要问题,可简称为"5W1H":第一,为什么做(Why),也就是目标。这是确定实验教学安全管理实施的依据,也是安全管理实施的根本所在。安全进行实验教学的目标是实验教学安全管理计划产生的导因,也是实验教学安全管理计划的奋斗方向。在拟定实验教学安全管理计划前,要分析研究实验教学安全管理工作现状,结合实验教学的开展情况提出安全工作的目的和要求,让参与实验教学过程的各方面能明确实验教学安全管理工作的最终结果。第二,做什么(What),也就是措施内容。过河必先有桥,有了既定的安全管理工作任务,还得有完成任务的措施和方法,这是实现实验教学安全管理计划的保证。在实现安全管理目标过程中采用什么手段,需要哪些方面的资源支撑,包括人、财、物方面的保障,创造什么条件,克服哪些困难等,都是在安全管理计划工作中需要明确地做什么的工作内容。第三,谁去做(Who),即措施中人的因素。实验教学安全管理的重要特征之一是体现实验教学特点,而参与实验教学的主体有教师、学生和管理人员,这是一些特定的人际对象。实验教学安全管理计划中的谁不是一个固定的对象,一般条件下安全管理可能是实验员或者实验教师,也可能是参与实验的学生。因此,在实验安全管理中,由谁采取措施应根据实验教学的具体情况而定,可能是实验教师或者实验学生采取的措施,也可能是实验管理人员。这些都会随着实验教学内容、实验教学环境的不同而发生改变。第四,何时做(When),即措施中的时间界定及其步骤。实验教学安全管理涉及的范围越来越大,管理计划中的工作内容也越来越多,各项具体工作的时间范围、起始时间和完成时间等都必须有一个明确的规定才能更好地协调各方面力量,做到安全管理工作的万无一失。第五,何地做(Where),即措施中的地点。实验教学的种类很多,有实验、实习、实训等,为了培养学生不同的实际技能需要进行不同的实验教学方式,各种方式可能涉及不同的地域环境。在实验教学安全管理计划中需要结合实验教学内容考虑安全管理工作的具体场景。第六,如何做(How),即执行计划的具体步骤。任何安全管理目标,只有明确具体步骤和技术路径,安全管理目标才能逐步变成现实。在实验教学管理安全工作实施中,要分清相关工作的轻重缓急,哪是重点、哪是非重点,根据每一阶段的具体目标,做到人力、物力、财力的合理配置,技术路径的合理选择和设计,才能使有限的人力、物力和财力资源效能充分发挥,做到实验教学安全管理投入的低成本、高产出,实现安全资源配置的最大化。

第二,实验教学安全管理计划的特性。实验教学安全管理工作是整个实验教学环节中的一个部分,计划工作也是整个实验教学管理工作的重要方面,是实验教学顺利进行的保证措施。实验教学安全管理计划具有以下四个特性。

普遍性。实验教学安全管理计划涉及实验教学的各个方面、各个环节和各个系统。学校的实验教学安全管理总目标确定后,不仅学校要制订实验教学安全计划,而且各个学院、各个实验室和各个实验项目也要根据学校实验教学安全管理目标,结合自己单位的实验教学安全目标制订具体计划。具体单位的具体计划是确保本单位实验教学安全管理工作得以顺利进行的前提和条件。因此,对于具体单位不仅教学管理者要制订安全管理计划,实验教学的直接实施者——任课教师,也要根据教学活动的开展情况做好实验课堂安全管理的计划,学生也要根据具体实验教学要求并结合自己的实验项目制订实验教学安全控制计划,所以实验教学安全管理计划具有普遍性。

目的性。任何组织或个人制订的各种目标都是为了促使组织目标和一定时期内目标的实现,计划工作的开展也是为了有效地达到某种目标。实验教学安全管理计划是确定各级实验教学实施部门在实验教学过程中的安全管理目标,预防、避免或控制实验教学中安全事故的发生,并指导日常的实验教学活动安全、顺利进行。实验教学安全管理计划必须明确安全管理的目的,同时,安全管理计划都必须有本级明确的安全管理目标,这样才能让各层级管理部门、各相关责任人员明确自己的安全职责,落实安全管理任务。

明确性。实验教学安全管理计划要有明确的组织、个人或项目安全目标、任务、权利和责任;要有明确的实现实验教学安全管理目标所需要的相关设备、设施及其他资源;要有明确的实验教学活动中安全的程序、方法和手段;要有明确的各级实验教学管理人员、实验参与教师和学生在执行安全管理计划中的权利和职责等。总之,在实验教学过程中,要有明确的"一岗双责",才能有效保证管理活动执行的效度。

实践性。实验教学是为了培养和训练学生发现问题、分析问题和解决问题的能力,以适应研究需要而开展的一种直觉性实践活动。实验教学的最大特色就是实践性,而实验教学安全管理计划作为实验教学的有机组成部分,它的实践性主要是指计划的指导性和可操作性。实验教学安全管理计划既要符合实际、易于操作,又要与各学校实验教学的实际相符合。只有与各实验室的具体环境相适应,与实验课程的具体情况相匹配,并具有一定的弹性,才能适应实验教学环境的变化,预见并克服实验教学过程中可能的不确定因素的干扰。

二、实验教学安全管理的执行

1. 执行

在管理学上,执行是贯彻战略意图、完成预定目标的操作活动,是企业竞争力的核心[①]。执行问题在一个组织管理中居于重要地位,是一个组织体系目标能否完成的中心环节,是体现组织体系管理能力的重要方面。只有真正地落实了执行,计划中的管理目标、方法措施才能得以施行,也才能得到检验,才能使所思、所想、所为得到判断。只有通过执行,完美的计划才能够变为现实,也才能为下一阶段的检查行为提供依据,从而保障过程发展按预定方向前进。

执行反映一种实际影响力,是体现管理行为是否达到了预期计划的现实行动。

2. 安全管理的执行

安全管理是保障安全的重要措施。安全无小事,事事须躬行。安全管理中的执行是安全工作的基本内容,只有执行了正确的安全制度或措施、采取了合适的安全行为,其他所有的工作也才能有顺利进行的空间。一般,管理中的执行看重实际影响、着重绩效水平,而安全管理中的执行更注重过程控制,每一个执行步骤或细节的疏忽都可能留下安全隐患或造成安全事故,执行过程也是不断发现并消除这些隐患的过程。安全管理计划是前提,安全管理执行是关键。

3. 实验教学安全管理的执行

实验教学是在学校教师或学生的实际操作过程中进行的,实验教学安全管理体现在学校的日常实验教学过程中。如何指导学生在操作中体现正确的操作方法、养成安全的操作习惯,这是管理者、实验教师在教学过程中必须时刻牢记的一个宗旨。在学校实验教学安全管理工作中,安全事故的发生相对于日常实验教学过程来说,肯定是少之又少。有的学校许多实验室

---

① 冬霞. 管理学的 210 个关键词. 北京:中国人民大学出版社,2009.

尽管没有详细的安全管理规程,但是也多年没有发生安全事故,没有产生实际的安全影响,不是他们忽视安全工作、没有制定和执行详细的安全管理规范;相反的是他们将制定的详细安全行为规范牢记心中,养成了细致的安全行为习惯,任何时候和条件下都在自觉按照安全行为章程规范自己的行为。这是理想的高水平的安全管理。当然,也有个别学校教学实验管理部门借口客观原因,为自己多年没有发生安全事故产生自满情绪,但恰恰这种自满情绪容易使人忽视实验教学安全管理工作,实际也是一种安全隐患;有的学校实验教学安全管理部门虽然制订了详细的实验教学安全管理计划,也张贴了许多教学安全操作规程,但仅仅是停留在书面、停留在墙上,是为了应付上级的安全检查或者完成实验教学工作的评估,在日常的实验教学活动中还是各自为政,暴露许多安全隐患;有的学校管理者认为安全投入会额外增加人力、物力及产生大量时间的耗费,且最终的实际效果不明显,导致许多管理者在执行这些安全计划时可能会投机取巧,以一种得过且过的心态应付常规的实验教学安全管理活动,或者认为在自己的部门和单位发生伤害事故的概率很小,百分之百地严格执行安全管理计划并没有那么重要。这些正反两方面的认识和行为共同反映的是一个执行力问题,体现安全管理的执行水平。虽然对部分实验教学安全管理者来说,对于实验教学安全管理,精力和物质上的投入远比不上一次投机取巧带来的舒适方便和省时,这种投机取巧也许不会立即导致安全事故的发生,但是这种投机取巧如果成为习惯思维方式和行为,就是该部门最大的安全隐患,迟早都会发生安全事故。一旦导致安全事故的发生,那就不是小事,而是关系师生生命财产和学校形象的大事。所以在实验教学安全管理问题上,最有效的方法还是踏实认真地"执行"。

实验教学安全管理的执行主要体现在结果、责任两个方面。结果是体现执行力的重要方面。实验教学安全管理的各项规章制度是否落到实处、是否产生实际的影响,都会在实际的教学过程中显现出来。它既包括在实际实验教学活动中严格按照制订的安全管理计划贯彻执行,也包括在整个实验教学活动过程中,没有出现违规或者危险的操作活动,或者即使有违规行为发生但得到及时纠正,而未发生实际的安全事故或完全没有发生重大安全事故。在任何实验教学过程中,都未发生违规操作行为或不发生安全事故,这是实验教学安全管理追求的最理想结果。

责任是明确实验教学安全管理活动中各个岗位的职、责、权、利,通过数据化的指标体系与规范性的条文目录,提出一整套衡量实验教学安全管理流程中各岗位的工作标准,做到"靠安全绩效用人,而不是靠领导的感觉用人"。在具体的实验教学课程活动中,明确实验教学安全管理各个环节针对的责任人,要一对一地明确各个岗位、部门的责任,做到"千斤重担众人挑,人人头上有指标",做到"一岗双责",形成与岗位体系相协调的安全责任体系。只有形成明确的岗位责任体系,并做到岗位责任入脑入心,在人人尽职、尽责、尽心的条件下,安全管理执行才能真正地落到实处。

从微观层面审视实验教学安全管理的执行,又可以概述为"YCYA"系统:结果与责任,可以视为执行者对管理者的第一个承诺——Yes;而 C 是过程检查控制——Check;当执行结束的时候,执行者需要再次向管理者报告——Yes! Finished! 然后管理者要根据执行情况,对执行者进行即时奖励或处罚——Award or Punish!

三、实验教学安全管理的检查

1. 安全管理检查

检查是反馈的过程,是安全管理的中继环节。通过检查,可以及时发现安全管理执行中存在的问题并及时得到纠正,保证安全管理活动健康发展。安全管理是一项细致而全面的工作,需要各方面共同努力才能确保万无一失、达成管理目标,而检查就是在这个过程中不断地调整、修正的过程,保证安全工作在正确轨道上、沿着正确的方向进行。安全管理检查不是为了找出毛病、揪出错误,而是为了在检查过程中理出正确操作的要领、管理工作中的成败得失,以利后续工作的顺利进行。

在安全管理层面,检查是对安全管理过程进行监控。通过制度化的星期、月度、学期、学年检查活动,对计划与实际执行情况做到心中有数,在事实和数据的基础上,对差距和问题进行剖析,将不符合需要和环境变化的计划、执行进行及时调整或协调,将执行过程中取得的成功经验及时小结并推广,使执行的各个部门和环节、各个组织层级之间更加协调和科学发展。检查在实验教学安全管理活动开展层面是及时发现问题、分析和解决问题的保证环节。主要内容是针对执行过程中可能经常会出现的不可控的现象,按照执行的重要节点,通过信息系统定时检查责任人的完成状况,通过了解与沟通发现执行过程中存在的问题,如不按程序操作或者擅自修改实验操作程序等,并及时加以纠正,把问题解决在过程中,而不是事后进行处罚。处罚不是目的,保证结果实现、不让错误发生才是检查的目的。所以在执行过程中,一般说来重要的是"你要什么,就检查什么",因为"人们不会做你希望的,人们只会做你检查的"。因此,检查是保证。

2. 实验教学安全管理检查

实验教学安全管理检查,是为了确保实验教学的安全进行,在实验教学安全管理工作中对实验教学过程中的人、财、物状态进行核查,及时发现实验教学过程中的不安全因素,消除所有可能的事故隐患,达到安全管理计划目标。实验教学安全管理检查要根据学校组织机构的设置,分层定期或不定期地进行。一般在每学年要安排几个固定的时间段对实验教学安全工作的开展情况进行专门查验。检查要自上而下、分层次进行,各个层次都应该有不同的安全检查重点。例如,学校对学院实验教学安全工作情况的检查重在检查学院的安全管理工作是否落到了实处,安全管理章程、安全工作措施,特别是"一岗双责",是否落实到了实验教学的活动中。学院安全管理检查工作的重点则是直接针对实验室具体教学过程中的安全工作措施的落实,从而有效地对风险进行防范。

实验教学安全检查,包括常规安全检查和动态安全措施落实检查。常规安全检查包括对实验室的安全措施、危险实验品的使用事项等的检查。同时,要结合实验教学特点,重视实验教学过程中的动态安全措施落实的检查,如在实验演示、实验操作中可能的安全隐患,在实验品存放过程中自身的物理、化学变化、气候温度变化可能导致的隐患或事故检查,以及针对这些安全隐患是否有切实可行的排除措施,是否有安全应急预案检查等。通过检查,对实验教学安全管理中发现的问题要加以指出并督促纠正;对在安全工作中认真负责的,在执行过程中有好的、成功的经验的要及时给予激励。激励在组织层面,主要通过对相关人员的安全工作执行结果进行考核,并将考核结果与奖惩挂钩,保证实验教学人员安全责任落实,从而做到"依靠结果和文化凝聚人,而不是凭领导的权威与亲情凝聚人"。在实验教学安全检查活动过程中,真正的行为内驱力是成就感,而不是薪酬。要促进执行力的提升,奖励就要及时、要多方位,特别是具体的安全执行技术路径和力度要可定,而不仅仅是付给职员金钱报酬那么简单。所以在检查过程中,重要的是在员工心理上"要什么,就立即奖励什么",每一个人在内心深处都渴望得到承认,即时激励表明的是"我很重要"。

3. 坚持实验教学安全检查"三原则"

首先，严格原则。严格原则是"执法必严"法治原则的具体体现，它总的要求是检查人员在检查中要合法、合理、适度，严密控制和规范实验教学用的限制物品、管制物品、易燃易爆物品、强腐蚀性物品等危险物品；严格控制实验教学中的非规范操作行为和自作主张操作行为。具体要求表现在必须做到依法检查和按照规定的标准进行检查；必须对每一个实验教学环节进行安全检查，做到一丝不苟、万无一失。

其次，细致原则。细致原则要求安全检查人员在进行实验教学安全检查时，对实验教学的参与人员的安全思想和行为、设备仪器、环境等进行全面、细致的检查，不放过与违规有关的蛛丝马迹。通过细致的安全检查，及时发现问题，及时记载，及时告知，以便及时督促采取相应措施整改。

最后，文明原则。文明原则是社会主义精神文明建设的重要组成部分，体现了全心全意为人民服务的宗旨。这不仅是一个工作方法问题，更是一个思想态度问题。因此，在安全检查中，凡是安全政策法规允许、符合实验教学安全管理标准的，要大力支持、及时肯定，提高工作效率；对违规行为、设备或环境提出批评，做到以理服人、不蛮横粗暴，以实际行动赢得实验人员的拥护和支持。

四、实验教学安全管理的总结

1. 安全管理总结

总结，是对过去一定时期的工作、学习或思想情况进行回顾、分析，并做出客观评价活动。实验教学安全管理总结是对一定时期内安全管理工作的进展、有效状况进行整体分析、评估、概括和升华的活动，它标志着一个实验教学安全管理周期的结束，预示新的周期即将开始。只有通过总结，才能不断地发现在过去工作中的经验教训、成败得失，才能在未来一年度的安全工作中更好地开展安全管理工作。安全管理总结的重点是周密性和细致性，要求从点滴入手，从平常工作的细小环节考虑，尽量理出事物发展的一般轨迹，找出可能的事故苗头。从这个角度讲，总结是实验教学安全管理过程的最后阶段，是不可缺少的提高和升华阶段，凡是明智的管理者都会高度重视总结。

2. 实验教学安全管理总结

实验教学安全管理总结是对实验教学安全管理工作一定时期的状态，实验教学安全环境变化情况，实验教学过程中实验器材、实验对象的性状变化以及实验教学过程中参与者的行为表现等进行分析、评估，并做出客观评价的活动。它也要遵循以下三个原则。

第一，实验教学安全管理总结原则。实验教学安全管理总结应当遵循自下而上的原则。这里的下是指细微处、微观、具体的工作，上是指全面、宏观、指导性的工作。因此，安全管理总结工作应该从实验教学课堂中做起。首先，根据课堂教学的情况，让一线的实验员及实验教师及时归纳、梳理在实验过程中的安全注意事项、在实验操作中可能出现的意外情形和能够采取的措施。其次，听取学生对安全管理工作的意见和建议，实验教学管理部门在此基础上综合考虑，理出在实验教学安全管理中的系统性经验，归纳出实验教学过程中的共性问题。最后，以章程、规范的形式返回实验教学课程中的反馈意见和建议，形成切实有效的实验管理制度及章程，完善实验教学安全管理流程。

第二，实验教学安全管理总结方式。实验教学安全管理总结工作应该以动态方式进行。这里的动态是指总结的时间、形式及内容不是固定的，而是随着实验教学过程的推进而深化。实验教学安全管理总结不应局限于固定时间点进行，而应在实验教学的开展过程中，针对实验过程中出现的新情况、新问题进行及时归纳、梳理。例如，在进行一项化学实验操作的过程中，由于不慎将两种化学药品混合在了一起而发生了意外现象，就需要及时进行总结，理清事情发展的脉络，找出可能存在的事故隐患而作预先的演练，以便将来遇到同类情况时做到心中有数。实验教学安全管理总结的形式会随着实验教学内容的变化而变化，既可能是书面的总结，也可能是口头的总结；既可能有在实验项目中的总结，也可能有在实验教学阶段进行后的系统总结等。实验教学安全管理总结的内容也会随侧重点的不同而不同，可能有专门针对实验教学过程中人的因素而进行的专项总结，如对实验教学过程中学生的行为习惯、学生的操作方式、学生上下课的守纪情况等的总结，可能有专门针对实验教学过程中环境因素而进行的专项总结，如对实验教学过程中仪器设备的空间方位、实验教学的场地因素、实验室内外的"三防"的设置等的总结，可能就实验教学过程中物的因素而进行专项总结，如对实验教学中所用到实验物品的安全特征、实验中仪器设备的安全性能等的总结。总之，伴随实验教学开展时间、空间范围的大大扩展，新情况、新问题会不断涌现，总结工作应该随实验教学的开展进程不断地深入、发展，这样才能适应实验教学发展的现状，对具体的教学活动起到指导和引领的作用。

第三，实验教学安全管理总结的内容。实验教学安全管理总结的内容包括安全思想、安全管理制度、实验教学安全管理过程、安全管理措施等。思想指挥行动，实验教学安全管理工作中要随时贯彻"安全第一，预防为主，责任至上"、"安全重于泰山"的原则，安全思想要深入实验教学的方方面面，贯穿实验教学过程的始终。安全管理制度是实验教学安全工作进行的保障，要及时总结、完善安全管理章程，形成完备的实验教学安全管理保障体系。实验教学过程是安全管理总结的脉络，要在确实的安全保障体系下开展实验教学活动，探讨实验技能的训练、培养。安全管理措施是安全管理总结的主要体系，要结合实验教学课程的开展，及时发现在实践过程中的方便有效的安全管理方法、手段，系统总结，形成完整的实验教学安全管理技术体系。

实验教学安全管理总结的重点是安全管理过程中的隐患、成功经验和改进意见，包括安全认识、安全管理、安全技术操作过程、应急方案的可行性等方面。从整体上说，尽管实验教学安全事故在高等学校发生率较低，但这较低的发生率又更多是出现在实验室的环节中。因此，在实验教学安全管理的环节中控制好实验室安全管理工作、做好实验室安全管理工作总结就能大幅度提高整个实验教学安全管理的质量和效能，杜绝安全事故的发生。

第四节　实验教学安全管理要素构成

要素是构成事物的必要因素[①]，是组成组织系统的基本单元。要素具有层次性，一个要素相对于它所在的系统是要素，相对于它的组成要素则是系统，在系统中相互独立又按一定秩序和数量联系成一定的结构。要素结构在很大程度上决定系统的性质。同一要素在不同系统中其性质、地位和作用也有所不同。因此，站在不同层面和角度，对事物的构成要素有不同的认识。在管理学中，对管理要素就有多种不同认识，这就直接决定了对实验教学安全管理构成要素也有不同认识。下面结合管理要素说，就实验教学安全管理"三要素"、"四要素"、"五要素"

---

① 现代汉语小词典.5版.北京:商务印书馆,2008.

进行比较详细的探讨。

一、实验教学安全管理"三要素"说

从实验教学安全管理涉及的主要对象来看,实验教学安全管理主要涉及人、物、环境三大要素。这三者相互联系,同时又相互作用,构成了实验教学安全管理的整体,将其称之为实验教学安全管理"三要素",如图 2-1 所示。

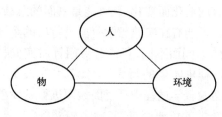

图 2-1　实验教学安全管理三要素

人、物、环境三者构成一个三角形态势。根据三角形特性,即只有在三个支点都稳定时才能保持正三角形的稳定性。在实验教学安全管理行为中,人管理物及环境,处于三角形的顶端,而物和环境同处于一个水平线上,它们相互间又会不断发生作用,作为人管理的对象存在,这三者间相互依存、相互作用,共同构成实验教学安全管理的稳定系统。

1. 人

在任何社会活动过程中,人的本性决定了其不管处于何种地位,始终都是第一位、最核心的支配要素。在任何过程中,人都是核心要素、关键要素和动态要素,缺乏人的要素,任何管理就失去了价值。同样,在高等学校实验教学安全管理过程中,人也是核心要素、关键要素和动态要素。其实验教学活动过程不管有多少要素,人都是第一位的要素。这里的人即实验教学参与者包括实验教学领导者、管理者、操作者、支持者等。高等学校实验教学安全领导者既是提出或制定管理理念、方针政策者,也是选择和确立管理者,是把握实验教学安全管理的方向者。领导者的主要任务是引领方向、选人和用人。高等学校实验教学安全管理者,既是实验教学安全管理具体规章制度的制定者,相对于领导者来说其又是执行者。管理者针对高等学校实验教学过程中可能会出现的各种不安全因素或风险,提出预防目标,采取预防措施,制定章程制度,以及在出现违规行为时采取改进措施等,这些都是管理者必须首先要考虑的方面。管理者在这个过程中起着把握方向、促进协调、控制行为的作用。首先,管理者是实验教学得以顺利开展的关键。其次,实验教师及实验室工作人员是实验教学安全管理的直接执行者,是安全行为过程的全程参与者,随时监控教学过程的安全状况,指导学生进行正确的安全操作、遵守安全行为规范,是实验教学得以顺利进行的促进者和保证者。最后是参与实验的学生。学生是具体实验操作的主体,在实验教学参与者中人数最多,是高等学校实验教学安全管理人要素中的关键、主体,是实验教学安全管理中最主要的考虑对象。高等学校实验教学的安全成效如何,最终体现为学生在参与实验教学过程中是否具备安全意识、是否认真遵行安全操作规程、是否熟练掌握安全操作技能、是否达到了预期实验目标等。因此,学生在实验教学过程中科学和规范操作,既是顺利完成了实验教学任务、实现了实验目标,达到了创新精神和实践能力培养和训练目标,也是衡量实验教学安全管理成效的重要标志。

2. 物

物也称为物质,这里泛指实验教学安全管理涉及的仪器、设备和货币等条件,是学校实验教学安全管理中的静态对象,是实验教学安全管理活动得以顺利开展的客体,也是体现实验教学安全管理的条件、地位和管理水平的一个重要表征因素。随着学校教学改革深入发展,实验教学地位日益上升,实验教学物质在高科技催化下的发展日新月异、种类繁多,有高端的大型精密仪器设备,有低端的小型仪器设备;有大到整栋的实验大楼,有小到微型的实验室;有满足理工实验需要的实验物质,也有满足文科实验需要的物质;有上千万的经费需要开支,也有几毛的经费需要使用。物质需要不同,配置不同,安全度不同,发挥的功能、作用和价值不同,安全管理级别要求、操作规范也不同,这给安全管理工作提出新的挑战;同时随着学校科学研究的发展,实验教学的学生人数不断增加,实验物质的需要数量大幅增加,使用率也很高,加速了实验设备仪器老化和更新的速度,随之也就增加了实验教学风险或安全隐患。面对这些飞速发展的实验教学安全物质需要,要求用动态化的安全管理方式去应对,千方百计地发现、消除仪器设备及其使用中的安全隐患,这是学校实验教学能够顺利进行,达到预期目标的条件保障。

3. 环境

环境是实施实验教学的空间、场地与氛围,既包括各级各类实验室建筑、室内空间、师生对实验的观念、形成的制度等,也包括各种户外的实验教学环境,如社会治安、舆论、法规、地理、交通、气候和温度等方面的人造和自然环境。在进行实验教学安全管理中,学校就必须考虑这些环境安全因素。根据实验室开展实验项目的具体时间、地点等情况,结合师生在实验操作过程中的方式,进行安全物资设备的配置,时间、地点和人员的合理安排,照明、线路和通风条件的创造等,这是实验教学安全管理初期设计的重要环节,也是投入使用后的重要检查内容。在实验教学安全管理过程中,拟定专门的实验教学环境安全标准,坚持安全标准的检查,做到实验教学环境清楚、隐患明白、条件良好、氛围合适、布局合理、配置恰当,才能有针对性地安排实验项目,采取预防措施,制订应急预案等,保证实验教学安全管理的有效性。

二、实验教学安全管理"四要素"说

从管理职能要素来看,实验教学安全管理主要涉及计划、组织、协调、控制四个方面,它们之间相互联系、互相制约,构成了实验教学安全管理职能的主体因素,称为实验教学安全管理职能"四要素",如图 2-2 所示。

计划、组织、协调、控制是实验教学安全管理的有机组成部分,它们相作用。计划中有协调,也需要控制;协调时需要计划的指挥,也需要组织的支持;组织需要一定的控制手段,也需要协调各方面的力量;控制要在计划的范畴内,依靠组织的力量进行。四者都是实验教学安全

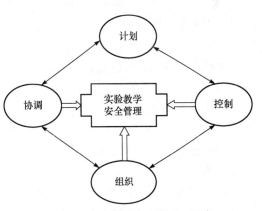

图 2-2　实验教学安全管理四要素

管理的主要内容,直接为实验教学的安全目标服务,形成了一个完整的实验教学安全管理系统。

1. 计划

计划指的是学校根据自身的资源、实验教学的性质以及实验项目发展的趋势制定出安全管理工作的步骤及具体措施。法国著名管理思想家法约尔(Henry Fayol)有句名言:"计划意

味着预见未来。①"它道出了在管理领域中计划的重要性。事实如此,"深谋远虑"如果不是管理的全部,至少也是一个基本因素。需要强调的是,在制订计划的时候,应该有共同参与的观念,每一个责任人都应将其经验用于管理活动中,同时也要承担在执行计划时的责任。显然,如果有了这种共同参与的观念,就不会有资源无人管理,并且还将促进管理人员关心计划,因为他们将执行的是自己制订的计划。

2. 组织

组织就是为实验教学安全管理提供所有必要的内外资源、设备、资金和人员,以及所进行的合理配置活动。组织有对人的组织、财物的组织、时间的组织、信息的组织和空间的组织之分。在实验教学安全管理过程中,获得必要的人、财、物等资源后,就应当围绕实验教学安全目标,对获取的人、财、物、时间、信息等资源进行合理配置,充分发挥资源的作用。这个配置过程既是组织活动过程,也是实验教学安全管理职能充分发挥的过程。在组织理论中,组织有静态和动态之分。在静态上,组织机构的"金字塔"形状表达的是职能增长的结果,职能的发展是水平方向的。从动态上讲,反映的是社会、经济和文化发展的需要,主体将恰当的人安排或选择到"金字塔"形状相应节点,通俗讲就是某一岗位。岗位不同,发挥的作用不同。随着岗位层级的提高、组织所承担工作量的增加,职能部门的人员就要增多,组织职能的发挥就更加复杂,组织职能的发挥也显得更加重要。实验教学安全管理同样是具有"金字塔"形状的复杂组织系统,这种组织职能的充分、有效发挥,直接关系实验教学安全管理的有效性。学校实验教学安全管理部门应当高度重视"组织"的功能、作用和价值。

3. 协调

协调是使实验教学安全管理的一切工作和谐地配合,使安全工作顺利进行,使实验教学取得成功。具体而言,协调使实验教学安全管理不同的组织机构中人、财、物、信息、时间和空间之间管理职能合理分配,人与人之间、人与物之间、物与物之间、环境各因素之间形成合理的职能分配比例,才能够发挥各要素的作用。协调就是在工作中做到使各项实验教学安全管理工作有主有次、有前有后,就是让需要做的各项安全工作和相关责任者有合适的分配比例,有适当的岗位,发挥适当的功能。协调的方法有多种,有计划协调、会议协调、检查协调、汇报协调等。法国著名管理学家法约尔认为,解决这一问题的最好方法就是管理部门每周的例会,例会的目的是根据阶段时间内实验教学工作的进展和新情况,做到"五明确",即明确实验教学安全管理目标和任务,明确各岗位和成员之间应有的协作关系,明确需要解决的共同关注问题,明确实际岗位需要解决的特殊问题,明确需要解决问题的岗位责任、责任人员和责任时间界限。通过协调,可以有效地进行实验教学安全管理,达到预期管理目标。因此,协调能力是衡量管理者组织管理能力高低的重要表征,学校实验教学安全管理者要高度重视协调工作。

4. 控制

"控制是保证各项活动达到预期效果的职能。②"一定条件下,没有控制就没有管理,没有

---

① 赵文明. 世界经典管理思想精读精解. 北京:中国物资出版社,2009.
② 周三多,陈传明,鲁明泓. 管理学——原理与方法. 4 版. 上海:复旦大学出版社,1997.

控制就没有效率。控制是一个系统，它包括对实验教学安全管理信息的收集、储存、归类、分析、提炼、传递和利用等，目的是要确保安全管理的各项工作和计划相符，及时解决安全管理中出现的问题，及时纠正偏离预期实验教学安全管理目标的思想和行为。从管理职能发挥的角度看，控制是管理职能的重要组成部分，是确保实验教学安全管理工作按照预定计划并且切实执行的重要职能。控制在管理中的重要作用是能确保安全管理工作过程和组织的完整、人力资源切实得到合理开发、物质资源达到有效利用、指挥工作符合原则和协调会议定期举行。需要指出的是，在实验教学安全管理工作中，由于控制涉及各种不同学科性质的各层级管理部门和师生，所以控制有许多不同的方法，如指标控制法、目标控制法、程序控制法、调研控制和汇报控制法、检查控制法等。不管采用什么控制法，都要严格按照实验教学安全管理岗位责任制定控制指标，都需要持久的控制工作精神和较高的控制艺术，最终都需要对人的思想和行为的控制。

三、实验教学安全管理"五要素"说

站在不同角度，有不同的构成要素说。这里结合实验教学安全管理流程性特点，围绕评估、研讨、设计、实施、保持五要素探讨实验教学安全管理构成。这五个要素间前后衔接，形成实验教学安全管理的完整流程系统，见图 2-3。

1. 评估

评估，即评价估量。评估意味着确定某些预期目标的价值或者将特定价值赋予到某些目标之上[①]。评估的范围很广，有项目评估、价值评估、风险评估、投资评估、绩效评估、管理评估和环境评估等。

实验教学安全管理评估，是将安全价值赋予实验教学目标之中，从安全管理视角对实验教学安全因素进行评价估量。具体来说，是在实验教学实施的前期进行的，针对实验教学开展的情况、实验室的环境条件以及参与实验人员的具体情况，对部门的安全意识、安全环境、安全技术等安全状况进行审查后，有理有据地做出较为符合检查实际的安全状态估计。评估的目的是明确目前实验教学部门内部和外部

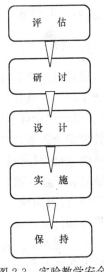

图 2-3　实验教学安全
管理五要素

的安全工作情况，并在此基础上制订改进安全的计划，开展预防工作。开展评估工作，除了有关主管部门管理者、安全专家参与外，还要吸收来自一线的实验教学师生的意见。

总的来讲，实验教学安全评估要做到"四个明确"：明确评估目的、指标和要求；明确实验教学一般风险或隐患；明确实验教学的高风险区域和行为；明确实验教学安全评估文本记载。评估的"四个明确"，为实验教学安全管理的针对性创造条件。实验教学安全评估科学有效，不仅是向有关主管部门或基层管理部门提交一份实验教学安全评估成果，如一次正式工作汇报或一份规范的评估报告，指导他们进行安全管理总结或者隐患整改，而且更重要的是，为他们提供科学管理或者隐患整改依据，便于有效开展实验教学安全管理或者预防工作，切实避免安全事故的发生。

2. 研讨

研讨,即研究、讨论与分析。研讨是评估的后续工作,是学校实验教学安全管理部门根据评估收集到的系列数据所开展专门研究会议,是在收集了各方或基层对安全工作的意见,对实验教学安全工作现状各种风险或隐患信息统计、归纳的基础上,展开的具体研究、分析、讨论,做出适合现实状况的决策。通过研讨,充分认识实验教学或管理过程中的安全隐患,提出新的整改观念和措施,提高安全管理的有效性。这种研讨有助于管理部门和责任人达成安全共识,统一各方思想,制定较为系统、全面的实验教学安全管理目标、原则和有效措施,指导实验教学参与者开展安全风险的检查、管理,及时排除、防止实验安全事故的发生。学校实验教学的开展不同于一般理论教学,实验教学的环境、参与实验者、实验项目等都可能是动态的,在此过程中的安全管理所涉及的因素也非常复杂,实验教学安全管理部门针对实验教学安全现状,在提出一个完整的安全管理方案之前,汇集集体智慧,进行认真、全面研讨,才能够更全面地认识实验教学安全可能存在的问题,有助于在实际安全管理工作中做到认识更统一、针对性更强、管理更到位,起到事半功倍的安全管理效果。

3. 设计

设计是按实验教学安全管理目标、原则和措施,预先制订出实验教学安全工作方案、计划或技术路线。具体而言,实验教学安全管理工作中的设计,是指负责实验教学安全管理的责任部门,根据讨论环节,提出目标、原则和措施,结合实验室或单位实际,综合考虑实验教学过程的各种安全因素,拟定出具体的安全管理工作方案和计划。设计是进行系统的实验教学安全管理的基础,只有经过精心的实验教学安全设计,安全管理活动才能更具成效。设计主体除了有领导和管理实验教学安全管理的部门外,还应当有参与实验教学的教师、实验技术员或实验室管理员,因为他们最熟悉实验教学的过程,对实验教学开展中的安全隐患了解更多。实验教学管理部门要在综合考虑基层教学实体部门意见的基础上,结合具体的安全管理要求和研讨过程中发现的新问题、提出的新观念和新措施,由专门设计人员拟定或调整原有方案,提出新的易于在整个实验教学过程中推行的安全管理制度和措施,制订切实可行的安全管理操作方案,形成在实验教学过程中具体、有效的安全操作流程。

4. 实施

实施,是实际施行。实验教学安全管理实施是设计的后续工作,是实验教学过程中的规范安全操作阶段。它既是衡量或检验制定的实验教学安全目标、管理制度和措施的关键,也是实验教学安全管理进入实际操作程序、实现实验教学安全的关键环节。实施的过程是检验实验教学安全目标、制度和操作流程是否有效的唯一标准。根据不同的实验教学课程特点,结合实验项目的预期目标、基本要求和实验技术路线,实验教学管理部门和实验教学指导教师,要制定出翔实的、具有操作指导价值和安全的实验操作流程,这是实验教学管理部门、管理者和实验教学教师的基本责任。各级实验教学机构应当根据这些安全操作流程,通过观察学生在实验教学过程中的安全行为以及其他影响安全因素的变化,收集相关数据并不断总结、反馈回实验教学过程中,在安全、和谐的环境中开展实验教学安全管理,进行实验教学活动。实施是实验教学安全管理活动的具体体现,是保证实验教学达到预期目标的关键环节。

5. 保 持

保持，是维持某种状态使其不消失或减弱。保持是在不断变化中寻求不变的因素，将意外情况尽可能缩小的稳定状态。学校实验教学安全管理是一种长期过程，在这个过程中积累的成功经验、升华的管理规律、构建的有效技术、养成的良好安全操作习惯、营造的安全实验教学环境等都需要在实验教学过程中进行保持。通过强化保持，促使实验教学管理主体和参与主体，特别是教师和学生，在实验教学中养成安全操作习惯，营造稳定的实验教学安全环境，实现实验教学安全管理的最终目标。保持既是常规实验教学安全管理的最终阶段，也是进行实验教学安全管理的希望所在。安全规章制度和安全操作行为只有体现在实验教学的整个过程中、体现在实验教学参与者的自觉行为里，安全管理的目的才能够达到。保持是实验教学安全管理的最终目的，实验教学在安全的环境中安全地开展，保持安全、稳定的运行状态，达到安全教学管理的目的。

总之，评估、研讨、设计、实施、保持五个阶段前后相继，构成实验教学安全管理的完整流程。评估是为有效地进行研讨服务，给研讨提供基础性数据，涉及对实验教学现有安全状况的审视，对实验教学安全未来发展的规划与展望。研讨是在评估基本数据的基础上，对实验教学安全管理方案商定一个总体目标及大致方针措施，为具体的安全管理设计服务。设计是以研讨为依据，结合实验教学安全的需要，对安全管理工作目标、责任和规章制度等进行系统规划，用以指导具体的安全管理工作的实施。实施是以设计的目标、责任和规章制度为规范，落实安全管理的相关措施的过程。保持是一种基本稳定、结果可控状态的安全工作行为，是实验教学安全、顺利进行的一种良好状态，是实验教学达到预期目标的保证。五个阶段是实验教学安全管理流程的"五大要素"，实验教学安全管理就是保障实验教学安全管理五个要素的有序运行。

思 考 题

1. 实验教学安全管理构成的内涵与外延是什么？
2. 实验教学安全管理构成的特点是什么？
3. 实验教学安全管理过程有哪些不同的探讨？
4. 实验教学安全管理构成要素是什么？
5. 实验教学安全管理流程五要素是什么？

第三章　实验教学安全管理原则

原则是指人们说话或行为所依据的法则或标准,是根据事物客观规律制定的语言、行为准则。实验教学安全管理原则,是指学校管理者在实验教学安全管理活动中必须遵循的语言、行为准则,或者是学校管理者根据实验教学安全管理的客观规律制定的语言、行为准则。由于人们站的角度和层面不同,语言表达、认识程度上存在较大差异,所以导致提出的实验教学安全管理原则和表述不同。"原则不是研究的出发点,而是它的最终结果。[①]"研究实验教学安全管理原则不仅是出发点,最终是用于指导实践。因此,结合学校实验教学安全管理的实际需要,初步提出实验教学安全系统管理原则、以人为本原则、细致管理原则、预防为主原则、管理责任原则。

第一节　系统管理原则

任何社会组织都是由人、物、环境、信息等组成的系统,任何管理都是对系统的管理,没有系统就没有管理。同样,学校实验教学安全管理也是由系统构成,也是对其人、物、环境和信息的系统管理。既然是系统管理,就应当遵守系统管理原则。认识和理解实验教学安全系统管理原则,就是认识系统管理原则的内涵、外延、特点和如何贯彻等问题。

一、系统及其分类

1. 系统的定义

关于系统的定义,奥地利生物学家,一般系统论创始人路德维希·冯·贝塔朗菲(Ludwig von Bertalanffy)认为,系统是相互作用的诸要素的综合体。韦氏大辞典中系统被解释为有组织或被组织的整体,被组合的整体所形成的各种概念和原理的综合,以有规则地相互作用、相互依赖的形式组成的诸要素的集合。著名科学家、系统工程的倡导者钱学森教授把系统定义为:"系统是由相互作用和相互依赖的若干组成部分组合成的具有特定功能的有机整体,而且这个系统本身又是它所从属的一个更大系统的组成部分。[②]"

由系统的定义可知,系统是由不同元素构成的有机组成体。元素是构成系统的最基本的单位,不同或相同的元素按照不同的关联、制约和作用方式组成不同的系统。系统可以表示为 $S=(E \cdot R)$,S 表示系统,E 表示组成系统的元素集,R 表示由元素之间的关系组成的集合,即元素集上生成的关系集。从系统的定义和表达式可以总结出:系统至少由两个元素组成;元素之间存在着有机联系和相互作用的机制,使系统形成一定的结构和秩序;系统具有特定的功能,这种功能是它的任何一个部分(或要素)所不具备的。

① 恩格思. 反杜林论. 北京:人民出版社,1970.
② 董肇君. 系统工程与运筹学. 北京:国防工业出版社,2007.

2. 系统的类别

按系统的不同分类标准,可以分成不同的类别。按系统构成来源分为自然系统、人造系统和复合系统。其中,自然系统是由自然物如植物、动物、矿物等组成的系统,如海洋系统、太阳系等;人造系统是由人和社会集团按照某种目的建立的系统,如机械设备系统、人造卫星系统、实验室系统等;复合系统是由自然系统和人造系统复合而成的系统,如导航系统、气象预报系统等。

按系统的物质属性分为实体系统和概念系统。实体系统是由实物构成的系统,如机械设备系统、运输系统、通信系统等;概念系统是由概念、原理、法则、程序、制度等非物质实体组成的系统,如管理系统、教育系统、法律系统等。

按系统的运动属性分为静态系统和动态系统。其中,静态系统是指系统的要素不随时间变化或处于相对静止、平衡状态的系统,如仓库、桥梁、设备、设施系统等;动态系统是指系统的要素要随时间或环境变化的系统,如生产系统、人体系统、生态系统等。绝对静态的系统在现实中是不存在的,只是为了研究的方便而假设系统是静态的。辩证法认为,任何系统都是动态系统。

按系统与外部环境的关系分为封闭系统和开放系统。其中,封闭系统是指与外部环境无关,即不发生物质、能量、信息交换的系统。辩证法认为,这种系统实际上是不存在的。为了研究的方便把与外界环境联系较少、相对独立的系统看成是封闭系统。开放系统是指与外部环境有物质、能量、信息交换的系统,如教育系统、经济系统、管理系统等。辩证法认为,任何事物都是开放系统。

按系统是否可控分为可控系统和不可控系统。其中,可控系统是指可以根据一定的目的,能够改变其状态的系统,如教育系统、交通系统、管理系统等都是可以控制的;不可控系统是指超过人的管理能力或范围,不能靠人的主观意愿和能力改变其状态的系统,如自然系统中的宇宙系统、地球系统、地质系统、气候系统等一般都是不可控系统。

按系统的复杂程度分为简单系统和巨系统。其中,简单系统是指结构简单、组成系统的子系统数目相对较少、各子系统之间关系比较简单的系统,包括小系统和大系统,如人的骨骼系统、消化系统等,如某单位的计划系统、组织系统、指挥系统、协调系统等。巨系统是指结构复杂、组成系统的子系统数目较多、各子系统之间关系比较复杂的系统。巨系统又包括简单巨系统和复杂巨系统,复杂巨系统又包括一般复杂巨系统和特殊复杂巨系统,如政治系统、经济系统、文化系统等是复杂巨系统,而政治系统中的权力运行系统是特殊复杂巨系统。人表面看起来很简单,实际上人是由复杂物质系统和精神系统构成的巨系统,所以认识人是最困难的。

系统演化的基本条件就是系统必须是一个开放系统,系统演化从低级到高级。最低级的系统是协同性系统,其次是反馈控制性系统,往上是自适应性系统,最高级的是创造性系统。

在学校中,教学系统也是一个巨系统,它包括理论教学和实验教学两个基本复杂巨系统。相对说来,实验教学系统比理论教学系统更加复杂,有的实验教学系统除了必要的实验教学理论和技术外,还包括庞大复杂的实验仪器设备、尖端实验技术专业人才、高昂的实验教学经费、特殊的实验教学环境、与实验教学相匹配的管理系统等。某种条件下,实验教学比课堂理论教学更复杂,要求更高。如航天实验系统就是复杂的巨系统,比课堂理论教学系统构成更加复杂。

二、系统管理原则的含义

实验教学安全管理的系统管理原则,是指学校管理者在实验教学安全管理活动中必须遵循系统配置、协调和控制的语言、行为准则,是实验教学安全管理者根据实验教学安全管理的客观规律制定的系统语言、行为准则。该定义的核心概念是"系统的语言、行为准则"。换句话说,学校结合实验教学安全实际需要提出并制定的管理目标、主体、对象、手段、环境不是简单的语言行为准则,而是系统配置、协调和控制的语言行为准则。这是由学校实验教学安全管理的复杂性和系统性所决定的。

实验教学安全管理的系统管理原则的定义包含以下基本内容:①系统语言和行为。这里的系统语言不是支离破碎的语言,而是具有内在逻辑、概念准确、内涵清晰、外延明确的语言;它既包括汉文的概念、命题、推理语言,也包括国际通用的数字、符号语言,必要时还可以依法引进其他语言、符号。这里的系统行为不是某一行为,而是主体自觉、连续、全面和全方位的细致行为,这种系统行为既包括有关计划行为,也包括执行、检查和总结行为,还包括计划、组织、指挥、协调和控制行为和必要的非过程或职能行为。②这种系统语言和行为是实验教学安全管理主体,包括实验教学安全管理的领导主体、行政主体、指导主体、操作主体、服务主体的系统行为。③这种系统语言行为原则是一种任何实验教学安全管理主体自觉遵循、不得超越的,如果违背就应当受到适当惩罚的准则。④这种系统是法定主体依法定的程序和要求、结合实验教学安全实际需要制定的准则,它具有需要的客观性和语言表达、行为模式的规范性。

学校实验教学安全管理要遵循系统管理原则,在于实验教学安全管理是一个包括资源配置、协调和控制的系统工程,此系统是与学校其他部门如人事、教学、科研、后勤、基建、财务等部门互相联系而又并列的一个子系统。从实验教学安全管理来说,它又是由实验教学中人员安全管理、设备安全管理、材料安全管理、经费安全管理、环境安全管理等各子系统构成的复杂系统。该复杂系统既有各个子系统的相关性和相对独立性,也有各个子系统层次结构的有序、相互作用性,从而有机结合运动,产生系统运动功能,实现系统预期目标。

三、实验教学安全系统管理原则的特点

实验教学安全系统管理原则与其他原则比较,具有自己独特的基本特点,就是系统管理原则的整体性。

系统管理原则的整体性,是指实验教学安全管理系统的元素不是简单相加,而是按照某种方式有机整合产生出整体,即俗话说的"1+1>2"的结果,如整体的特性、整体的功能等。系统管理原则的整体性也就是实验教学安全管理系统的各个元素之间、元素与系统之间的相互关系,以整体为主进行协调,局部服从整体,使整体效果最优。在实际操作上,就是从整体着眼、部分着手、统筹考虑、全面协调,达到整体功能的最优发挥。我国2006年就明确提出坚持"安全第一,预防为主,综合治理"的安全生产方针[①]。其中"综合治理"就充分体现了系统管理原则。实验教学安全管理是生产管理的重要组成部分,自然要贯彻安全生产方针,体现系统管理原则。实验教学安全管理是由目标、主体、对象、措施和环境五个基本子系统构成的整体,充分体现了实验教学安全管理的整体性。这个整体性自然由系统管理目标的整体性、系统管理主体的整体性、系统管理对象的整体性、系统管理措施的整体性和系统管理环境的整体性组成。

---

① 中国共产党十六届五中全会通过的"十一五"规划《建议》。

系统理论的阐述很清楚,系统功能不等于各组成部分功能的简单相加,而是各个子系统功能适当的充分发挥。如何充分发挥系统功能?

首先,制定的目标要有整体性。任何实验教学安全管理目标都由总目标、分目标和具体目标构成。实验教学安全管理总目标、分目标和具体目标存在着复杂的联系和交叉效应。一般而言,局部与整体是一致的。对局部有利的事,对整体也是有利的,对整体有利的事,对局部也是有利的。但是,有时候局部认为是有利的事,从整体来看并不一定就是有利的,甚至有时是有害的。因此,解决这个问题的最好方法就是局部利益要服从整体利益。换个说法,在制定实验教学安全管理目标时,要遵循整体性原则,对目标进行系统思考,建立合情、合理和合法的实验教学目标系统。

其次,环境营造要有整体性。任何系统都不是孤立存在的,它要与周围事物发生各种联系。与系统发生联系的周围事物的全体,就是系统的环境。尽管环境是一个更高级的大系统,但它的营造也充分体现出了整体性。只有系统与环境进行物质、能量和信息的交流,保持最佳适应状态,才能够构建一个有活力的理想系统。否则,一个不能适应环境的系统则是无生命力的系统。环境的整体性主要体现为既包含当时或未来可能出现的宏观政治、经济和文化环境,也应当考虑与系统紧密结合的现实舆论、制度和物质环境。实验教学安全系统管理原则,不能离开环境的整体性。一旦离开了环境的整体性,系统管理原则功能的发挥就可能受到限制,从而阻碍系统管理原则功能的充分发挥。

系统要素的整体性决定了实验教学管理原则功能发挥的整体性。从系统功能的整体性来说,系统功能不等于元素功能的简单相加,而是往往要大于各个部分功能的总和,即"整体大于各个孤立部分的总和"。这里的"大于",不仅指数量上大,而且指在各部分组成一个系统后,产生了总体的功能,即系统的功能。这种总体功能的产生是一种质变,它的功能大大超过了各个部分功能的总和。手表是由上百个零件构成的,而手表各零件的功能并不体现计时功能,只有各零件有机配合并在适当温度下协调运行,才能够发挥准确计时的功能。因此,系统元素的功能必须服从系统整体的功能,否则,就会削弱整体功能,从而也就失去了系统的功能。因此,在开展实验教学安全管理工作时,应当自觉遵循系统管理原则。

第二节　以人为本原则

毛泽东曾经说过,"世间一切事物中,人是第一个可宝贵的……只要有了人,什么人间奇迹也可以创造出来"[①]。所以从本质上讲,人既是人类一切活动的出发点,也是人类一切行为的归属。学校实验教学的根本目的是培养人的创新精神和能力,如果在实验教学中,连人的安全都不能得到保障,任何创新都将失去应有的价值。所以以人为本原则是实验教学安全管理必须遵循的又一重要原则。认识以人为本原则,就要认识以人为本原则的内涵、外延、特点和如何贯彻等问题。

一、以人为本原则的含义

人类进入 21 世纪以来,"以人为本"成为一个高频词汇。尽管它并不是一种新的思想,但却是在我国逐步被公众知晓和认可的一种理念。对"以人为本"的定义和认识有多种,但是

① 毛泽东. 唯心历史观的破产 // 毛泽东. 毛泽东选集. 4 卷. 北京:人民出版社,1991.

"把人作为一切工作的出发点和落脚点"是其基本含义,即人既是手段更是目的。以人为本是对人在社会历史发展中的主体作用与地位的肯定,强调人在社会历史发展中的主体作用与目的地位;以人为本是人的行为的一种价值取向,强调尊重人、解放人、依靠人和为了人;以人为本是一种思维方式,要求在分析和解决一切问题时,既要坚持历史的尺度,更要坚持人的尺度。具体来说,它包含以下四种含义。

第一,在人和自然的关系上,以人为本就是要不断提高人的生活质量,增强可持续发展能力,即保持人类赖以生存的生态环境具有良性的循环能力。第二,在人和社会的关系上,以人为本就是既使社会发展成果惠及每个人,不断促进每个人的全面发展,又积极为每个人提供充分发挥其聪明才智的社会环境。第三,在人和人的关系上,就是强调公正,不断实现人与人之间的和谐发展,既要尊重贫困人群的基本需求、合法权益和独立人格,也要尊重精英人群的能力和贡献,为他们的进一步开拓和社会财富的创造提供良好的人际环境。第四,在人和组织的关系上,就是各级组织既要注重解放人和开发人,为人的发展提供平等的机会与舞台、政策与规则、管理与服务,又要努力做到使人各得其所,使每一个人都成为自己的主人。这种关注个人和关注人类整个种群发展的观点,受到了整个社会的认可。它既是社会文明进步到一定程度的必然产物,也必将推动人类社会继续向前进步。它已经成为我国政治、经济、文化、科技等各个领域继续发展的强大科学理念。可以预见,随着社会文明程度的不断提高,以人为本将会有更多的实践空间。

学校实验教学安全管理的一切活动,包括制定目标、组织主体、采取措施、管理对象、营造环境等活动,必然是以维护人特别是教师、学生的生命、财产为出发点和归属,所以实验教学安全管理中坚持的以人为本原则应当包括以下基本内容。

1. 管理中把人当成人来看

在实验教学安全管理的对象中,尽管管理对象是个复杂系统,有"'以人为核心,财物为两翼'的一般要素"系统及"'以信息为核心,时间、空间为两翼'的特殊要素"系统[①],但无论是何种系统,管理的核心仍然是对人的管理。因为人是发展中的人,人是相对独立发展的人,人是平等发展的人。在实验教学系统中,只有人是"活"的要素,其他都是由人在支配的"死"的要素。因此,在实验教学安全管理中就要坚持把人当成人来看的原则,即实验教学中的下属或教师、学生是活的主体,要坚持尊重人、关心人、培养人、激励人、一切为人;下属或教师、学生参与是有效、安全管理的关键,人性达到充分发挥,是达到预期实验安全目标的核心,实验教学安全管理服务于人特别是教师、学生的身心安全是管理的根本目的。

2. 管理的根本目的是为了人

实验教学安全管理的根本目的是什么? 在实验教学安全管理的现实中,一直存在着两种不同的价值观。一种价值观是管理的根本目的是为了维护管理者的权威、巩固管理者的地位、实现管理者的价值;另一种是维护被管理者的权威,充分发挥被管理者的积极性、主动性和创新性,实现被管理者的价值。根据辩证法思想,两种价值观都有存在的价值。但是在"以人为本"条件下,管理目的主要体现在:"人"是管理的目的,即"维护被管理者的权威,充分发挥被管理者的积极性、主动性和创新性,实现被管理者的价值"是主要目的;管理活动是在以"人"为中

---

① 张玉堂,李巍. 高等教育管理概论. 北京:中国科学技术出版社,2008.

心,树立"人"的思想,充分发挥"人"的能动性,尊重"人"的权利——生命,即在以"维护被管理者的权威,充分发挥被管理者的积极性、主动性和创新性,实现被管理者的价值"为中心开展管理活动的条件下实现管理者价值。这才是以人为本条件下实验教学安全管理的根本目的。

3. "以人为本"要有一定的前提

《三字经》云:"人之初,性本善,性相近,习相远。"由于人后天成长环境不同,就有不同的人。在极端自私的人、极端不负责任的人或只顾眼前利益的人等这些缺乏理性的人面前谈以人为本,就可能使事情办得更糟糕。所以这里所说的坚持"以人为本",是坚持以理性人为本。即在学校实验教学安全管理中,坚持以全心全意努力、智慧学习和研究、立志有所发明和创造的学生为本;坚持以全心全意为人民服务、立党为公、执政为民、敢于和善于带领广大实验教学教师和员工的管理干部和职工为本;坚持以忠诚于人民教育事业,努力并认真从事教学和科研,立志培养具有创新精神和实践能力的高级人才,在促进自己发展的同时,促进学生健康发展的教师为本。亚里士多德曾经说过,人的善有三要素——天赋、习惯、理性,人的灵魂由植物灵魂、动物灵魂、理性灵魂构成,这些都谈到人的理性问题。只有承认和正视人的理性问题,在理性人条件下坚持以人为本,实验教学安全管理才能够充分体现其应有的价值。

4. "以人为本"是管理的一种价值取向

管理的价值取向是个极其复杂的问题,有些人认为物质、金钱、权力和地位主宰着历史环境,为了权势和地位、为了自己的政绩而管理的现象时有体现。这种价值取向决定了学校实验教学管理者价值取向的复杂性。不能否定实验教学管理者从事有效管理需要权力和地位,也不能否定他们自己的发展需要政绩,但在我国,大到国家管理,中到各级各层次教育管理,小到学校具体事务管理,不管管理主体、管理对象是谁,管理的基本出发点都是为人民服务,为人民服务是以人为本的集中体现。所以坚持遵循"全心全意为人民服务"的宗旨应当是以人为本原则应有的内容。

任何管理理论的提出都有其阶级和时代背景,以人为本的原则也不例外。随着科学技术的日新月异和经济全球化的到来,各个领域的管理哲学和管理实践都在不断发生变化,以人为本的原则内涵也随着时代的发展而发展。实验教学中,学生、教师、实验室管理人员是主体,学生、教师、实验室管理人员的参与是实验教学有效管理的关键,使教职员工和学生的人性得到最完美的发展是现代教育管理的核心,为教职员工和学生的发展服务是教育管理的根本目的。因此,以人为本的实验教学安全管理原则,也将随着时代的发展和现代科学实验的需要而被赋予新的内涵。

二、以人为本原则的主要特点

从不同角度和层面看,实验教学安全管理以人为本原则有不同的特点,归结起来主要有六个:人的参与、主体是人、管理对象关键是人、根本目的是人的安全、人性的发展、为人服务。

1. 有效管理的关键是人的参与

学校实验教学安全管理的基本要素涉及人、物、信息和环境。四个基本要素的有机结合,才能有效防止安全事故的发生。尽管这四个基本要素都可以说是动态的,但是只有参与其中的人是有生命的,其他三个要素都是为"人"所利用的。同时,有效的实验教学安全管理必须具备基本物质、信息和环境要素,没有这三个基本要素,就谈不上实验教学安全;这三个要素中,任何一个要素不完全具备,或缺少其中任何要素,也会影响其管理效果。但是,这三个要素的背后还是人在起作用,最有效的还是参与人,比如,物的配置和利用主体是人,信息收集、储存、分析和使用主体是人,良好环境的创造者也是人,管理主体的作用的充分发挥最终还是靠人。对实验教学安全有效管理的关键,也是以人为本原则的首要特点。

2. 人是安全管理的主体

人是主体,管理主要是指对人与人的关系和对人与财、物的关系的管理,其首先是指对人与人关系的管理。管理的主体是人,管理的客体虽然兼有人和物,但是对物的管理仍取决于对人的管理,归根结底还是对人的管理,所以管理就是人的问题,应当把人作为主体,以人为中心。

实验教学管理的根本任务也是培养人才,即教师在学校管理者的管理下开展实验教学和培养学生的活动,涉及的三个方面是学校管理者—教师—学生,是一个由"人—人—人"构成的管理系统,学校管理的主体是人,客体核心还是人。学校管理归根结底是对人的管理。在实验教学管理工作中,各种客观因素及管理过程的各个环节,都需要有人去掌握和操作;实验教学管理活动的各种职能的有效发挥和管理目标的有效实现,都要通过人的活动来实现,离开了人,管理活动就失去了存在的根据和动力。

安全管理是针对实验教学活动之前、之中和之后的安全问题进行的管理。在实验教学开始之前,需要对实验设施设备、实验器材、实验药品、实验用具、电线电路等进行检查、准备,发现安全隐患要及时消除;学校各个实验室都制定有严格的规章制度,如学生不得随意拆装实验室仪器,不得随意触摸仪器后盖面板上的电源插座、插头、保险盒等。在实验教学的过程中,要密切注意异常现象,及时发现可能出现的安全问题,并及时排除或解决。在实验教学结束之后,要严格操作程序,先关仪器设备,再关闭电源;实验人员在离开实验室或遇突然断电,应关闭电源,尤其要关闭加热电器的电源开关,不得将供电电线任意放在通道上,以免因绝缘破损造成短路等。

3. 人是实验教学安全管理的关键

在实验教学安全管理活动中,与其他因素相比,人是最活跃、最根本的因素,是最重要、最宝贵的资源,人力资源潜藏着大量的才智和能力,是唯一可以连续投资、反复开发利用的关键性资源。在实验教学安全管理活动的所有要素中,唯有人具有主观能动性,而其他要素都是被动的、由人支配的。因此,尽可能充分地调动人的能动性、开发人的潜能是实验教学安全管理工作的中心任务,这是实验教学安全管理的重要原则。因此,安全管理者必须千方百计激发教师、学生在安全管理中的积极性、主动性和创新性。

4. 人是目的

传统的安全管理往往仅把所谓安全目标的实现作为管理的目的,而把教师、学生当做手段来看待,认为教师、学生和机器等工具一样,无非是达到安全目的的手段。以人为本的安全管理把教师、学生个人本身的发展看作一切安全管理活动的目的。安全管理的本质就是以促进教师、学生健康、安全、自由、全面发展为根本目的,而是否有利于教师、学生的健康、安全则是衡量安全管理成功与否的最高价值尺度。

"人是目的"包含两个方面的内容:其一,"人是目的"是一个客观目的,它不是由某人确定的,而是由安全管理系统中全体成员最基本和共同的利益所决定的;其二,"人是目的"是一个普遍目的,是一切实验教学活动的目的。也许有一时一处的活动目的可能与它相违背,甚至相对立,但并不意味着作为普遍目的的人会因此而消失。所以对于具体的安全管理活动,它的直接目的可能是某项具体的指标,但它必须服务于安全管理系统中的所有组织成员的利益,在最终的意义上是以促进安全管理系统中的教师或学生健康、安全发展为基本目的。

"人是目的"的观点是安全管理实践的指导原则。它不是一个空洞的哲学说教,而是具体安全管理活动的原则。在具体的安全管理活动中,重视人的因素,把教师和学生放在根本的位置上,突出其作用,可以充分发挥教师教和学生学两方面的积极性,从而提高实验教学安全管理的效率。

5. 以人为本就是发展完美人性

在实验教学中,使教师和学生的人性得到最完美的发展,是以人为本的安全管理理念的核心。因此,在管理手段上要顺应人性,重视人的需要和特点,通过认识、满足和唤起人的合理需要来激励人,从而使人性得到完美发展,实现对人的管理,达到实验教学安全管理的目标。从本质上说,重视人的安全的需要,尊重人的特点和安全要求,就是尊重人、理解人、关心人和爱护人的体现,就是以人为本。

因此,安全管理方式上要尊重人的特性和本质,采取民主参与式安全管理,重视安全文化建设。安全管理者与教师、学生要建立平等信任的和谐关系,鼓励教师、学生、实验室管理人员树立起主人翁意识,积极主动地参与实验室教学安全管理,要设计和保持一种良好的实验室安全文化环境,为教师、学生和实验室管理人员提供成长与发展的机会和条件。这种真正重视人、顺性达情的安全管理方式,能保证充分激发广大师生的积极性主、主动性和创新性,使他们主动配合安全管理者共同实现实验教学安全管理目标。

6. 管理是为人服务的

安全管理是以人为中心的,最终是为人服务的,即为实现人充分、和谐与安全地发展服务的。"人"不仅包括参与实验教学的教师、学生、实验室管理人员,而且还包括学校的各方面的人员。安全管理为人服务就是要求在实验教学安全管理中,心中始终要有人这个概念,特别是要有为使教师、学生、实验室人员等的身心、财产不受到伤害服务这个观念,安全管理者要千方百计地创造条件,使实验教学的过程轻松、愉快、和谐和健康,充分发挥各方面人员的主观能动性,使实验教学得以安全、顺利地开展,达到预期实验目标。

三、以人为本原则的运用

以人为本原则强调人的因素,指出为了人是一切活动的中心。在实验教学安全管理活动中,人既是安全管理活动的参与者、实施方,也是管理对象,是安全管理活动中能动的因素,也是安全管理的最终归宿。人具有主动性、能动性、社会性,实验教学的最终目的也是培养学生的创新思维和创造能力,在安全管理活动中也必须注重学生创新思维、创造能力的开展,安全管理措施要与创新性思维培养活动相结合,要能保障不压抑教师在实验教学过程中的讲授,不妨碍学生实验操作活动中的充分展示。因此,为了保障在实验教学过程中以人为本原则的真正体现和充分运用,在安全管理活动中要把握以下三个基本原则。

1. 动力原则

动力，泛指事物运动和发展的推动力量。事物一切运动和力量的来源主要分为机械类和社会类。一般来讲，机械类的各种动力来源于热力、水力、风力、电力等；社会类即政治、经济和文化发展力量，从根本上讲则来源于人民。学校实验教学安全管理是社会管理的组成部分，其基本动力仍然来自管理中的人，即领导者、管理者和参与实验的教师和学生。所以推动实验教学安全管理活动能够健康发展的基本力量是人，安全管理必须有能够激发人的内在工作能力的动力。在实验教学安全管理活动中要坚持依靠人、信任人、发展人，充分发挥人的主观能动性，这是达到安全管理目标的根本保证。学校实验教学安全管理要持续而有效地进行下去，应当坚持激发人的内在动力，充分发挥人的主观能动性，这是实验教学安全管理活动的一条准则，即动力原则。管理的动力原则有三种，即物质动力、精神动力和信息动力。

首先，精神动力。精神是高度组织起来的物质即人脑的产物，在哲学上是人们在改造世界的社会实践活动中通过人脑产生的观念、思想上的成果。人们的社会精神生活即社会意识，是人们的社会物质生活即社会存在的反映。但是，精神又具有极大的能动性，通过改造世界的社会实践活动，精神的东西可以转化为物质的东西，这就是精神动力。精神动力既包括对某一事物的信仰和精神激励，也包括日常的思想工作。学校实验教学安全管理首先要利用精神动力，要千方百计激发人的精神动力，这是保证其持续发展的基本力量。激发人的精神动力的方法有多种，如制定实验教学安全管理目标、营造实验教学安全管理文化氛围、通过有关教育促进树立安全意识等。精神动力可以补偿物质动力的缺陷，加之其本身就有巨大的威力。在特定情况下，它可以成为决定性动力。

其次，物质动力。物质动力又称为物质激励。物质激励是指运用物质的手段使受激励者得到物质上的满足，从而进一步调动其积极性、主动性和创造性。物质激励有绩效工资、资金、奖品等，通过满足要求，激发努力生产、工作的动机。物质动力的最大特点是将个人的努力与绩效、经济利益挂钩，是从物质和经济方面关心群众的切身利益，不断满足人们日益增长的物质文化生活需要。这是满足人在自然生存和发展需要条件下不可缺少的动力。学校教学安全管理也要从人的基本需要出发，在重视激发人的精神动力的同时，千方百计地创造物质条件，满足有关人员的物质需要，以激发其自觉进行安全管理的积极性。

最后，信息动力。信息是客观事物状态和运动特征的一种普遍符号或者载体形式。客观世界中大量地存在、产生和传递着各种各样有利或不利的有关实验教学安全管理的信息，包括各种实验教学安全的知识、资料、消息、新闻，甚至参与实验教学安全管理人员的爱好、志趣、好奇心等。信息的充分、有效程度可以影响人的力量。信息的这种影响力就是信息动力。信息动力是精神动力和物质动力的助推器，缺乏信息动力，精神动力就缺乏能源，物质动力就缺乏依据。因此，学校管理者要千方百计为实验教学安全管理人员提供丰富的信息，如定期开展有关实验教学安全的学术研究、定期请有关专家开展学术讨论、定期组织有关人员外出参观访问、为实验教学安全管理人员订阅适当的报刊图书资料等，通过信息提供激发他们的信息动力。

实验教学安全管理的三种动力要综合、灵活地运用，在不同的时间、地点、条件下，要掌握好各种动力的比例、刺激量和刺激频度，并应正确认识和处理精神动力、物质动力和信息动力之间的关系。

2. 能级原则

能是物理学上的概念,是能量的简称,是指做工的量。在实验教学安全管理中也存在"能"的问题。任何组织、机构和个人都有能量问题。能量有大有小,能量大就是干事的本领大,能量小就是干事的本领小,所以有能级问题。现代管理的重要任务是建立一个合理的能级,使管理的内容动态地处于相应的能级中。[①] 在学校实验教学安全管理系统中,各种管理的功能是不同的,根据不同的管理功能把实验教学安全管理系统分成不同级别,把相应的管理内容和管理者分配到各个级别中去,各居其位、各司其职,这就是能级原理。学校实验教学单位和个人都具有一定的能量,为了提高安全管理的有效性,应当按照实验教学单位或个人能量的大小顺序排列,形成安全管理的能级。在实验教学安全管理系统中,建立一套合理能级,并根据单位和个人能量的大小安排其工作,发挥不同能级的能量,保证实验安全管理结构的稳定性和管理的有效性,这就是能级原则。

一般来说,管理能级的层次可分为领导层、管理层、执行层和操作层。领导层,确定实验教学安全管理系统的大政方针;管理层,运用各种管理技术,特别是选择科学的方法、技术,实现领导层的大政方针;执行层,贯彻执行管理层的具体指令,直接调配实验教学安全所需要的人、财、物等要素;操作层,从事操作和完成各项具体任务,达到预期安全目标。这四个层次不仅使命不同,而且标志着四大能级的差异,不可混淆。不同的管理层次应有不同的责、权、利,各级实验教学安全管理者应该在其位、谋其政、行其权、尽其责、获其荣、惩其误。各级能级必须动态地对应,做到人尽其才,各尽所能。

3. 激励原则

在管理心理学中,"激励的含义主要是指持续激发人的动机,使人有一股内在的动力,朝向所期望的目标前进的心理活动过程"[②]。人的积极性、主动性和创新性,既来源于其内在的身心需要,也来源于其外在诱因的刺激需要。在任何安全管理过程中,结合人的需要的特点,坚持以科学思维和手段,千方百计满足人内在身心和外在刺激的需要,激发人的内在潜力,使其充分发挥积极性、主动性和创新性,为一定的安全目标服务,这就是激励原则。激励有激发人的潜能,激发人参与工作的兴趣和热情,提高人工作的自觉性、积极性、创造性,最终提高工作效率的功能。因此,激励原则就是从分析实验教学安全管理参与人员的需要入手,采取不同措施强化其动力,满足其精神和物质需要,强化人的内在动力,让安全管理对象以更积极的姿态面对实验教学工作;或者结合个人的特点与工作情况,有意识地施加一定的外部压力,以此来激发管理对象的安全工作的动力;或者对安全工作附加更多的优惠措施,给予一定的物质、精神奖励,让人对安全工作成就产生更大的向往,从而提高其安全工作的动力;或者通过制定安全目标、明确责任,用安全目标引领和责任确立激励人的内在动力,达到预期安全效果。学校实验教学安全管理是管理的重要组成部分,激励原则也是进行有效实验教学安全管理的重要原则。

① 隋鹏程,陈宝智,隋旭. 安全原理. 北京:化学工业出版社,2005.
② 毛海峰. 安全管理心理学. 北京:化学工业出版社,2004.

第三节　细致管理原则

中国道家创始人老子有句名言："天下大事必作于细，天下难事必作于易。"意思是做大事必须从小事开始，天下的难事必定从容易的事做起。荀子在《劝学》中说过："不积跬步，无以至千里；不积小流，无以成江海。"因此，大礼不辞小让，细节决定成败。实验教学安全管理要从细微处着手，把细节做好，细节决定实验教学安全管理的成败和效果。

一、细致管理原则的内涵与外延

细致管理原则，强调的是细节，要求每个岗位、每位员工都要把自己的事情做好，不找任何借口，想方设法去完成任务。比如，实验教学管理部门的领导，必须注意实验教学安全管理战略的制定，让实验教学安全管理战略充分体现以人为本、科学性和内在逻辑性；实验教学安全管理部门负责人，就必须根据部门的战略目标和年度计划，把部门的年度目标的每一计划细节做好；一般管理人员，就必须把自己职责内的事情仔细完成。也就是说细致管理要求把实验教学安全责任落实到部门和个人岗位，以及任何人的任何行为上，把每一个细节做好，才能达到预期安全目标。

细节来自制度。实验教学安全管理的基础是制度。学校要制定符合自己实际的安全管理规章制度，任何管理者和被管理者，特别是参与实验的教师或学生都必须自觉遵守。学校实验教学管理部门要有部门安全职责、职能，每个师生员工也要有自己的安全职责、职能，即第一责任。实验教学安全管理职责、职能明确后，任何管理者和被管理者都要不折不扣地履行，否则就应当承担相应的第二责任——失职惩处的责任。职责、职能岗位人员是否有效地履行自己的职责和职能，既取决于责任人对实验教学安全细节的关心，更取决于对安全管理制度的严格和全面履行。

细节来自习惯。如何把实验教学安全管理细节做好，最重要的，就是将细节训练成习惯，让实验教学安全管理者和被管理者养成仔细的习惯。

细节来自用心。小事不可小看，细节彰显魅力。实验教学安全管理性质决定了要注意多多观察实验教学工程的细节，要心思细腻，从点滴做起，以认真的态度做好岗位上的每一件事，以认真负责的心态对待每一个细节，最终达到成功的目的。也就是说，在实验教学安全管理中，一定要用心留意每一个细节，用心做好每一个动作；务必从一点一滴做起，从每一个细节做起；务必规范操作流程，保证每一步、每一个动作都符合安全操作规范。只有这样才能消除实验教学过程中存在的隐患，才能够达到安全实验的目的。

细致管理体现着认真的态度和科学的精神。只要认真仔细地对待每件事情，就没有办不了的事情。在战略上要藐视敌人，在战术上要重视敌人。所谓在战略上要藐视敌人，就是不怕困难，敢于挑战；在战术上要重视敌人，就是要从全局高度慎重对待细节问题，就是要举轻若重。在一些关乎全局的细节上面，应非常谨慎，考虑问题应非常深刻周全。常言道：泰山不拒细壤，故能成其高；江海不择细流，故能就其深。细节决定成败，细节成就未来。一个不起眼的行为可以成就一个人的未来，而一连串不起眼的细节的忽视，可能就会导致一座现代化大楼的坍塌和成百上千人生命财产的损失，正所谓"安全无小事。"

细致管理对防范安全事故的发生具有重要意义。实验教学安全事故是指发生于整个实验教学过程中，直接或间接导致人员伤亡或财产损失的不确定性或可能发生的一切不安全事件。

在实践中发现,大部分安全事故的发生都起因于细节,因为大的明显的错误大家都会警觉,从而小心地避开;而对小的细节因熟视无睹而更容易疏忽。实验教学安全管理工作直接关系到实验教学质量的高低,直接关系到广大师生的人身安全和财产安全。因此,实验教学安全管理工作需要绝对严谨细致,不能有丝毫的马虎和大意,要求在安全管理过程中,关注每一个环节,从小的做起,注重每一个细节。海尔的管理层经常说这样一句话:"要想让时针走得准,必须控制好秒针的运行。"这句话说明了细致管理的重要性。只注重大的方面,而忽视小的细节,放任的最后结果是"千里之堤,溃于蚁穴",海尔能够创造出世界知名的国际品牌,其企业管理从未放弃过小的细节——细致到工厂的每一个方面。因此,细致管理原则在实验教学安全管理中起着举足轻重的作用,实验教学安全管理质量的提高体现在细节管理上。

二、细致管理原则的特点

1. 过程明确、准确、精确

按照安全管理发展的程度,可以把细致管理的过程分为三个阶段:明确、准确和精确。一个部门首先要把安全规章制度建立起来,即明确;然后,通过实践修正已经建立起来的但不一定正确的安全规章制度,使之更具合理性,并通过不断的实践和研究,使安全规章制度变得准确;最后,逐渐细化安全规则,力争做到精确。这是一个从无到有,从对到好,再到精益求精的过程。安全管理规章制度越精确,工作效率会越高,大家更能快速、正确地把事情做好。安全规则模糊、不细化,容易造成执行的模糊和操作的混乱,往往出现返工的现象,就可能欲速则不达。注重细节,强调细致,不吹毛求疵,不但不会影响速度和效率,反而会提高实验教学安全管理效率。

2. 放大性

细致管理强调注重细节、放大微小的事情,事情不论大小都要认真完成。西方流传的一首民谣《帝国亡于铁钉》,讲的是马蹄铁上一个钉子的脱落和丢失,导致了一个帝国的灭亡。听起来有点不可思议,一个十分微小的细节,怎会导致这样大的效应。这首民谣虽不一定是事实,但对细节的放大效应作了形象的说明,主要是告诉人们一些微小的事情,看上去微不足道,但其长期的、持续的、连锁的效应却关系到一个重大的事情。又比如,用人单位组织招聘,从某一个应聘者的言谈举止、动作礼仪推断出其素质、品性,从简历上的字迹来观察求职者的态度等。所以实验教学安全管理要以小见大,充分认识细节的放大效应对提高实验教学安全管理有效性的价值。

三、细致管理原则的要求

1. 强化细致管理理念

实验教学安全管理者要时时留心、处处留意,采用多种方式向广大师生、实验人员灌输风险源于细节的观念,一点点疏忽都可能造成难以挽回的严重后果,工作中处处注意细节的管理。通过教育、培训、强化,使注重细节成为自然的习惯。大处着眼,小处入手。灌输事无巨细的理念,每一件微小的事情都要认真地去完成,并且反复地检查,做到万无一失,因为任何一个微小的细节都有可能导致严重的安全事故,不能有任何的侥幸心理,很多安全事故的发生大多是由细节的疏忽、思想上的松懈导致的,思想上的懈怠直接造成行为的不作为,久而久之,隐患存在的风险越来越大,最后酿成悲剧。要从思想上入手,就要加强思想上的细节教育,让细致管理的理念深入每位参与实验教学的师生员工的内心。

2. 重视检查的作用

思想上认同了细节的重要性,接下来就应该从行为上采取重视细节的措施,即重视检查的重要性。实验教学安全管理者要善于观察、发现细节问题,及时修正解决,避免因小失大。要求一个人时时刻刻注意到细节不太现实,但是集体的力量是强大的,参与实验教学的师生和实验教学安全管理者联合起来,共同关注细微的事情,防止疏忽引起安全隐患的细节。例如,学生完成化学实验,离开之前必须检查所有的化学物品、仪器设备等是否都是按要求摆放的,方可离开实验室;学生离开后,实验指导教师应该对整个实验室化学药品和仪器设备等通盘检查一番,方能离开实验室。多次检查可以筛选、降低安全隐患,是细致管理的体现。

第四节　预防为主原则

俗话说,"凡事预则立,不预则废"。实验教学安全管理是一项系统、全面、细致的工作项目,只有在安全管理过程中时时贯彻预防为主原则,才能随时保持头脑清醒,保证实验教学工作顺利、安全进行,所以预防为主原则是在实验教学安全管理中必须坚持的又一项基本准则。认识预防为主原则,就是要理解它的含义、了解它的特点,从而在实际管理工作中贯彻执行。

一、实验教学安全管理预防为主原则的含义

"预"即预想、预料、预见等,是一种"虚"的东西,看不见、摸不着,却能意识到,属于思想认识上的问题,也叫"责任心"。没有这个前提,任何一次小小的失误都可能闯下大祸。例如,离开实验室时忘记关电、关水、关窗,实验操作未按规定的步骤进行,实验废物直接倒在了垃圾桶中等,这些都有可能引起火灾、水灾及中毒等。在实验教学安全事故中,真正属于无法避免的"灾害"的是极少的,大多是人为的责任事故。而这些责任事故的产生,首先是责任人的认识问题引起的,没有"预"便没有"防"。一些人在事后常后悔地说"真想不到……""悔不该当初……"。预防事故连想都没去想,怎么会去"防"? 因此,在如何"预防"这个问题上,首先要把"万一"想得多一些、把后果想得严重一些、把工作想得细一些,只有这样才能有防备地采取措施。思想认识上的问题不解决,"防"也就无从谈起。

"防"即防备、防范等,是实实在在的东西,看得见、摸得着,它将"预"变成一种行为、一种手段。实验教学安全管理要做的大量工作是在如何"防"上,比如,安全规章制度是否完备;安全检查、督促管理是否到位,是否能将事故消灭在萌芽状态;参与实验教学的人员是否遵章守纪、规范操作等。只有进行周密的"防",才能达到"预"的目标,做到愉快施教、平安学习。但"防"的问题在于:由于有效的"防"能消除事故隐患,往往又会造成平安无事的表面现象,而这种表面现象又恰恰容易使人产生麻痹思想、责任懈怠,认为"防"得多余、小题大做,从而使"防"的工作流于形式。因此,防事故是一项长期的工作,需要坚持不懈、警钟长鸣,才能从根本上保证实验教学安全。

"预"和"防"虽是两个概念,却又紧密相连、相互作用,是一个不可分割的整体。因此,只有牢记"安全第一,预防为主,责任至上,综合治理"的方针和警言,才能保证实验教学安全管理的顺利开展、保障实验教学的安全进行。

二、实验教学安全管理预防为主原则的特点

贯彻预防为主的原则,就是在进行实验教学安全管理时,不是处理事故,而是针对学校实验教学的特点,对实验教学安全的影响因素采取管理措施,有效避免或控制隐患的发展或扩大,把可能发生的事故消灭在萌芽状态,以保证实验教学活动中减少人的不安全行为和防止物的不安全状态。

贯彻预防为主的原则,首先要端正对实验教学中不安全因素的认识、端正消除不安全因素的态度、选准消除不安全因素的时机。其次,在安排与布置实验教学内容时,针对可能出现的风险因素,采取措施予以消除才是最佳选择。最后,明确岗位安全责任,经常检查、及时发现隐患,采取有效措施,尽快地、坚决地予以消除,这是安全管理应有的鲜明态度。

三、贯彻预防为主原则的主要措施

在对实验教学管理的过程中,要时时、处处、事事把安全放在首位。坚持预防为主的原则,要在实验教学管理过程的各个环节做好预防工作,把隐患消除在事故发生之前。

1. 树立牢固的安全意识

安全意识,就是指在人们头脑中建立起来的自觉的风险防范观念。这种观念是人们在从事生产、生活以及社会参与过程中对可能对自己或他人造成身心、财产或者形象伤害的外在环境的一种戒备和警觉的心理状态。学校实验教学安全管理贯彻预防为主原则,首要条件就是要采取有效措施,促进有关主体特别是参与实验教学的人员能够牢固安全意识。在目前实验教学管理中,缺乏安全意识的现象主要表现为:认为目前的安全水平还过得去,浑浑噩噩地进行实验管理,思想深处存在"死生由命"的想法;自以为技术熟练,久经沙场,经验丰富,在实验教学中无所顾忌;为了赶进度、保项目、急于出成果,加班加点连续作业,超负荷运转;以实验时间紧张,无暇顾及实验教学安全为借口而忽视安全管理等。总之,这些思想严重妨碍了学校有关主管人员树立正确的安全意识和获取安全知识、技能。要克服这些障碍、牢固树立安全意识,就必须要做到以下四个方面。

一是严格执行安全操作规程。在实验教学操作过程中,严格执行安全操作规程,不打折扣、不变样,坚决杜绝实验过程中的违法、违规、违序"三违"现象,要养成自觉执行安全规程的习惯,在每项实验工作开始前,要再熟练一下安全规程。

二是一定要从内心深处根除迷信,安全不是某位领导者的运气,也不是杀只鸡敬鬼神后的结果。实验教学安全管理参与者要相信科学技术,实事求是,只有提高每一个人的安全技能、安全事故分析防范能力,提高设备仪器的自动化程度,提高每个人发现、排除隐患的自觉性及自救和他救的能力,这样才能避免和减少事故的发生。

三是每位实验参与人员要时刻想着并做到不伤害自己、不伤害他人、不伤害集体的"三不伤害",才能尽量避免实验安全事故的发生。牢固树立了安全意识,才能最大限度地决定实验教学安全行为。"观念决定行为,行为决定习惯,习惯决定素质,素质决定命运",这就是观念与命运的内在逻辑关系。实验教学安全意识与参与人员的命运也必然具有这一逻辑关系。

四是为了帮助和促进人们树立安全意识,实验教学安全管理部门要建立安全管理的规章制度。学校针对实验教学的情况,制定相应的规章制度,如《高校实验室安全管理规定》、《易燃、易爆、剧毒、放射性等危险品使用、存储管理办法》、《高温电器设备使用规定》、《实验室用电

安全注意事项》、《实验教学安全管理应急预案》、《实验室安全事故紧急处理预案》、《实验室安全防火工作条例》、《大型精密贵重仪器设备操作,维护安全管理办法》等;要组织学生在实验前进行安全管理规章制度、安全知识的学习和教育,掌握实验室伤害救护常识;要请专业人员讲解消防知识、火常识和各类灭火器的应用场合和使用方法,举行消防演习、演练;要让实验参与者熟悉实验的环境、了解实验操作规程,掌握实验仪器设备、实验材料、药品、试剂的性质和性能,掌握操作过程中的注意事项,了解水、电、灭火器位置,掌握灭火器的正确使用方法,了解实验安全出口和紧急情况时的逃生路线,掌握仪器设备、物品管理办法以及发生险情后的应急措施等。

通过对实验教学参与者的安全教育,使他们树立安全意识、提高安全责任心、掌握安全知识、熟悉安全规则,既体现了对参与人员的爱护,又保障了学校的稳定,同时也提高了整个社会的安全意识和安全水平。

2. 加强日常安全管理

日常管理,又称为常规管理。实验教学安全管理可以分为常规管理和非常规管理。凡是纳入实验教学安全管理计划的管理都是常规管理,很难纳入常规工作计划的突发事件管理为非常规管理。任何岗位的安全责任人员在自己的工作岗位上都要按照安全管理计划,承担自己的安全责任,做好常规安全工作。学校实验室管理人员的常规管理工作包括以下内容。

实验室仪器设备是保证安全的基础,也是实验管理人员履行岗位安全责任的第一要求。实验室管理人员要坚持对实验教学仪器、设备定期保养、及时维修,并根据仪器、设备的不同要求,做好通电、防尘、防潮、防锈、防腐蚀工作;定期对现有仪器设备作常规保养,完好率应达100%。

对易燃、易爆的化学药品要专人、专储和专管,数量清楚,进货渠道、使用人明白;化学药品、化学试剂标签清楚、完整;实验物资储存室化学、生物消防设施完备,并定期检查、维护;生物标本应采取防潮、降温、隔热、防鼠、防蛀等措施,保持实验仪器性能的良好状态。

贵重的实验材料和放射性元素要单独妥善保管。放射性同位素不得与易燃、易爆、腐蚀性物品放在一起,其储存场所必须采取有效的防火、防盗、防泄漏的安全防护措施,并指定专人负责保管。储存、领取、使用、归还贵重实验材料和放射性同位素时,必须进行登记、检查,做到账物相符。在使用、操作放射性同位素的实验室,辐射防护、使用放射性同位素与射线装置的单位必须具有与所从事的放射工作相适应的场所,在该场所内不得进行与同位素工作无关的实验,外来人员未经允许不得进入。放射性实验应划出防护圈,并加设明显标志。将危险品分隔存放在危险品柜内,要避免因混放(如氧化剂和易燃物混放)而诱发爆炸、燃烧事故发生。存放剧毒药品的专柜要双人双锁保管。

实验室的供电路线的布设、电线截面积和保险丝的选用,要符合安全供电标准,供电电线要定期检修、更换。安装电器设备要做到电流、电压、安装与用电器的标称值匹配。

清洁大扫除时,不能弄湿电源线,不能用潮湿的手触摸正在工作的电器设备;电线或电器盒盖破损要及时修复,以免高压导线裸露伤人;检修电源线和用电器时必须切断电源,切忌带电操作。各个实验室应设总配电盘,装设漏电保护器。

实验室安装必要的防盗设施,管好钥匙,防患于未然。存放贵重设备的场所要安装防盗网和防盗门;必要时安装微型摄影装置,进行计算机监控,安装报警器,以达到防范目的。

实验室配备必要的消防设施,如沙箱、沙袋、灭火器、消防水管、桶等都要定点布设,做到使用方便。经常全面检查所有的消防设施,发现问题后及时处理。泡沫灭火器的药液要定期更换(一年一次),灭火器要定期送检,以免失效而造成不必要的损失。

要保持良好的实验教学环境。例如,实验室应当经常保持清洁、有序,注意通风换气,为师生提供良好的实验环境,保护师生健康,保证实验安全。

3. 实验前进行充分的安全准备

在进行实验前要对实验仪器、设备、器材、原料、药品、试剂、用具、环境等进行检查、准备,发现安全隐患要及时消除。准备实验时要准备防护及保险措施,实验装置要牢固、放稳妥。学生做实验前,教师在教室应引导学生充分预习实验,教师做好演示,使学生对实验步骤和注意事项做到心中有数。实验前,学生还要熟悉实验室的布局,了解消防通道及水电开关的位置;检查保险丝、保险盒、开关等是否与实际用量匹配,实验室配电线路、装置(开关、插座、保险盒等)布局是否合理、完整无损,带电部分是否外露,以防发生伤亡事故;检查实验室防盗设施是否完好等。

4. 实验过程中严格遵守安全管理规范

不准在实验室内吃东西、喝水、嚼口香糖、化妆;不准在实验室内的冰箱、冰柜、冷藏间、烘箱内存放食物;不喝实验用水龙头流出的水;不要用实验器皿盛装食物;实验期间不准吸烟等。

进行实验时要严格遵守操作规程;学生必须在教师指导下进行实验;实验期间,教师和学生均不得脱岗、串岗;实验应该分组,按组组织学生实验,避免单人做实验。

严禁学生违反实验操作顺序,以免发生意外。在化学实验中严禁学生随意混合化学药品,严禁学生使用失落标签未经鉴定的试剂;从事放射实验的人员必须具备相应的专业及防护知识和健康条件,实验人员必须穿着专用的工作服、鞋、帽、口罩、套袖、手套、防毒面具等个人防护用品,才能开展实验;在物理实验中使用搁置的仪器设备时应先检查,确保无故障时才能使用;湿手不可接触带电体,不可在潮湿处使用电器;在进行计算机实验时,应注意机房环境及设备的安全管理,涉及机房的场地、防火、防水、防静电、防雷击、防辐射、报警及消防设施等方面,以及机房的装修、供配电系统、空调系统、电磁波防护等;在进行机械、土木、电气等实验时,要注意机器设备的放置是否牢固、操作是否规范等。

5. 实验教学过程中的严格控制

进行安全管理的目的是预防、消灭事故,防止或消除事故伤害,保护参与实验教学的人、物、环境的安全。因此,对实验教学中人的不安全行为和物的不安全状态的控制,必须看做动态的安全管理的重点。事故的发生,是由于人的不安全行为运动轨迹与物的不安全状态运动轨迹的交叉。

实验过程中,如果遇到实验室停电、停气、停水,应立即将所有的电源、气源、水源开关和阀门全部关闭,以防止恢复供电、供气、供水时发生事故。各种电器材料应按范围使用,实验操作中如不慎发生火灾,实验人员必须立即切断电源、气源,停止送风。根据可燃物的性质,迅速取用相应的灭火器材,同时尽快将易燃易爆物品和压缩气瓶小心搬离火源并严防碰撞。有关人员应及早向当地消防部门报警。不准用汽油代替酒精或煤油作燃料。酒精、汽油等易燃液体大量洒落地面时,要立即打开窗户或排气扇通风,并严禁室内明火,以防可燃气爆炸或起火,禁止在实验室内使用明火。做有强刺激或有毒气体和烟雾的实验时,必须在通风橱内进行;使用水银做实验,要防止水银蒸汽中毒等。

安全管理是在变化着的,是一种动态管理,意味着其管理是不断发展、不断变化的,以适应变化的活动,消除新的危险因素。然而在此过程中更为需要的是不间断地摸索新的规律,总结管理、控制的办法与经验,指导新的变化后的管理,从而使安全管理不断上升到新的高度。

6. 实验结束后的细致安全处理

实验结束后,应妥善处理实验的废弃物(废气、废液、废品),清理实验室,保持实验室的清洁、卫生。

对使用过的仪器进行必要的检查,保养后入橱,放置在时应注意:磁铁闭合磁路;将乳胶管晾干,放滑石粉入盒;放下传动皮带以防止老化失去弹性;显微镜镜头应卸下除尘,放置在干燥盒内等。对使用后的机器进行检查,检查电器线路、通风设施,发现破损或故障须及时维修或报告。

人员离开实验室前应进行一次安全检查,重点检查水、气是否关闭,安置是否妥当。管理员离开实验室时,应关好门窗,切断总电闸。

第五节　管理责任原则

安全管理是追求效率和效益的过程。在这个过程中,要挖掘相关人员的内在潜能,就必须在合理分工的基础上,明确规定部门和个人必须完成的安全工作任务和必须承担的相应责任,这是进行实验教学安全管理必须遵循的又一准则。

一、管理责任原则的含义

责任有丰富的内涵,可以从不同层面、不同领域、不同角度去认识。但是,不管从何种层面、领域和角度去认识,责任都是分内应做的事情,其基本内涵要求只要是正常人,都应该自觉承担应该承担的任务、完成应该完成的使命、做好应该做好的工作。责任是一种客观需要,也是一种主观追求;责任既是自律,也是他律。一切追求文明和进步的人,都应该基于自己的良知、信念、觉悟,自觉地履行责任,为国家、为社会、为民族、为他人做好自己应做的事情。无论是道德责任,还是法定责任,都不以个人意志为转移。不履行道德责任,会受到舆论的谴责和良心的拷问;不履行法定责任,会受到法律的追究和制度的惩处。责任存在于生命的每一个岗位和角落。父母养儿育女,儿女孝敬父母;教师教书育人,学生尊师好学;医生看病救人,病人配合医生;军人服从命令,保家卫国;公务人员爱岗敬业,忠于国家和人民;官员勤政廉洁,服务政府和公民;环卫工人站好岗,维护环境卫生;工人做好工,农民种好地,保证产品质量;商贩大小无欺,诚信经商等。任何人在社会中生存,就必然要对自己、对家庭、对集体、对祖国承担并履行一定的责任。

学校实验教学安全管理是管理的重要组成部分,参与实验教学安全的领导者、管理者以及实验教师和学生就应当承担相应的责任。实验教学安全管理的责任原则是指实验教学安全管理系统在合理分工的基础上,明确各个部门与个人或者组织系统内各层次必须完成的预防风险发生的任务和必须承担的安全责任。该定义包含了四层意思:一是要有组织系统内的合理分工,没有合理分工,就没有安全责任;二是系统内部组织和个人必须履行的岗位安全职责;三是没有尽到安全责任,导致设施包括身心、财产和形象的损失,都要承担被适当惩罚的后果;四是组织系统内相应人员的语言、行为准则,任何责任人员都要自觉遵守,不得逾越,这种责任与实验教学责任是一致的,有实验教学岗位,就有实验教学安全责任,即平常人们所说的"一岗双责"。

二、管理责任原则的特点

1. 明确的规定性

管理责任是明确的,没有明确就没有管理。实验教学安全管理主体都有明确规定的责任,在每个主体的工作岗位和任务中已经明确体现出来,其中有的已经成文,有的没有见诸文字,但无论如何,每个主体所在岗位的安全责任都是十分明确和必要的。安全责任范围同职责、使命和任务是紧密相连的,也就是说,每个人的安全责任内容取决于他的岗位职责、工作任务,这种安全责任在每个人开始工作之前就已经存在,而且清楚明白。每个工作岗位都有特定的安全职责范围和特殊规定,是其他岗位所不能取代的,这使得每个工作岗位都有明确规定的安全责任,而且必须承担相应的安全责任。

2. 责任的强制性

责任的强制性是指安全管理责任对于实验教学安全管理主体是一种所在岗位不可违背的要求,具有无条件承担性。安全管理责任的强制性表现为法定的和非法定的两种形式。法定安全责任的强制性比较严格,它要求人们必须这样做,不能那样做,如实验操作程序,否则要受到必要的法律惩罚。非法定责任的强制性相对来说比较弱些,它要求人们应该这样去做,不这样做将要承受某种形式的压力,如遭遇受到道德谴责的风险。不管是法定责任还是非法定责任,都具备强制性,只是程度不同而已,都要求人们自觉承担责任,如果因不负责任而造成过失必将受到责任追究。例如,人们不履行安全工作方面的责任,将会受到单位行政的处罚。责任的强制性对实验教学安全管理是非常必要的。要维持实验教学正常、和谐、良性运行,就必须强制某些不愿意履行安全责任的人履行自己的责任,每个主体安全责任的履行,既会影响到其他主体安全责任的实现,更会关系到整个实验教学的安全。安全责任的履行是非常必要的,不管是实验教学安全领导主体、管理主体,还是参与主体,都要提高自身的责任感,自觉履行安全责任,做到实验教学安全从我做起,人人有责,为实验教学安全贡献自己的微薄之力。

3. 自律性

管理责任的自律性即实验教学安全主体履行责任的自觉性、自我约束性。管理责任不仅具有强制性的一面,也有自觉约束和自觉履行的一面。在管理责任的履行中,实验教学安全管理主体具有强烈的责任感和责任心,把对责任的履行变成工作中完全的自觉要求,这是管理责任自律性的体现。这种自律性的实现一般要经过三个发展阶段。首先是自我强制阶段。这一阶段,尽管意识到要履行责任,但未形成习惯,常需要进行自我管制,迫使自己去履行。其次是由自我强制发展到比较习惯的阶段。在这一阶段,履行责任已经成为一种习惯,但还没有一种强烈的自我要求。再次是发展到履行责任完全自觉的阶段。即产生强烈的责任感和责任心,履行责任已经完全成为管理主体内心的自觉自愿的要求。管理责任的自律性特点是责任的更特殊更高级的属性,它是人们的社会属性发展到高级阶段的表现。在工作中,认识安全责任的这一属性非常重要,实验教学安全管理主体只有自觉自愿地履行自身的安全责任,尽心尽责,才能极大地发挥自己的能动性、积极性和创新性,成为实验教学安全强有力的保障。

三、管理责任原则的要求

在实验教学安全管理中要实行管理责任原则,就要做到以下三点。

1. 明确每个人的职责

明确每个人的职责,就可以发挥每个人的潜能。职责要在合理分工的基础上才能够确定,没有明确的分工,或者分工不合理、不科学,就会影响安全责任的明确。明确的安全职责要求如下。

首先,职责的界限要清楚。在实际工作中,工作职位离实体成果越近,职责越容易明确;工作职位离实体成果越远,职责越容易模糊,这是责任的近远规律。根据责任的近远规律,这就要求按照实验教学安全管理主体与实体成果联系的密切程度,划分出直接责任和间接责任。例如,在实验教学过程中,对于有关人员违背制度规定,违规操作出现的安全问题,实验室管理人员和实验教师应负直接责任,实验室所在的学院和实验主管部门应负间接责任。如果是因制度不健全或者操作程序不科学,或者实验设备仪器本身不合理,有关操作人员按照制度或操作程序操作导致安全事故,实验管理部门或者管理人员要承担直接责任,而按照制度或程序执行的人员承担间接责任。职责内容的具体界限明确,才便于执行与检查、考核。

其次,职责中要包括横向联系的内容。管理部门在规定某个岗位安全工作职责的同时,还必须规定同其他单位、个人协同配合的要求,如规定某岗位负责消防器材的维护和使用,那么同时就应当规定,有关部门对该岗位人员使用和维护消防器材的培训责任,没有相关部门培训责任的规定,该岗位对消防器材的维护和使用的责任也可能落空,这样才能提高组织整体的功效。

最后,安全职责要落实到人。处于岗位上的责任人要明确并认可自己所承担的安全责任,包括第一责任和第二责任,必要时承担责任的岗位责任人要亲自签字画押,立下“军令状”,才能做到事事有人负责。

2. 职位设计和权限委任要合理

安全管理是个细致工作,稍有疏忽,就可能导致安全事故,实验教学安全管理也是如此。因此,安全管理部门在设计安全职位和委以权限时,要做到科学和合理。因为每个安全管理岗位对工作是否能做到完全负责取决于以下三个因素。

第一,权限。明确了安全职责,就要明确授予相应的权利。实行任何管理都要借助于一定的权利,管理离不开人、财、物的使用。没有一定的权利,任何人都不可能对工作实行真正的管理。

第二,利益。权限的合理授予,只是完全负责所需的必要条件之一。完全负责意味着要承担风险,任何管理者在承担风险的同时都要对收益进行权衡。这种利益不仅是物质利益,还包括精神利益。例如,实验教学安全管理应该进行年终检查评比,对安全制度健全、管理责任落实、履行责任到位、无安全事故发生的单位和个人年终要发给安全责任奖,相反就要受到一定的惩罚。

第三,能力。这里的能力是指与岗位职责相对应、能够有效获取或支配安全资源的力量。能力是负完全安全责任的关键因素。例如,某实验管理人员已经明确知道实验室电线老化,已经超期服务多年,有安全隐患,并多次打报告给领导,希望及时改造更新,但是始终不能如愿,而教学实验又不能够停止,尽管管理人员可以自己进行整改,但是毕竟能力有限,其不能彻底消除安全隐患,这样也可能发生安全隐患。

因此,某一安全管理岗位,能否完全负责,取决于该岗位责任人员权限、利益和能力三个因素。实验教学安全管理者要创造条件,围绕相应的安全管理目标,构建三者之间的关系,合理设计和委以责任,才能有效实现坚持管理责任制的原则。

3. 奖惩要分明,公正而及时

根据完全负责的三个因素,所在岗位责任人员是否合理行使权利,履行自己的责任,做到了尽职、尽责、尽力,都要靠事实证明。要取得这个事实证明的有效方法和途径就是定期或不定期考核或者检查。在准确考核的前提下,对具体岗位安全责任人精力和能力的投入与产出或者绩效给予公正而及时的肯定,或者对实现预期安全目标的差距及时分析,及时予以纠正,促进及时改进,有助于提高岗位责任人的积极性,挖掘每个人的潜力,及时引导每个人的行为朝着符合组织安全需要的方向发展,从而才能够提高安全管理成效。

四、管理责任原则的运用

实验教学安全管理工作是一项综合性很强的工作,因而要健全安全检查、监督和管理机制,做到"谁主管,谁负责",责任到岗,落实到人。落实安全管理责任原则,包括安全制度的制定、安全岗位的设置、安全网络的建立、安全措施的落实和安全责任追究等制度。没有责任就没有管理,要责任重于泰山,就要管理重于泰山,要管理重于泰山,就要建立制度重于泰山。这个"泰山"要求学校不断完善实验教学安全管理体系,将实验教学安全工作提到学校议事日程,真正做到安全目标明确,对安全工作"有议、有决、有行、有果",才能使实验教学的风险因素降到最低程度。因此,坚持实验教学安全责任制原则要求做到以下四个方面。

1. 建立五级责任体系

结合学校实验教学安全管理的需要,根据分工管理原则,从学校层面,要建立健全五级安全管理责任体系,即校长是学校的第一安全责任人,全面负责学校的安全管理工作,包括实验教学安全管理工作;学院院长是本学院的第一安全责任人,负责本学院的安全管理工作,学院副院长协助院长做好本院的安全工作,特别是实验教学安全管理工作;实验室主任是实验室安全的第一安全责任人,负责承担本实验室安全管理责任;实验教师是实验教学的第一安全责任人,负责实验教学的安全管理工作;高校学生已经是成年公民,是参与实验教学的直接责任人,由自己直接承担自己参与实验的项目的安全责任。

2. 签订五级责任书

五级责任制度要健全,责任要落实,有必要采用逐级签订实验教学安全管理责任书的办法,明确岗位职责,落实安全责任。学校与学院签订责任书;学院与实验室主任签订责任书;各实验室主任与该实验室管理人员和实验教师签订责任书;实验教师与参与实验的学生签订责任书。其中,实验室主任、管理人员或者实验教师必须对学生进行安全操作规程教育与训练。签订安全责任书不是学校将一切责任推给院系和个人,而是号召人人重视安全工作。

3. 充分发挥集体智慧

实行安全责任第一责任人制度,并不是否定副校长、副院长、副主任等在安全管理中的责任。学校可以根据管理者的分工情况,确定各级副手在安全管理中的责任,或者实行主管副校长、副院长、副主任、管理人员逐级首长负责制,也可以成立"学校实验教学安全管理委员会",由主管副校长、院长、分管实验教学的副院长、实验管理部门、实验室管理人员和实验教师代表组成。该委员会实行集体领导制下的分工负责制,实行重大问题集体讨论决定、责成有关人员具体负责制度,保证学校实验教学安全管理既有方向,又有具体责任的落实。

4. 明确同级安全管理责任

学校要明确同级正职和副职在实验教学安全管理中的责任,明确建立同级行政首长为实验教学第一安全负责人,主管副首长为直接责任人,副职对正职负责,落实安全责任制度。而在学校层面,实验管理部门对上直接对分管副校长负责,对下直接主管实验教学安全管理工作;学院实验室主任对上直接对分管副院长负责,对下直接负责实验教学安全管理工作,包括实验教学安全教育、安全检查及排除隐患等,并负责指导实验教师和学生掌握安全器材的使用、维护,确保在实验室里进行实验教学的教师、实验技术人员和学生的人身安全和实验仪器、设备、材料等的安全完整。

这样一种纵向到底、横向到边的安全责任制,在检查和追究上实施一级追一级、一级查一级、人人承担责任的安全管理责任制。

总之,学校应根据自身实际,建立校院系各级的安全管理体制,明确具体负责人,逐级签订安全责任书,落实各级人员的安全责任,做到"谁主管、谁负责","谁管理、谁负责","谁使用、谁负责",责任到人,才能够确保实验教学安全管理的有效性。

思 考 题

1. 阐述实验教学安全管理的主要原则。
2. 阐述系统管理原则的具体含义。
3. 阐述以人为本原则的主要特点。
4. 阐述预防为主原则的主要措施。
5. 阐述管理责任原则的要求。

第四章　实验教学安全管理规律

"高等教育管理学"的概念界定为，"研究高等教育管理过程及其规律的科学。"[①]"研究高等教育管理现象及其发展规律的学说。"[②]"是研究高等教育管理现象，揭示高等教育管理规律的一门科学。"[③]"是研究高等教育管理活动的现象与本质，并揭示高等教育管理活动的普遍原理与规律的科学。"[④]这些表述各不相同，但都表明高等教育管理是有规律的。实验教学安全管理是高等教育管理学研究的主要内容之一，同理，也是有其规律的。实验教学安全管理规律到底是什么，教育界至今没有进行专门的研究，很少有简明扼要的言语文字表述。因此，本章研究的基本目的是认识实验教学安全管理规律，初步探索实验教学安全管理基本规律的具体内容，为实验教学安全管理理论研究和实践服务。

第一节　实验教学安全管理规律的探讨

这里主要从实验教学安全管理的实际及其现象出发，从中去揭示实验教学安全管理活动固有而不是主观臆造的内在联系，即实验教学安全管理规律，作为实验教学安全管理活动的基本导向和遵循准则。要研究实验教学安全管理规律，首要前提是弄清实验教学安全管理规律的内涵和外延。

一、实验教学安全管理规律的内涵和外延

1. 关于"规律"

规律有时又称法则，它是指"事物之间的内在的必然联系。这种联系不断重复出现，在一定条件下经常起作用，并且决定着事物必然向着某种趋向发展。规律是客观存在的，是不以人们的意志为转移的，但人们能够通过实践认识它，利用它"[⑤]。规律反映以下基本特征。

规律是事物间的必然性联系。规律和必然性是同等程度的概念，它代表事物必然如此、确定不移的趋势。例如，教育必然同人的身心发展联系在一起，人的身心发生变化，教育内容和手段必然也要发生变化，相反也成立。

规律是事物之间本质的联系。客观事物、现象之间存在着普遍的联系，但不是一切联系都是本质的、都可称为规律的。而只有那些本质联系才可称为规律。例如，管理本质是同人联系在一起的，管理发生变化，人必然产生变化，相反亦成立。

规律是事物间的稳定联系。规律是不断变化的现象中相对稳定的、不断出现的、稳固的联系。其中，只要具备一定条件，某种现象间的联系就会重复出现。例如，春夏秋冬不断更替，白

① 陈孝彬. 教育管理学. 北京:北京师范大学出版社,1999.
② 贺乐凡. 中小学教育管理. 上海:华东师范大学出版社,2000.
③ 孙绵涛. 教育管理原理. 广州:广东高等教育出版社,1999.
④ 安文铸. 现代教育管理学引论. 北京:北京师范大学出版社,2001.
⑤ 现代汉英语词典. 北京:商务印书馆.

天黑夜周而复始,在这些现象中,就可以发现同一的、稳定的东西,即地球绕日运动和地球自转的规律。地球公转和自转的规律是稳定的,任何人也不可否认这种稳定的联系。

规律是事物内部的必然联系,外因是变化的条件,内因才是决定因素。规律总是体现在事物发展过程始终的,它支配着事物发展的方向。企图用外在的联系来代替这种内在联系,一切努力都是徒劳的。

规律是客观存在的,是不以人的意志为转移的。不管人们是否承认它、喜欢它,它都客观存在,都客观地对该事物反复起支配作用。规律不能创造,也不能消灭。但是人们可以通过研究或者在实践中去发现规律、认识规律、利用规律、遵循规律。规律是一种客观存在,任何人不能违背,否则就要受到规律的惩罚。

2. 管理规律

管理规律,有时又称自然法则,它是指管理活动内在的稳定的必然联系。这种联系不断重复出现,在一定条件下对人们的管理经常起作用,并且决定着管理必然向着某种方向发展。管理规律是客观存在的,是不以人的意志为转移的,但人们能够通过管理研究或者实践去发现它、认识它、利用它。管理规律是规律的一种,必然具有规律的一般特征。但是管理仍有其特殊性,这就决定了管理规律的特定性。管理规律反映的特定性主要表现在以下三个方面。

首先,管理规律是客观存在的。规律是客观存在的,这是众所周知的事实,但是管理规律是否客观存在,理论和实践上未达成共识。任何管理活动都同管理目标、管理者、管理对象、管理方法和一定的管理环境必然联系,其核心是同管理的“人心”必然联系,这是谁也不可否认的客观事实。管理中的这种必然联系就是管理规律,这是谁也不可否认的客观存在,谁要否认这些联系或其中任何一部分联系,特别是要否认管理对象核心——“人心”的必然联系,其管理活动的结果将失去核心价值,是不可想象的。

其次,认识管理规律是很困难的。众所周知,安全管理是有规律可循的,但由于认识上的困难,很难达成共识,目前国内外的管理教材或专著没有直接反映,甚至完全回避了对这一问题的研究介绍。认识规律困难,但并非不能认识,难点在于达成共识。毛泽东曾在实践论中指出:“认识的真正任务在于经过感觉而到达于思维,到达于逐步了解客观事物的内部矛盾,了解它的规律性,了解这一过程和那一过程间的内部联系,即到达于理论的认识。”[①]感觉来源于人们的观察和实践,经过对管理对象、过程的观察与实践,再分析与综合,是可以逐步认识管理规律的。经过对学校实验教学管理的实践、认识、再实践、再认识,是可以达成共识的。

最后,管理规律具有特殊性。管理规律的特殊性,在于它是管理实践经验的科学总结,对整个管理和部分管理活动起着支配作用。不管人们认识与否、承认与否,它都是一种客观事实。

3. 实验教学安全管理规律的内涵和外延

实验教学安全管理规律,是指实验教学安全管理活动中内在的稳定的必然联系。这种联系不断重复出现,在一定条件下对实验教学安全管理起经常作用,并且决定着实验教学安全管理必然向着某个方向发展。实验教学安全管理规律是客观存在的,是不以人的意志为转移的,但人们能够通过对实验教学安全管理现象的研究或者实验教学安全管理实践去发现它、认识

---

① 毛泽东. 毛泽东选集第一卷. 北京:人民出版社,1991.

它、接近它、利用它。

实验教学安全管理规律,根据不同的标准可以有不同的划分。根据实验教学安全管理功能,可以划分为实验教学安全管理过程规律、实验教学安全管理职能规律。根据实验教学安全管理规律所起的作用,可以划分为一般规律和特殊规律。其中,一般规律又可分为实验教学安全管理活动规律、实验教学安全管理体制规律、实验教学安全管理机制规律、实验教学安全管理观念规律;特殊规律可分为教学行政管理规律、学校管理规律、实验教学安全管理规律、中观实验教学安全管理规律和微观实验教学安全管理规律。根据实验教学安全管理规律所支配的范围,可以分为实验教学安全管理基本规律和实验教学安全管理具体规律。

本章研究采用最后一种分法,即分为实验教学安全管理基本规律、实验教学安全管理具体规律。

二、实验教学安全管理规律的特点

实验教学安全管理规律在实验教学安全管理活动中必然反映出如下一些特点。

首先是必然联系。联系是事物间的普遍现象。实验教学安全管理规律是实验教学安全管理活动的必然联系,它同实验教学安全计划、执行、检查、总结活动有必然联系,与实验教学安全管理目标制定活动有必然联系,与实验项目安全程序设计有必然联系。实验教学安全管理规律和实验教学安全管理的必然性是同等程度的概念,它代表实验教学安全管理必然如此、确定不移的趋势。

其次是本质联系。本质是事物的固有属性,与现象对应。实验教学安全管理规律是实验教学安全管理活动间本质的联系。现实中,实验教学安全管理现象间存在着普遍联系,但不是一切联系都是本质的,都可称为实验教学安全管理规律。只有本质的联系,才体现了实验教学安全管理自身应有的根本属性和发展过程,才能称为实验教学安全管理规律。

再次是稳定联系。实验教学安全管理规律是实验教学安全管理活动间的稳定联系。实验教学安全管理规律是不断变化的现象中相对稳定的、不断出现的、稳固的联系。其中,只要具备一定条件,某种现象间的联系就会重复出现。例如,实验教学安全管理意识不到位,就会反复出现安全方面的隐患,甚至发生安全事故,在这些隐患和事故现象中就可以发现同时的、稳定的东西,即实验教学安全管理意识缺乏或者行为不到位,就会产生实验教学安全隐患或事故,这种安全"意识或行为缺乏与隐患或事故发生"之间稳定的联系就是规律。

最后是内部必然联系。实验教学安全管理规律是实验教学安全管理内部的必然联系。实验教学安全管理尽管会受到一些学校以外如政治、经济和文化的外因影响或作用,但外因毕竟是变化的条件,内因才是决定因素。因此,高校实验教学安全管理规律总是体现在实验教学安全管理活动本身内部,如实验教学安全管理者和管理对象等的相互活动之间,内在安全管理活动始终支配着实验教学安全管理活动的方向。

三、研究实验教学安全管理规律的意义

实验教学安全管理规律是实验教学安全管理现象的一种抽象,是在大量实验教学安全管理实践经验基础上的理论升华,它指导并支配着一切实验教学安全管理行为。因此,研究实验教学安全管理规律有着重要的意义。

1. 遵循实验教学安全管理规律,提高实验教学安全管理的科学性

进行实验教学安全管理必须遵循实验教学安全管理规律,哪个地方违背了实验教学安全管理规律,或者不遵循实验教学安全管理规律进行管理,就可能会严重影响实验教学安全,引发实验教学事故等。实验教学安全管理者认识和掌握了基本规律,则会面对纷繁复杂的局面胸有成竹、临危不乱。这也是实验教学安全管理者在不复杂的环境中取得预期管理目标、提高实验教学水平的原因所在。因此,认识和掌握了实验教学安全管理规律,一方面实验教学安全管理就有了思想指导,建立实验教学安全管理组织,进行实验教学安全管理决策、制订实验教学安全管理规划就有了科学依据;另一方面,通过认识和掌握实验教学安全管理规律,使实验教学安全管理者尽快形成自己科学的管理观念,以应付复杂多变的实验教学安全管理问题。

2. 有助于迅速找到解决实验教学安全管理问题的途径和手段

认识和遵循了实验教学安全管理规律,就会抓住影响实验教学安全管理工作的根本性环节,根据实验教学安全管理者与管理对象相适应的规律,以人为本,采用科学的管理方法,制定切实相对稳定的、有一定操作性和规范性的各项法规、政策,使实验教学安全管理的各项常规性工作制度化、规范化、有序化,激发实验教学安全管理主体的主动性、积极性、创新性,迅速、有效地解决实验教学中的安全问题,有效改变实验教学安全管理现状,提高实验教学质量。同时,实验教学安全管理者,也可以从琐事中解脱出来,集中精力对特殊事项或重要事项进行管理,提高实验教学质量,即使实验教学安全管理者离开工作岗位或者更换,其管理系统也仍可照常顺利运行,从而达到有效进行实验教学安全管理的目的和效果。

第二节　认识实验教学安全管理规律的依据

实验教学安全管理有规律,这是共识。但是,实验教学安全管理的规律到底是什么呢? 依据什么去认识这些规律呢? 下面从实验教学安全管理事故及其表现形式以及影响实验教学安全管理事故的因素,探讨影响事故发生的因素与事故之间的联系,以便找出它们内在的稳定的必然联系。

一、实验教学安全事故的类型及表现形式

1. 几起重大实验教学安全事故示例

仅以实验室为例,学校实验室从数量和装备质量上都明显得到发展。一个中等规模的高校,其实验室由过去的十几个发展到近百个,装备实验室的仪器设备、材料投资每年均在几百万元以上,达到千万甚至几亿元的实验仪器设备资产。但是,实验室火灾、中毒、爆炸等事故频发,造成的人员伤亡、环境污染、财产损失事故时有发生,社会影响严重。

浙江某大学"7·3"CO 中毒事件。2009 年 7 月 3 日中午 12 时 30 分许,浙江某大学理学院化学系博士研究生袁某发现博士研究生于某昏厥倒在催化研究所 211 室,袁本人随后也晕倒在地。于某抢救无效死亡,袁某留院观察治疗,于次日出院。事故经初步调查发现,系教师莫某、徐某于事发当日误将本应接入 307 实验室的一氧化碳气体接至通向 211 室输气管的行为所造成。

台湾其医学大学附属医院实验室发生气体爆炸。2009 年 7 月 21 日,台湾某医学大学

附属医院实验室发生气体爆炸。校方人员表示,该校药品安全柜内储存化学用品,可能因发生化学作用发生爆炸,造成仪器、药品损失。幸好由于校方在第一时间内就紧急疏散了人员,没有人员伤亡。

北京某大学实验室发生爆炸,5 人受伤。2009 年 10 月 24 日下午 1 时许,海淀区北京某大学 5 号教学楼 9 层发生爆炸事故,造成一名老师、两名学生和两名设备公司人员受伤。据当事人介绍,爆炸的厌氧培养箱为新购进的设备,调试中发生事故。

北京某大学实验室金属液飞溅烫伤 4 人。2009 年 12 月 28 日 17 时 40 分许,某大学机械工程系学生在基础工业训练中心做实验时,电阻坩埚熔化炉内的金属液体意外飞溅,引燃旁边垃圾桶内的可燃物,导致一名教师和三名学生不同程度烫伤。

耶鲁大学实验室发生事故,一女生不幸身亡。2011 年 4 月 12 日晚上,一名女生在实验室内被机器绞住头发,窒息死亡。耶鲁大学校长理查德·莱文说,该女生因碰到“一件设备的可怕事故而死亡”。耶鲁大学告诉美国职业安全和健康局说,该女生是在为毕业项目操作机器时死亡。康涅狄格医疗检查官办公室说,她是由于脖子受压迫窒息而亡。

四川某大学化工实验室发生爆炸。2011 年 4 月 14 日 15 时 45 分,四川某大学第一实验楼 B 座 103 化工学院一实验室,3 名学生在做常压流化床包衣实验过程中,实验物料意外发生爆炸,导致 3 名学生受伤。

2. 实验教学安全事故启迪

以上所列事故是近年来国内外所发生的实验室安全事故中很少的一部分。总的来讲,实验教学安全事故有着如下启迪。

首先,事故类型启迪。高校实验教学安全事故发生的类型复杂,仅按发生原因就可分为六种类型:因操作不慎、使用不当而酿发的人为事故;因仪器设备或各种管线年久失修、老化而酿发的设备设施事故;因自然现象酿发的自然灾害事故;因心理失常者的恶作剧而引发的侵害事故(如计算机感染病毒、遭黑客攻击等);因犯罪分子而引发的设备被盗事故、破坏事故或失密事故。

其次,事故表现形式启迪。学校实验教学中发生的安全事故表现也多样,概括起来有以下几种表现形式:①火灾事故。实验室引起火灾的主要原因是设备或用电器具通电时间过长、温度过高、操作不慎或使用不当,使火源接触易燃物质;供电线路老化、超负荷运行,导致线路发热;乱扔烟头,接触易燃物质。②爆炸事故。引起爆炸事故的主要原因是违反操作规程,引燃易燃物品,进而导致爆炸;压力容器等实验设备老化,存在故障或缺陷;易燃易爆物品泄漏,遇火花而引起爆炸等。③毒害事故。造成毒害事故的主要原因:违反操作规程,将食物带进有毒物的实验室,造成误食中毒;设备设施老化,存在故障或缺陷,造成有毒物质泄漏或有毒气体排放不出,酿成中毒;管理不善,造成有毒物品散落流失,引起环境污染;废水排放管路受阻或失修改道,造成有毒废水未经处理而流出,引起环境污染;消毒或者防疫处理不当,引起接触性中毒等。④机电伤人事故。机电伤人事故多发生在有高速旋转或冲击运动的机械实验中,或者带电作业的电气实验室和一些有高温产生的实验中。事故表现主要为:操作不当或缺少防护,造成挤压、甩脱和碰撞伤人;违反操作规程或因设备设施老化而存在故障和缺陷,造成漏电触电和电弧火花伤人;使用不当造成高温气体、液体对人的伤害。⑤设备损坏性事故。设备损坏性事故多发生在用电加热的实验室。事故表现主要为线路故障或雷击造成突然停电,致使被加热的介质不能按要求恢复原来状态而造成设备损坏。

二、影响实验教学安全事故的因素

对实验教学安全事故进行分析,总结实验教学安全事故的影响因素,这是研究实验教学安全管理规律的依据。影响实验教学安全事故的因素大体有环境、人的精神状态、时间三大因素。

1. 影响实验教学安全事故的环境因素

第一,国家政策。国家政策是影响实验教学安全事故的重要因素。比如,2006 年 5 月,国务院通过了新的《民用爆炸物品安全管理条例》(以下简称新《条例》),并于 2006 年 9 月 1 日正式施行。新《条例》对 1984 年发布施行的《中华人民共和国民用爆炸物品管理条例》作了全面修订,从两方面对民用爆炸物品安全管理制度作了完善。一是规范了民用爆炸物品生产、销售、购买、运输、爆破作业的许可制度。规定了民用爆炸物品生产、销售、购买、运输、爆破作业许可的条件、期限和程序,并明确规定对不符合条件的,不予核发许可证,不得从事民用爆炸物品生产、销售、购买、运输、爆破作业活动。二是明确规定对民用爆炸物品的流向实行监控制度。国家建立民用爆炸物品信息管理系统,对民用爆炸物品实行标志管理,监控民用爆炸物品流向。学校涉及的爆炸危险品数量虽少,但是也应当遵照国家及地方各种法规进行严格管理。为此,学校须制定详细的爆炸物品管理制度,军械、爆炸物品仓库管理制度,易燃易爆性危险物品使用、储存、运输与销毁安全管理制度等。实事上,由于太笼统、不具体等诸多原因,虽然学校有明文规定,但管理者容易疏忽大意,对易燃易爆危险品管理和使用的规范缺位,从而导致易燃易爆品实验教学伤害事故偶有发生。

第二,经费投入。经费投入直接影响实验教学安全设备配置。一个国家或地区的经济发展情况,也会直接影响对学校资金的投入。如果学校的资金非常有限,学校领导往往偏重能给学校带来效益的投入,从而导致学校安全设施滞后。而现有仪器设备方面也存在很多问题,但因经费投入有限,无法完善使用。例如,有的虽购置了先进的仪器设备,但因缺少配套设施、运转经费、实验内容和操作技术等问题而闲置;有的仪器设备陈旧、老化,在使用过程中,容易触发隐患;有的生化实验室在配置硬件设施时,忽视了洗眼器、应急喷淋装置、灭火器、通风管道、通气线路等设施的配备。经费投入不足,导致实验仪器设备不能够适应实验教学安全的需要,是实验教学安全事故发生的又一重要因素。

第三,实验教学安全文化建设。实验教学安全文化建设,是影响实验教学安全管理人的精气神和营造安全的实验教学环境的重要因素。实验教学安全文化是师生在实验室建设、管理和实验教学活动中不断创造的物质财富和精神财富的总和。它包括器物文化(或称物质文化)、制度文化和观念文化(或称精神文化)三个方面。实验教学安全文化建设要与学校领导作风、教师教风和学生学风建设相结合,营造良好的实验教学安全环境。

实验教学安全环境包括硬环境和软环境文化建设两个部分。硬环境文化建设要体现实验校舍、仪器、设备、造型、色彩等实体文化以及与之相关的观念、态度、方法和习惯等。讲究仪器设备摆设,保持室内外干净整洁,给人以舒适和清新的第一印象和享受。舒适清新的实验教学环境会让人产生愉悦平和的心态,减少因人的不稳定情绪而产生的不安全事故。

实验教学安全软环境建设内容如下。一是目标定位与介绍。用高度精练的语言,概括本实验教学与安全的发展定位、性质、特点等相关信息,起到凝聚人心的作用。二是名言警句、科学家介绍。通过名言警句、张贴科学家画像等方式,营造浓厚的文化气氛,激励学生奋发向上,潜移默化地培养学生的研究意识、创新精神和安全态度。三是规章制度。通过悬挂于实验室的规章制度,对实验室管理人员、教师、学生的行为进行约束。通过师生的文明举止、高尚品德、优良教风与学风,共同构建教书育人、优美整洁、崇尚科学、追求真理的安全实验教学环境。四是学科专业特色宣传。通过文字、图片展示与实验室所承担的实践教学内容相关的专业知识,使学生更好、更快地理解本学科知识,如电子商务实验室可以配以网站业务流程图,使学生对本专业、课程的学习有一个基本的印象和形象的认识,培养学生专业实践的安全意识。五是根据实验室承担的实验课程可提供一些相关的实验教学图片、实验程序、实验操作方法等,让学生了解安全操作流程,例如,计算机组装实验室主要承担计算机组装维修课程设计,可以悬挂组装电脑的流程、主板插槽介绍图片等。六是构建实验教学安全内容体系。根据不同的学科构建实验教学安全内容体系结构图,同时可以附以必要的文字说明。七是实验教学安全文化建设要与学科建设和专业建设紧密结合起来,使实验室文化环境显示专业特色、学科特色。对于已有的特色、突出成绩、名师专家,在实验楼内要重点宣传,如省重点实验室、学科带头人、教学名师、各类创新大赛成果、精密仪器设备及科研成果的宣传。实验教学安全软环境建设,实际上就是一门实验教学安全的隐性课程,师生可以在这种安全和谐的实验教学环境中获得安全知识,形成安全意识。特别是规章制度、实验程序、实验操作方法更是直接明显地对师生进行安全教育和行为约束。目前,各高校越来越重视实验教学安全环境的建设,但与实验教学安全管理系统的要求比较,与适应师生对实验教学安全环境的需要相比,有着明显的差距,表现为不深入、不透彻、不全面系统、不能够满足师生生理和心理需要,这是导致事故时有发生的又一因素。

第四,实验教学场地的布局与设计。一个学校实验教学场地的布局与设计,既要统一规划,又要突出特色。例如,文科类的实验教学最好集中在一定区域;对音响甚至噪声影响有要求的实验应当设计在偏僻一点的地方;对水电要求较高的要有专门设计等。有些学校在进行实验教学项目设计和实验室建设时,没有很好地进行实验教学布局和设计。实验楼的建设没有充分征求专业工作人员的意见,导致现有实验室硬件设施有一些严重不符合实际需要的地方。比如,通风设施不足,在实验教学中形同虚设,起不到排毒、散毒的作用。电路设施没有充分考虑到实验教学用电设备仪器繁多的情况,提供的功率不足,导致学生实验中频频出现跳闸,产生超负荷运载等火灾隐患。生化药品库房紧张,无法进行细致分类管理,更无法建立专门的剧毒药品库及易燃易爆品库,剧毒药品、易燃易爆没有分类安全存放,甚至混乱堆积,很多药品分散存放于各实验室及准备室中,存在巨大的安全隐患。

有火灾风险及爆炸危险的实验教学,应设置在独立的实验楼内,实验楼宜采用单层或低层建筑,并与周边建筑保持足够的防火防爆间距。实验楼内实验室的布置,应按照危险优于一般、有机优于无机的原则进行布局,保证当某一实验室发生紧急事故时,能够尽量减少或免除对四周与上、下层实验室的影响,实现人员的安全疏散与对事故范围迅速而有效的控制。一些特别危险的高危实验室,如氢化实验室和高压釜实验室,应设置在实验楼的底层靠外墙部分,并应设置独立的出入口。实验楼至少应设两个对外出入通道,每一层楼也至少应有两个出入口。每个实验室应设两个出口,面向走廊,间距应尽量远。门的宽度不小于 90cm,由室内任意工作点至出口门的距离不超过 25m。面积不大的实验室,如 6m×6m 的实验室,一个出口可与邻接的实验室相通,但另一出口必须面向走廊。面积较大的实验室,它的两个或两个以上出口均应面向走廊或靠近楼梯口。这些都是根据实验教学安全的需要额定特殊设计和布局要求。但是,有些高校对这种实验教学特殊安全需要问题还没有产生高度重视,要承担极大的管理风险。

第五,地理气候。中国地域广阔,东西南北的学校实验室建设受各地气候的影响,其安全要求是不一样的。比如,北方冬天较冷,学校的实验室建设对保暖性的要求较高;南方夏季较热,学校的实验室对降温要求较高;西部较为干燥,学校实验室防火要求较高;东部较为湿润,学校实验室对防潮防霉要求较高。就算是同一地域的,实验教学安全也受其季节气候影响,不同的季节有不同气候,也会对实验教学安全有着不同影响。特别是处于地震带上,又多山、多雨且交通、照明条件不好的地区,更可能发生安全事故。不注意地理气候,也可能导致实验教学安全事故的发生。

2. 影响实验教学安全事故的精神状态因素

影响实验教学安全的精神状态包括缺乏安全意识、态度不当、动作不协调、反应迟钝、注意力不集中、精神紧张、性情无常等情绪问题。

实验室人员安全意识不强、态度不当。实验室安全意识,实际上也是实验教学人员必须具备的科学素质,但是很多实验教学人员因各种原因,不能受到正规、标准化的安全教育,没有正确的态度,缺乏必要的安全防范意识,存在凭经验、想当然的观念,势必造成管理疏漏,规章制度形同虚设,有朝一日隐患终究会爆发,对实验室安全造成严重威胁。

实验人员动作不协调、反应迟钝。通常,学校实验人员流动多、新手多,而且参加学习的学生大多也是初次接触,增加了实验室安全管理的困难。新人对于新环境、一切仪器操作不熟悉,对某些实验试剂的毒性、挥发性等特性不清楚,如果没有接受很好的指导,靠自己摸索很容易出现问题。在操作过程中动作不协调、操作失误而引起安全事故,一旦出现事故也就无从下手,反应迟钝。

实验人员情绪问题。情绪是人对客观世界的一种特殊的反应形式,是人对客观事物是否符合自己要求的态度和体验。它源于人的内心需要是否得到满足,如果外界事物能够满足人的需要、符合人的愿望,就会使人产生喜爱、愉快、满意、振奋等积极情绪;相反,则会产生忧郁、悲伤、愤怒、痛苦等消极情绪。实验证明,某种情绪一旦产生,就使人有明显的生理变化和外部表现。情绪是一种具有动机和知觉作用的力量,它组织、维持并指导行为。[①] 许多情绪理论也普遍认为情绪对人们的生活和健康起着适应性的功能。比如,焦虑的适应性功能是指向个体报告对外界情境的不适应,驱使个体采取应付策略或行动,去改变自身的处境。积极情绪也有同等重要的适应功能,Lazarus(1980)认为,当情境变得越来越紧张时,积极情绪从压力情境中得到“喘息”和促进应对努力,从而可能有益于动作技能操作。对实验教学而言,师生积极、饱满的情绪可以使他们处于良好的兴奋状态,使其精力集中充沛、应变能力强,动作协调、准确、到位,进而发挥较好的教与学效果,减少安全事故发生。所以在实验教学过程中,积极情绪对于实验人员维持动作稳定和良好反应有着至关重要的作用。还有研究表明,积极情绪可以消除消极情绪造成的生理上的影响并使身体恢复到生理觉醒的基线水平,有利于动作的稳定以及延迟疲劳的产生,能显著改变人们的思维和行为,能调节消极情绪,撤销消极情绪造成的不良后果[②]。在积极情绪影响下,脑细胞活动能力得到加强,人的感觉、知觉、注意、思维等认知能力得到扩展,提高了个体的执行能力和自身资源的利用能力,认识系统和运动系统处于相互促进和较为和谐的状态,表达动作表象的能力和准确性得到了提高,动作和心理能

① 符明秋,龚高昌. 积极情绪及情绪有益感知对运动竞赛影响的研究. 北京体育大学学报,2006,(11):1490-1492.

② Fredrickson B L. The role of positive emotions in positive psychology. American Psychologist,2001,(3):218.

量得到更充分的动员,潜能得到激发。同理,积极情绪使实验教学安全管理参与者能够及时准确地搜集现场信息,加以恰当的综合处理,完成实验操作的质量和动作稳定性更高。反之,如果在实验教学过程中参与人员注意力不集中、情绪不稳定、精神紧张、性情无常,这些消极情绪往往使其安全意识淡漠、精神涣散、意识麻痹或冲动、动作变形、操作任意等,这是导致实验教学安全事故时有发生的重要原因之一。

　　3. 影响实验教学安全事故的时间因素

　　实验教学安全事故不仅是一个空间概念,同时是一个时间概念,所以时间是影响实验教学安全的主要因素之一。

　　首先,年份影响。对于一个地方,气温、降水、地质变化等在年份上显示出一定的规律性,对实验教学安全有着一定的影响。例如,气温极度偏高或者偏低的年份、降水量极度偏低或者偏高的年份、地质灾害频繁的年份,使高校实验教学安全管理也增加了难度,防火、防水和预防建筑垮塌任务繁重,特别是在实验房屋的建造上要考虑几年一遇的降雨防震等问题。不同气候、地质变化的年份,实验教学安全管理的侧重点是不同的。

　　其次,季节影响。在同一年份、同一地方或不同地方,春夏秋冬四季不同,不同的气候对实验教学管理人员的身心影响也不同,同时影响着仪器设备的保养与维护重点。比如,夏天普遍较热,人心易躁,同时空气湿度较大,仪器设备的保养就特别要注意防潮。在不同的月份,每个月的日照、气温、湿度、降水等都会影响人的身心和设备维护保养,从而直接或间接影响实验教学安全。

　　再次,星期影响。在一个星期内,从星期一到星期五,人的精神状态都会不太一样。比如,有人星期一上班时,总出现疲倦、头晕、胸闷、腹胀、食欲缺乏、周身酸痛、注意力不集中等症状。这是由于在双休日过分耗费体力处理工作之外的事情,待到双休日过后的星期一,必须又要全身心重新投入于工作和学习,难免出现或多或少的不适应,这就是所谓的“星期一综合征”。而有人一到星期五就开始狂躁不安,无心工作,严重者甚至失眠脱发,影响日常工作生活。这是因为一到星期五,有些人就想到双休日可以做什么了,心就开始动了,定不下来,而有些人却会想到双休日无聊,无事可做,便会感到寂寞与茫然,觉得抑郁、孤独、空虚、无所适从,这就是“星期五综合征”。这些都是影响实验教学安全的因素。

　　最后,时段影响。就同一天而言,早、中、晚不同时段,气温变化也不一样,人的身心状态也不一样,实验设备管理要求也不太一样,这些都会影响实验教学安全。从实验教学事故的发生频率来看,通常下午和晚上的事故频率比上午要高一些,这或许与下午、晚上时间段的气温、日光等对人的影响有关,或者与下午和晚上经过一定时段的工作,人会疲倦,注意力不集中有关。

第三节　实验教学安全管理三大规律

　　结合高校实验教学安全管理规律的理论和实验教学安全管理事故及其表现形式、影响因素的初步分析和认识,这里初步提出实验教学安全管理适应律、安全管理要素协调律和安全管理主动律三大基本规律。

一、实验教学安全管理适应律

　　历史经验证明,高校实验教学安全管理要有效开展,必须具有与之相适应的环境、人的情绪、时间,否则就可能发生事故。实验教学安全管理与环境、人的情绪和时间具有互相依存、互相制约、相互促进的关系,这种"相互关系"就是实验教学安全管理适应律。实验教学安全管理适应律包括环境适应率、情绪适应率、时间适应律三部分内容。

1. 环境适应律

环境适应律就是指实验教学安全管理活动,必须要与实验教学场地规模、实验仪器和设备配备、实验项目内容数量及学生人数等实验教学环境相适应的规律。特别是在实验教学过程中会涉及一些易燃、易爆、腐蚀性强、有毒的试剂,更要有专门的地方保存、使用。一些贵重精密仪器设备也要有专门地方存放、保管和由专业人员使用,以免不慎导致安全事故或使用不当而造成不必要的损失。所以在实验教学安全管理活动中,必须考虑并适应环境需要,配备防火、防盗、防毒、通风、监控、报警、警示、应急救援设备设施;实验台材质选用要防酸、防碱、耐腐蚀;实验台、实验凳符合实验要求;设计布局方便学生实验,符合人性化的设计特点;并制定详细的安全规章制度;配备专职安全负责人等。根据实验教学环境情况,加大实验教学安全投入,改善实验教学安全工作环境,增加实验室工作人员和学生的安全感。总之,实验教学安全管理,要与实验教学物理空间环境、设备配置、实验内容及学生情况等环境情况相适应,才能构建安全和谐的实验教学安全管理系统。违背环境适应律,极有可能导致实验教学安全事故的发生。

2. 情绪适应律

情绪适应律就是指实验教学安全管理活动,师生喜、怒、忧、思、悲、恐、惊等教学情绪,要与实验教学仪器、设备、实验项目、内容、数量、氛围环境相适应。在实验教学中,人的各种行为背后起支配作用的是心理因素,其中情绪因素尤为重要。而众所周知,情绪对个人的行为是有影响的。而人的情绪又受实验教学项目、他人言语、有关制度以及实体环境如光线、空间、色彩、声音影响。如果是正面的、稳定的情绪影响,无论是管理者还是被管理者,注意力就会相对集中,抗干扰能力就相对较强,在实验安全管理过程中就会有条不紊,增强应付意外事件的能力,减少安全事故的发生。如果是负面情绪,则会增加事故发生的概率。而当人作为管理对象的时候,人的情绪成了实验教学安全管理的主要内容之一,实验教学安全管理者,要千方百计营造良好的人为环境和自然环境,使参与实验的师生始终保持与实验教学需要相适应的情绪,即在管理活动中要营造一种稳定型情绪,即使人在受到外界刺激时,情绪变化不显著,能保持平静、平常人的心绪,与实验教学安全需要相适应,这是控制实验教学安全事故发生的必要条件。如果实验教学管理者和参与者不注意消除不稳定情绪,尤其是消极情绪、过度亢奋等易使实验参与者观察力、注意力下降,就可能发生违章操作,导致事故发生。所以违背情绪适应律,可能迟早会导致实验教学安全事故的发生。

3. 时间适应律

时间适应律就是指实验教学安全管理活动要与四季、时段等时间相适应的规律。俗话说,"春乏秋困夏打盹",对于实验教学安全管理对象中的人和物而言,都很明显要受到时间变化的影响,时间是实验教学安全管理不可缺少的因素。不同的季节,日照、温度、湿度等都不一样,人体的各个系统会发生相应的变化,对实验教学设备的安全管理也有不同要求。比如,在春季,天气渐渐变暖,气温、温度也逐渐升高,人体会感觉疲乏,睡眠时间需要增加,设备要注意相应维护;夏季,昼长夜短,气温高,雨水较多,空气湿度大,许多人休息时间不够,导致精力不充沛,易疲劳、瞌睡,出现反应迟钝现象,而且实验教学设备容易受潮,要注意防潮防霉,特别是遇湿易燃物品,即遇水、遇潮时发生剧烈化学反应,放出大量的易燃气体和热量,不需明火即会燃烧或爆炸的物品,如金属钠、金属氢化物、磷化物、锌粉、电石,与人体接触时,会与皮肤上的湿气反应并产生强腐蚀,有些还有毒性,必须注意人员的防护。因此,用过的残留物千万不要倒入下水道,以免引起爆炸。遇湿易燃品引发火灾时,不能用水、泡沫、二氧化碳、卤代烃灭火剂灭火,否则会"火上烧油"。秋季,夏季的炎热被秋高气爽所替代,天气转凉,日照时间逐渐缩短,秋季人的身体容易感觉疲乏,对实验教学设备的管理要求也不一样;冬季,气温低而干旱,空气干燥,人体感觉冷,室内暖气又让人感觉闷,实验教学设备及耗材安全管理要特别注意防火。

同时,还要考虑不同时段的时间适应性。特别是与一月、一周或一天中的不同时间段相适应,比如早、中、晚对实验教学安全管理都有不同要求,通常事故在下午、晚上发生的概率要大得多。因为是学校教学安全特殊活动,更要考虑教学时段和非教学时段的时间适应性,因为常规实验教学时间内、下课时间内、假期时间内,对实验教学安全管理的要求也是不一样的。实验教学安全管理违背时间适应律,也必然导致实验教学安全事故的发生。

二、实验教学安全管理要素协调律

根据对规律的认识,实验教学安全管理规律是指实验教学安全管理活动本身应有的、本质的、必然的、稳定的联系。实验教学安全管理同哪些要素有"联系"呢? 应当说,对于实验教学安全管理,与之"联系"的要素比较广泛。但是,它重点是同管理者、管理对象、方法、目标和环境的本质的、必然的、稳定的联系,这种联系的规律,可以称为实验教学安全管理要素协调律。

实验教学安全管理者是指参与实验教学安全管理的主体,由责任人和非责任人构成。从学校内部系统来讲,责任人包括承担安全管理责任的校长、副校长、处长、科长、院长、系主任、实验室主任、实验教师、实验技术人员、实验室工勤人员以及参与实验室管理的学生等;非责任承担人方面包括学校党委行政领导班子其他人员、学校中层部门特别教务处、实验与设备管理处、实验技术中心、人事处、科研处、财务处等相关组织机构人员。从学校社会系统来讲,它包括国家、政府部门、实验教学主管人员、学校实验教学管理的相关人员、社会、实验设备厂家、商家、学生家长等。

实验教学安全管理对象是指实验教学安全管理者职责指向的对象。实验教学安全管理的对象极为广泛,它涉及与实验教学安全管理有关的人、财、物、时间、空间、信息、事情等,其中,被管理者的"人心"和"行为"是实验教学安全管理的核心对象,安全信息是实验教学安全管理的关键对象。

实验教学安全管理方法是指实验教学安全管理主体为达到某一实验教学安全管理目标而采取的具体方式、措施、手段,它包括实验教学安全管理主体选择采用的命令的、经济的、思想教育的、制度的和技术的一般方法,权变的、观察的、实验的、责任的具体方法等。

实验教学安全管理目标是指实验教学安全管理者通过实验教学安全管理活动所要达到的预期目的,包括长期、中期和短期目标;总目标、分目标、具体目标等。实验教学安全管理目标既要受一定时期国家政治、经济、文化、人口、科学技术等条件的制约和影响,受学校管理者对实验教学安全管理的态度、认知和价值取向的影响,受学校实验教学仪器、设备和经费投入的影响。

实验教学安全管理环境是指直接或间接影响实验教学安全管理活动的外部必要条件,包括国家政治、经济、科技、法律、文化条件,一定高校的传统组织结构或组织模式、文化氛围,办学定位和目标取向等。任何学校的实验教学安全管理,都是在一定的外部和内部环境条件下进行的,离开了一定的内外部条件,实验教学安全管理活动的开展就不可想象,甚至是不可能的。

实践证明,以上五个要素,是任何实验教学安全管理活动都离不开的,任何实验教学安全管理都与这五个要素有必然的、本质的、稳定的联系,缺少任何一个基本要素,都不成其为实验教学安全管理,或者说是不完全的实验教学安全管理。以实验教学安全目标为中心导向,实验教学安全主体、对象、方法与环境相协调,是实验教学安全管理规律之一,称为实验教学安全管理要素协调律。违背实验教学安全管理要素协调律,迟早会发生实验教学安全事故。

三、实验教学安全管理主动律

在实验教学安全管理活动中,人始终处于第一要素,任何实验教学安全管理活动都是由人或围绕人进行的。在实验教学安全管理活动中,表面上存在着人和非人的要素的必然联系,但本质上实验教学安全管理中的一切工作都是由人或围绕人展开的,即管理的主体是人,管理的对象核心也是人,主体要千方百计激发自己和对象在实验教学安全中的积极性、主动性和创新性,离开了这一点,就谈不上实验教学安全管理。实验教学安全管理中人的主动性是实现安全管理目标的根本,离开这个根本,既谈不上实验教学顺利进行,也谈不上避免任何安全事故的发生,这就是实验教学安全管理的主动律。违背实验教学安全管理主动律,迟早都可能发生实验教学安全事故,实验教学安全管理理论与实践都充分证明了实验教学安全管理主动律的重要性。

首先,实验教学安全管理必须遵循学校培养人的教育目标,充分反映对受教育者的基本要求;实验教学安全管理中对人的培养主要通过主导力量——教师的艰辛劳动才能实现;实验教学目标的实现和教师主导基本知识、技能和创新假设引导都要靠主体聪明智慧的发挥,没有主体聪明才智的发挥,目标实现和教师的主导就失去了价值。这里的教育目标、主导力量中的教师和主体力量中的学生都是人的“主动律”决定的。实验教学安全管理活动顺利完成,要激发领导干部、教职工、学生的主动性、积极性和创新性,这也是由人的“主动律”决定的。

其次,管理科学发展证明了实验教学安全管理的“主动律”。实验教学安全管理是管理学科的一个内容。现代管理思想和管理理论都把人提到了重要的地位,都在深入地研究如何激发人的主动性、积极性、创新性和自我实现的精神,从而充分挖掘人力资源。所以,在实验教学安全管理中,把“人”的要素提高到最高地位,依靠人、尊重人、关心人,充分激发人的潜能,是实验教学安全管理主动律的必然。

最后,在实验教学安全管理的预警、预防和救助中,不管是管理者还是管理对象,其主动性、积极性和创新性发挥如何,对实验教学安全管理预警、预防和救助的有效性起着决定作用。通常,学校实验教学安全事故发生后,实验教学安全管理主体往往都非常重视,积极主动地采取有力的应急措施,进行善后处理,把事故造成的损失控制或降低到最小范围内。事实上,实验教学安全事故发生后,管理主体无论如何重视,采取的措施如何得力,对已造成损失的弥补都是有限的,特别是对人生命的伤害或者死亡都是无法弥补的。安全的核心在于预防,而预防的关键在于发现危险,发现危险的前提是认识和了解危险的前兆。寻求解决问题的思路自然转向积极、主动的“事前”思考,即在及时发现危险、认识危险的前兆工作上,提出和采取的预防措施才具有针对性和操作性,安全预防才具有有效性。有时即使采取了有效措施,仍然很难保证不发生安全事故,这就有一个“救助”问题。在预警、预防和救助过程中,实验教学安全管理者不能拘泥于上级要求或已经反映了才去做,特别是要改变事后进行行政处理的习惯。所以实验教学安全管理者要树立充分发挥自己的能动性,从根本上或者源头上解决实验教学安全管理问题的观念。不能有"多一事不如少一事"或者"认为政治经济条件不成熟,无法实现"等"得过且过,能拖就拖"思想,如果在安全管理上,有这些消极思想,就可能导致安全事故发生。所以在实验教学安全管理活动中,只有遵循实验教学安全管理主动律,创造一定条件,激发教师和学生以及管理人员在预警、预防和救助中的主动性、积极性和创新性,才能够达到预期的安全管理目标,任何违背实验教学安全管理主动律的行为,都可能导致实验教学安全事故的发生。

思　考　题

1. 什么是实验教学安全管理规律?
2. 提出实验教学安全管理规律的理论依据是什么?
3. 实验教学安全管理适应律是什么?
4. 实验教学安全管理要素协调律是什么?
5. 实验教学安全管理主动律是什么?

第五章　实验教学安全管理目标

实验教学安全管理目标既是学校管理目标的重要组成部分,也是学校实验教学管理的重要内容。实验教学安全管理目标是进行实验教学安全管理的方向,是实验教学安全管理部门和每个参与人员围绕实验教学安全问题,确定行动方针,安排工作进度,制定、实施有效组织措施,并对安全成果严格考核的一种管理预期结果。实验教学安全管理目标是保证学校实验教学甚至学校整个管理工作顺利进行、实现学校办学目标的前提和条件。没有学校实验教学安全管理目标或者实验教学安全管理目标不科学,都将直接影响学校办学目标的顺利实现。

第一节　实验教学安全管理目标概述

活动是人类社会一项复杂的高水平的智力和体力运动,必然有其自己的预期需要,而且这种预期需要贯穿于活动的始终,这个预期需要就是目标。人类社会活动与其他动物活动的本质区别之一,就是人类活动具有鲜明的目的性。人类活动是围绕目标展开的。实验教学安全管理是围绕预期需要展开的。

一、实验教学安全管理目标的内涵和外延

1. 目标与学校管理目标

首先,目标。目标也称为目的,"就其词义而言,意指人们对某一时空范围内某一工作或活动要达到的一种境地或标准"[①]。或者说,目标是指人们的行动预期要达到的成就或结果。对目标的定义使用的属概念历来有不同的认识。概括起来有标准或状态说、结果或成果说、需要说、价值说等,这些不同的基本观点对全面、正确认识和理解目标实质具有重要作用。人类活动既包括个体活动,也包括组织活动;既有思想支配,也有价值取向;既存在于时空范围内,又需要物质、精神的条件;既是预期希望,也是结果追求。基于这种认识,目标是指个人或组织在一定时空范围和物质、精神条件下,依据一定价值观所确立并争取实现的结果或达到的状态。目标既是任何组织或个人行为方向和努力的预期结果,也是任何组织内在的动力源泉。

其次,学校管理目标。学校管理目标是个比较复杂的概念,人们对其理解也各有不同。有人认为"是一所学校组织为了按质按量完成育人任务,从本校实际出发所确定的组织活动的质量规格和活动结果的意向模式";有人认为"是指希望把学校办成什么样子,沿着什么轨道发展,最终达到什么规格要求";有的认为"是为实现教育目标和育人质量的目标";有人认为"是通过管理者管理职能活动使管理过程各因素达到什么程度,培养出预定数量和质量标准人才的结果"等。这些认识有着较为明显的差异,有的反映学校管理者协同被管理者进行有效活动的要求,既有定量也有定性,有的反映学校办学规格,有的反映学校育人目标等[②]。上述理解中有点是共同的,即都认识到学校管理目标的重要性,都企图给学校管理目标下一个科学定

---

① 孙绵涛. 教育管理原理. 广州:广东高等教育出版社,1999.
② 张玉堂. 中小学管理新视野. 兰州:甘肃文化出版社,1999.

义,虽未达到目的,但为确定"学校管理目标"的科学定义奠定了良好的基础。学校管理目标的定义应包含几层意思:为学校管理活动确定的目标;这种目标是预期的;这种预期目标可以是定性的,也可以是定量的,或者二者皆有。所以学校管理目标是指学校为完成教育任务,依据学校实际、依据科学观念所确立和争取实现的管理活动的预期结果或状态。学校管理目标是学校管理活动的预期结果或状态,是学校管理活动的直接追求,也是实现学校教育目标的重要手段,是引领和促进学校发展的内在动力。

再次,学校管理目标与学校教育目标。学校管理目标与学校教育目标是两个既有联系又有区别的概念。学校管理目标的制定是以学校教育目标为依据并以最终实现教育目标为目的的;学校管理目标是实现教育目标的手段,学校管理目标的实现是学校教育目标实现的前提和保证。同时,这两个概念又各有其质的规定性。学校管理目标是指学校管理者从事管理活动的预期目的或结果,属管理范围,学校教育目标是指教育者从事教育活动所要达到的预期目的或结果,属教育范围;学校管理目标依据教育目标制定,是学校教育目标的下位概念,而学校教育目标是学校管理目标的上位概念。弄清学校管理目标和学校教育目标的关系是非常重要的,它有利于管理者正确制定学校管理目标并切实组织实施,从而有效地实现教育目标。

最后,学校管理目标分类。根据不同标准可以将学校管理目标分成不同类别。从时间上划分,可以分成学校管理长期目标、中期目标、短期目标或学年目标、学期目标;从层次上划分,可以分为管理总目标、部门目标、个人目标;从范围上划分,可以分为学校管理综合目标、单项目标;从学校管理目标作用划分,可以分为学校管理的一般目标、特定目标;根据学校教育性质,可以分为学生管理目标、教学管理目标、后勤管理目标、行政管理目标、环境管理目标等,其中,教学管理目标又可分为理论教学管理目标、实验教学管理目标和实验教学安全管理目标。这些不同类别的学校管理目标,又各有其自身的特点和要求,学校管理者的职责之一不仅表现在组织和领导这些不同类别的学校管理目标的制定上,而且还表现在把这些不同类别的学校管理目标置于自己自觉的控制和监督之下,并使其围绕学校总的教育目标规定的轨道顺利发展,从而保证学校教育目标的最终实现。

2. 实验教学安全管理目标的内涵和外延

实验教学安全管理目标的内涵。对实验教学安全和管理目标的不同认识,特别是对核心概念"目标"的不同认识,必然导致对实验教学安全管理目标的不同定义。该定义自然也存在标准或状态说、结果或成果说、需要说、价值说等。所以基于上述对"目标"及"人类活动"的认识,实验教学安全管理目标是指学校实验教学安全管理者个人或组织在一定时空范围和物质、精神条件下,依据一定安全价值观所确立并争取实现的预期安全结果或安全所要达到的理想状态。

实验教学安全管理的主体既是具体个体,也是具体组织;实验教学安全管理是指在具体时间和空间条件下的管理,离开具体时间和空间,安全管理就是抽象的安全管理,是没有任何价值的;实验教学安全管理是在具体物质和精神条件下进行的,没有具体的物质、精神条件的安全管理,也是没有意义的;实验教学安全管理受一定的价值观支配,唯物主义认为,不受思想或价值取向支配的安全管理是不现实的;实验教学安全管理目标是一种预期希望,个体和组织共同努力并经过一定过程才能实现;实验教学安全管理目标既可以是定性的,也可以是定量的,可以通过制定标准进行结果或状态检测。

实验教学安全管理目标的外延。根据实验教学安全管理研究和实践的需要,有着不同的实验教学安全管理目标划分。根据参与实验教学的主体划分,有组织安全管理目标和个体安全管理目标,行政管理者安全管理目标、指导教师安全管理目标、学生安全管理目标;根据实验教学课程所属学科性质,可以划分为文科实验、理科实验和工科实验安全管理目标,或者数学实验、生物实验、化学实验、物理实验安全管理目标等;根据培养目标和层次来分,又可分为基础性实验和提高性实验两大类安全管理目标,或者高层、中层和基层实验教学安全管理目标。其中,提高性实验安全管理目标还包括综合性实验、单项实验安全管理目标,设计性实验和验证性实验安全管理目标,模仿性实验和研究性实验安全管理目标等。它们最主要的特点是划分的标准不同、选择范围不同和视角不同,因此,反映结果是类和层次不同,如数学实验中就可以分为综合性数学实验、单项性数学实验安全管理目标等。

二、实验教学安全管理目标的作用

实验教学安全的领导,首先是教育思想的领导,而教育思想的领导又集中体现在实验教学安全管理目标的制定和组织实施上。因此,实验教学安全管理目标问题,实际上就是一所学校办学指导思想或办学核心价值观的集中反映,它决定着实验教学管理活动的内容、管理者和被管理者的选择、管理机构的设置、管理方法的运用等一系列问题。实验教学安全管理目标在整个实验教学安全管理活动中始终起着导向、凝聚、激励和评价的重要作用。

1. 导向和凝聚作用

任何组织要有战斗力,首先要有凝聚力。如果该组织缺乏凝聚力,连人都留不住,或者使管理对象身在曹营心在汉,就很难有战斗力。如何提高组织的战斗力,是任何管理者必须优先考虑和解决的重要问题。实验教学安全管理要有战斗力,就必须首先解决靠什么凝聚人心的问题,即解决"志同道合"的问题,这里的"志",就可以理解为"目标"或前进的方向或共同爱好或信仰或价值观问题。而明确的实验教学安全管理目标为学校实验教学安全管理活动指明基本的方向,为学校有关组织和个人奠定凝聚的基础,学校实验教学安全管理的一切活动都围绕目标开展,根据这个目标选择实验教学安全管理者和被管理者,根据目标选择管理方法;管理者和被管理者根据这一目标开展实验教学安全活动,管理方法的选择要有利于实验教学安全管理目标的实现等。实验教学安全管理目标的实现,是学校各项管理工作特别是实验教学工作的"大局",一切不利于"大局"或有损于"大局"的因素出现时,学校实验教学各单位和个人就要主动调整自己的活动,以适应"大局",形成有机整体,保证实验教学安全管理目标的最终实现。因此,实验教学安全管理目标在实验教学安全管理活动中既起导向作用,又起凝聚作用。

2. 激励作用

一个明确而切实的实验教学安全管理目标,一方面,可以鼓舞人心、振奋精神、激发动机,推动师生员工为实现实验教学安全管理目标而努力工作;另一方面,还具有提高工作自觉性与行为方向性的作用。

行为科学理论认为,目标是一种强有力的刺激,人们对目标的价值看得越大,估计实现的概率越高,其激发出来的力量也就越大;反之,人们对目标的价值看得越小,估计实现的概率越低,其激发出来的力量也就越小。可以表示为:

$$积极性＝目标价值\times实现目标的概率①$$

所以充分发挥实验教学安全管理目标的激励作用,及时提出明确而又合理的奋斗目标,以引领和激励师生员工的信心和决心,最终实现学校教育目标。

3. 评价作用

实验教学安全管理目标,是评价实验教学安全管理水平的依据和衡量的尺度。学校实验教学安全管理总目标,就是评价实验教学总体管理水平的标准,各实验教学安全管理部门的分目标及具体实验项目的教学安全管理目标就是评价各部门安全管理绩效的依据。因此,要充分发挥实验教学安全管理目标的评价作用,就要做到实验教学安全管理目标科学、明确、具体,各学院、部门、实验室和管理者的安全管理目标科学、合理、明确,这样既便于实现实验教学安全管理目标,又便于对学校、部门、个人的实验教学安全管理绩效进行检查、评估。既有利于学校对各学院、部门和实验室,或者个人的实验教学安全管理绩效进行科学的检查、评估,又有利于提高学校整体安全管理水平。

三、制定实验教学安全管理目标的依据

制定实验教学安全管理目标,是实验教学安全管理的起点,制定出明确、正确、合理的实验教学安全管理目标,是开展好实验教学安全管理活动的先决条件和关键环节。科学的实验教学安全管理目标的制定,必然要有科学的依据。

1. 学校安全管理目标

学校安全管理目标是学校结合有关教育法规和政策制定的安全管理所要达到的预期目的或效果。例如,最安全的学校目标应当包括消防安全目标、预防食物中毒目标、公共卫生安全目标、治安安全目标、交通安全目标等,学校安全管理目标是确立实验教学安全管理目标的首要依据,离开了这一依据,实验教学安全管理目标就会失去存在的意义。

2. 有关法律和政策

在教育安全管理工作中,除了在有关法律中规定了有关安全管理的内容外,还颁布了诸如《普通高等学校学生安全教育及管理暂行规定》、《高等校园秩序管理若干规定》等政策性规章。制定实验教学安全管理目标,必须依据国家有关安全法律、行政法规、规章和政策,必须符合有关教育法规和政策的要求,才能保证实验教学安全管理目标的正确方向,否则就会背离正确方向,背离了正确方向,实验教学安全管理活动是无法顺利而有效开展的。

3. 有关科学理论

制定实验教学安全管理目标,一方面,要符合管理科学理论,使实验教学安全管理目标符合科学的管理观念、规律和原则的基本要求;另一方面,更要遵循教育科学理论,使实验教学安全管理目标符合教育规律。充分依据科学理论制定的实验教学安全管理目标才能顺利实现,否则其目标是很难实现的。

---

① 张玉堂. 中小学管理新视野. 兰州:甘肃文化出版社,1999.

4. 对未来前景的预测

实验教学安全管理目标总是指向未来的。只有掌握了一定历史条件下社会政治、经济、文化、教育特别是实验教学发展的趋势，才能使实验教学安全管理目标具有预见性。通过对社会政治、经济、文化及学校发展的预测，知道学校应当制定什么样的安全管理目标，才能达到社会政治、经济、文化以及学校发展的要求，减少制定实验教学安全管理目标的盲目性，提高学校的安全管理水平。

5. 学校的客观条件

实验教学安全管理目标虽然指向未来，但它的制定必须立足于学校现有的客观条件。在制定实验教学安全管理目标时，必须分析学校管理的基础。宏观上，要分析以前实验教学安全管理目标实现的状况和存在的问题；微观上，要分析实验教学安全管理人、财、物、事、信息、时空等方面的条件、取得的绩效及存在的问题。离开了学校的这些客观基础，确定的实验教学安全管理目标是难以实现的，甚至是不可能实现的。

总之，在制定实验教学安全管理目标时，一定要以学校安全管理目标为依据，以有关法律、行政法规和规章政策为保障，以科学理论为指导，参照对社会政治、经济、文化及学校未来的预测，结合学校自身所处的内外部客观条件来制定，离开了其中任何一条，制定的实验教学安全管理目标都是不科学的，是难以实现的。

四、制定实验教学安全管理目标的基本要求

制定实验教学安全管理目标，除了必须具有科学依据、按照法定的程序以外，还必须注意以下四点基本要求。

1. 实验教学安全管理目标要明确

首先，实验教学安全管理目标的明确度是与其安全管理工作的有效性成正比的。安全无小事，细节决定成败，所以目标越明确、越具体越好。这不仅对实验教学单位、学院、管理部门和个人的安全管理工作提出了明确、具体的要求，激励其努力实现其目标，而且也为评价目标实现的绩效做出具体衡量标准。明确的实验教学安全管理目标必有其明确的要素构成：目标方针或目标观念明确，如坚持"安全第一，预防为主，责任至上，综合治理"方针、"把实验教学建成为无安全事故的教学"等；目标项目明确，要分出主次、抓住关键，保证重点突破；目标值明确或实现程度要具体，能量化的尽量量化。只有做到安全管理方针和方向明确，项目落实，目标值具体，实验教学安全管理事、责、时、质、量、度分明、到位到岗，实验教学安全管理才能卓有成效地开展。

其次，实施实验教学安全管理目标，最根本的是在实验教学安全管理岗位不出现安全事故。要实现这一根本目标，应当明确：实验教学过程中必须坚持"安全第一，预防为主，责任至上，综合治理"的方针，认真执行有关安全管理的法律、行政法规及方针政策，切实加强对实验教学工作的领导；明确管理岗位负责人是本岗位安全工作的第一责任人，对安全工作负全面责任；实验教师和实验室管理人员是实验教学进行过程的第一责任人，对实验教学的安全工作全面负责。明确落实安全管理责任制，逐级签订安全责任书，并严格对实验教学的过程安全工作进行考核。对考核不合格的，制定专项整改措施，定时间、定人员、定措施进行整改。明确制定

实验教学安全事故控制目标。该目标包括杜绝死亡事故,杜绝重大机械仪器设备事故,杜绝火灾事故,杜绝重大伤害事故,杜绝贵重实验仪器设备被盗事故,杜绝实验教学中毒、辐射事故,杜绝实验教学安全责任纠纷事故。

2. 实验教学安全管理目标内容要完整

尽管各学校具体实验教学客观情况不同,但对一般学校来讲,制定的实验教学安全管理目标必须要反映以下一些基本内容:实验教学安全管理的总体目标,组织人事管理目标,物资经费配置目标,环境建设目标,管理水平提高目标,安全教育达到程度目标,环境安全达标率提高目标,安全隐患整改完成率目标,标准化达标率目标,安全性评价目标,安全管理人员任职教育、培训目标,事故特别是重大伤亡事故控制目标以及学生实验教学安全管理的质量目标和现代实验教学安全管理手段采用目标等。形成纵横交错的安全管理网络。横向把实验教学安全总目标分解到各机关职能部门;纵向把实验教学安全总目标由上而下按管理层次分解到学院、实验室以及实验教师和学生,实现多层次安全目标体系。这些内容是在制定实验教学安全管理目标时必须研究和具体执行的。

3. 实验教学安全管理目标要整合一致

整合一致是指实验教学安全管理目标同学校管理目标特别是安全管理目标的一致;实验教学安全管理总目标和学院(系)分目标、具体实验室或实验项目安全目标的一致;实验教学安全管理者和被管理者在实验教学安全管理目标价值认识、行为方向、意志努力上的一致。特别是实验教学安全管理者和被管理者价值认识、行为方向和意志努力的一致是关键,只有管理者和被管理者目标价值认识、行为、努力一致,才能有前两方面的一致,从而形成实验教学安全管理目标的一致性。如果管理者和被管理者貌合神离,不要说实现实验教学安全目标,就连起码的实验教学安全管理活动恐怕也难以开展。真正的共同目标基于共同的所有权和享有共同的利益,真正具有价值的目标是行为人切实将组织目标转变成为自己内在需要的目标。学校任何实验教学组织和管理者都要清楚地认识和理解这个基本道理。

4. 实验教学安全管理目标要科学

实验教学安全管理目标科学性的主要体现如下。第一,要突出重点,分清主次,不能平均分配、面面俱到。安全目标应突出重大事故、负伤频率、实验环境标准合格率等方面的指标;同时还要注意次要目标对重点目标的有效配合。第二,安全目标具有先进性,即目标的适用性和挑战性。也就是说制定的目标一般略高于实施者的能力和水平,使之经过努力可以完成,即"跳一跳,够得到",但不能高不可攀,令人望洋兴叹,也不能低而不费力,容易达到。第三,使目标的预期结果做到具体化、定量化、数据化,易于检查和评价。第四,目标要有综合性,又有实现的可能性。制定的安全管理目标,既要保证上级下达指标的完成,又要考虑各部门、学院、实验室和每个教职员工承担目标的能力,目标的高低要有针对性和实现的可能性,以使各部门、学院、实验室和每个职工都能接受,努力去完成。第五,坚持安全目标与目标措施的统一性。为使目标管理具有科学性、针对性和有效性,在制定目标时必须有保证目标实现的措施,以利于目标的实现。

五、实验教学安全管理目标的实施

1. 确定总目标

学校实验教学安全总目标,可以通过一句话来体现,如"在一年内无实验教学安全事故发生"。"无事故"既可以是指无操作失误事故,也可以是无轻微人员伤害和重大人员伤害事故,也可以是无财产损失或者声誉损失事故,这是绝对无事故;还可以是相对无事故,指在一年内,实验教学无重大人员、财产和声誉的伤害。学校总目标确定后,为了保证所确定总目标的实现,应当根据绝对无事故还是相对无事故目标将其量化,即确立通常所说的总目标值。总目标值的确立主要是在国家规定的目标和要求的基础上,确定学校实验教学安全总目标值。

2. 形成目标系统

学校总目标确定后,校、院、系等各部门围绕实验教学安全总目标,根据系统划分的方法,结合有关实验教学计划、实验项目和实验教学安全管理岗位,以树状图的方法,将安全总目标分解为具体目标,形成目标系统。实验教学安全目标体系是实现岗位责任体系的依据。岗位人员实现各自的责任目标,就是整个学校安全目标的实现。不过要注意,任何目标体系的建立都是静态的,事物是不断发展变化的,任何静态的目标体系也可以随着动态变化情况做适当的调整。但是这种调整不是离开总目标的调整、不是无序的调整、不是任意调整,而是在保证总目标能够实现条件下的有组织、有秩序、通过协调的调整。

3. 确定达到目标的方法

总目标、分目标和具体目标确定后,还应当进一步制定达到目标所采取的各项具体措施方法。明确实验教学安全目标的责任人员、物质和经费保证;实施实验教学安全目标过程中的指导,如条件保证指导、具体细节目标展开指导、技术方法指导;实施目标过程中的检查,督促和信息反馈,适时目标调整等;目标实现的情况的考核、评价和总结等。古人云:"方法恰当,事半功倍;方法不当,事倍功半。"确立达到目标的措施方法,也是实现高等学校实验教学安全管理不可缺少的重要环节。

4. 定期考评目标的执行

目标考评是在目标实施的基础上,对其成果做出各种客观评价的管理活动。通过目标考评,可以全面总结目标管理的实施情况,便于发扬成绩、表彰先进、克服问题、教育后进,为实施下一周期的目标管理奠定基础。有了目标考评,目标管理才能成为完整的循环。因此,实验教学安全管理应当高度重视目标考评工作,例如,坚持定期和不定期考评实验教学安全管理目标的执行情况,准确反馈信息,及时解决问题,通过考评,使实验教学安全管理目标执行者始终与自己的责任目标保持方向一致。实验教学安全管理者要结合岗位目标和责任,制定与其责任和能力要求一致的考评标准,明确考评的具体内容,确立明确的、可操作的考评方法,如观察法、谈话法、问卷法、查阅法、统计法、分项计分法、综合计分法、自我评价法、实验室评价法、领导评价法。不管采用什么方法,都要求考评要科学、客观、公正、公平,要考评促方向、考评促信心、考评促团结、考评促发展。

第二节　实验教学安全管理理念目标

实验教学安全管理目标有多种划分方法,结合实验教学安全在实验教学中的价值,依据实验教学安全目标形态,将实验教学安全管理目标分为实验教学安全管理理念或者观念目标、知识目标、技能目标三类。这里首先讨论理念目标。

一、安全管理理念与实验教学安全管理理念

从字义理解,理念即一种理性观念,是组织或个人对某种事物的观点、看法或信念。在一定条件下,理念是绝对正确的观点,它可以作为永恒的道理或真理来形容,理念支配一个组织或个人的行为,理念决定组织或个人发展的方向或一个组织或个人行为的成败。理念可以分为组织理念和个人理念。

1. 安全管理理念

安全管理理念也叫安全管理价值观,是在安全管理方面衡量对与错、好与坏的最基本的道德规范和思想,它是一个系统,包括组织或者个人的核心安全管理理念、方针、使命、原则以及愿景、目标等内容。

安全管理理念绝非一句简单的口号,对一个组织而言,是任何组织单位文化管理的核心要素。深层次的安全管理理念是沉淀于组织单位内部及其每位职员内心深处的安全意识形态,如安全思维方式、安全行为准则、安全道德观、安全美学观、安全价值观。它是一个管理者及成员对安全问题的个人响应与情感认同,在深层次推动着组织成员的安全行为趋向。

安全管理理念随着现代管理的发展也在不断地演化。传统安全管理理念认为安全事故是不可避免的,轻视事前管理,注重事后处理;管理的重点放在安全指标的完成上,轻视过程管理;重视口头抽象宣传,轻视安全精力和财力投入;重视安全知识的学习,轻视安全技能的培训等;重视安全管理部门的管理,轻视全员参与安全管理的机制,没有科学系统的管理方式,制度难以落实。

现代安全管理理念日益重视安全工作的事前预防与过程控制,如杜邦公司的安全理念,其十大经典法则为:所有伤害和职业疾病都是可以预防的;安全是每个员工的责任;管理层对防止伤害和职业疾病直接负责;安全工作是雇佣的一个条件;员工必须接受严格的安全培训;管理层必须进行安全审核;不安全的行为和状况必须立刻纠正;工作外的安全和工作中的安全同样重要;良好的安全创造良好的业务;员工是安全工作的关键。

现代安全管理理念与传统理念的最大不同点在于:一是以人为本的人本主义,强调生命的尊严和价值;二是认为98%的事故都是可以避免的,杜绝了人们主观上的消极、悲观观念和发生一切事故的借口,使安全管理工作更加积极主动;三是认为安全也是效益,一定条件下还是最大的效益,如社会效益,现代安全管理理念一改过去安全只有投入没有产出的思想观念;四是从注重事故管理转变到隐患的发现、治理再转变到从设计源头积极预防上来。

2. 实验教学安全管理理念

现代安全管理理念对确立实验教学安全管理理念无疑有深刻的启发价值。因此,实验教学安全管理理念是指贯穿在参与实验教学中的管理者、教师、学生等各类人员内心的对实验教学安全管理的观点、看法和信念,是衡量实验教学安全管理对与错、好与坏的最基本的道德规

范和思想。它是包括实验教学安全管理的核心安全理念、安全方针、安全使命、安全原则以及安全愿景、安全目标等内容的一整套系统。实验教学安全管理理念贯穿在整个实验教学活动过程中，它与现代安全管理理念具有基本一致性。实验教学安全管理理念更注重过程管理，注重事前预防，更强调人在管理活动中的主观性、能动性和创新性。安全管理活动更重视细节，注重过程中经验和教训的积累，注重规范的操作程序。

二、实验教学安全管理理念系统

任何事物都是一个系统，实验教学安全管理理念也不例外。实验教学安全管理主体是人，管理的核心对象也是人，安全管理的关键也是人，而人的管理关键在思想。要做好实验教学安全管理，既要把管理的重心放在人的行为上，更要侧重于管理人的思想或观念，促进实验教学安全管理核心价值观或者核心理念的形成。"安全第一，预防为主，责任至上，综合治理"观念是一切安全工作的理念，实验教学安全管理是一般安全管理的组成部分，也是实验教学安全管理的核心理念。在这一理念之下，结合实验教学特点，形成以下实验教学安全管理理念系统。

1. 以人为本观念

实验教学的基本目的是验证书本知识或启发产生新的假设，切实培养具有创新精神和实践能力的专门人才，促进社会发展。其中，核心是通过实验教学促进现代人的发展，如果发生了实验教学安全事故甚至死亡事故，当安全感都没有了，还谈什么现代人的发展，还谈什么创新？所以实验教学安全管理必须树立以人为本观念，一切以"为了人、尊重人、信任人"为出发点开展工作，实行人的文化管理，从教育、激发内在动力入手，开展深入细致的安全思想工作，使实验教学管理参与者从灵魂深处认识到安全的重要性，认识到违纪、违规、违法的危害性，始终保持清醒的头脑，树立安全意识，自觉学习安全知识和技能，遵守安全规定，避免安全事故发生。这是"安全第一，预防为主，责任至上，综合治理"必备的首要观念。

2. 居安思危观念

所谓"居安思危"，是指生活安宁时要考虑危险的到来，要为危险而事先做准备，等到事发时就不会造成悲剧，即孔子说的"人无远虑，必有近忧"，"居安思危，思则有备，有备无患"。实验教学安全管理不能因暂时没有发生安全事故而麻痹大意，必须树立"居安思危"观念，切实重视和落实实验教学安全管理制度，严格执行实验教学安全管理程序和步骤，避免"行动懒、纪律散、手段软"现象出现，摆正实验教学技能的传播与安全工作的位置，切实克服重教学技能、轻安全，或者不精心、凑合等思想。在实验教学工作中，任何轻视安全的思想都是工作的大敌。因此，在安全工作上，各级组织和领导干部，特别是安全责任人员要慎之又慎，任何时候都要如临深渊、如履薄冰、认真对待，坚决把实验教学各项行之有效的安全制度落到实处，不让事故有丝毫的可乘之机。这是"安全第一，预防为主，责任至上，综合治理"必备的第二个观念。

3. 安全标准观念

实验教学安全工作必须实行标准化管理。具体而言，学生要在头脑中树立安全意识，实验操作按规程进行，规范、标准、安全；实验教师要树立安全意识，合理分工，在实验中及时发现隐患、处理隐患，按标准要求高质量地完成实验教学任务；实验室管理人员要树立安全意识，经常检查实验仪器、设备、材料、化学药品、实验室环境等，防患于未然；实验教学管理部门要经常到各实验室检查工作,督促下属把责任、制度、规程、措施落实到现场,遇到问题要勤沟通,并有解决问题的方法和措施。树立安全标准观念是"安全第一,预防为主,责任至上,综合治理"必备的第三个观念。

4. 素质培训观念

人的素质是个综合性概念,安全观念是人的素质中应有的内容。素质的提高在于培训,技能的提高在于经常训练。在实验教学安全管理中,人是第一关键要素,所以素质培训观念是应有主题,培训对象既包括管理者也包括被管理者。领导和管理责任人的素质提高是关键。一是领导要坚持学习有关安全知识和技能,克服自己的错误观念,树立科学的安全观念,这是素质培训观念的前提。二是要抓好岗前培训,对新实验人员和转岗职工必须进行上岗前的安全培训,达到安全应知应会要求,合格后才能上岗工作。三是要抓好单位培训,坚持开展安全知识讲座和安全活动等,对实验教师和职工进行不间断培训。四是要抓好现场培训,实验室主任或者教师,要对学生进行现场示范教育,对实验教学学生开展单教、单学、单练、单查、单考的安全质量培训活动,使学生把学到的理论知识与实践操作很好地结合起来,提高操作技能水平。通过这一系列学习、岗前和岗位培训活动,提高人的素质。这是"安全第一,预防为主,责任至上,综合治理"必备的第四个观念。

5. 责任第一观念

实验教学安全管理要达到预期目标,必须树立责任第一观念。责任是成就事业的可靠途径。责任出勇气、智慧和力量。没有责任心,不负责任,再安全的岗位,由其细微行为也可能酿出大事;责任心强,再大的困难也可以克服。责任是和谐社会的"生态链",每个人都是这个"生态链"上的重要一环。从自己做起、从细节做起、从身边小事做起,在思想上大胆探索,在行为上自觉约束,才能构建和谐、幸福、民主的环境氛围。树立责任第一观念,要求明确校、院、系实验室安全的第一责任人,实验管理人员是岗位安全的第一责任人,实验教师是安全教学的第一责任人,实验学生是自己实验岗位的第一责任人。只有做到责任明确、职责范围明确、责任后果明确、责任联挂考核明确,实行严格的责任追究,对事故处理严格按"事故原因分析不清不放过、事故责任者和有关人员没有受到教育不放过、没有吸取教训采取预防措施不放过、事故责任者没有受到严肃处理不放过"①原则,做到分析、教育、处理三同步,形成安全工作压力传递机制,一级向一级负责、"层层包"的安全实验教学责任氛围。这是"安全第一,预防为主,责任至上,综合治理"必备的第五个观念。

6. 服从大局观念

任何组织和单位,在已经发现安全隐患,甚至发生安全危机条件下,排除或者控制隐患就是服从大局观念。任何组织和个人在处理安全与其他工作的关系上,都要服从安全这个大局。服从大局观念的主要体现如下。一是要体现安全规章制度的刚性管理,以严格的安全制度规范职工行为。二是要体现说服教育潜移默化的柔性管理,使教职员工在内心产生对安全管理的认同感和服从意识,自觉在实验教学工作中做到一切服从安全、一切为了安全、一切安全优先、一切保证安全。三是要体现严肃的政治纪律和组织管理,领导干部和管理者对待安全要从政治甚至

---

① 谢正文,周波,李薇. 安全管理基础. 北京:国防工业出版社,2010.

维护稳定的高度认真负责,一抓到底,做到安排工作先考虑安全、工作布置先讲安全、所有考核对安全实行一票否决制。这是"安全第一,预防为主,责任至上,综合治理"必备的第六个观念。

7. 严格执行观念

"没有任何借口"是美国西点军校建校 200 年来奉行的最重要的行为准则,该句话强调"每一位学员要想尽办法去完成任何任务,而不是为没有完成任务去找借口"①。在实验教学安全管理问题上,安全无小事,安全管理不能够有任何借口。建立学校安全执行保证机制,使一切行之有效的实验教学安全规章制度得到严格执行和落实。体现在具体工作当中,就是要以实验教学开始前的安全确认、实验结束后的安全验收为制度,不符合要求的仪器设备不得运行,不符合安全操作规程要求的人不得上岗作业"四位一体"制度。做到安全质量有标准,执行安全规范有监督,安全责任履行有考核、奖惩的运作机制,以严格的安全制度的执行和落实,促进实验教学安全运行。这是"安全第一,预防为主,责任至上,综合治理"必备的第七个观念。

8. 安全警示观念

所谓警示就是指事前警告和提示。警示是做好安全工作的必要手段。实验教学安全管理也要树立警示观念,对典型的实验教学安全事故的发生原因、危害进行充分分析,从中吸取经验教训,采取有效措施,避免类似事故的再次发生。树立警示观念要求坚持用典型案例进行警示教育,开展安全警示活动。设立安全警示栏,开展全员安全承诺活动等,在教职员工和学生中大力提倡和树立正确的实验教学安全观念,使广大教职员工和学生始终保持良好的安全警觉性。这是"安全第一,预防为主,责任至上,综合治理"必备的第八个观念。

9. 安全激励观念

只有内在动力才是持久的动力。激发师生从内心深处树立安全意识,严格按照安全规程操作,避免安全事故发生,这是保证"安全第一,预防为主,责任至上,综合治理"观念得到贯彻实施的内在动力。树立实验教学安全管理、安全激励观念的要求和体现如下。一是要完善安全绩效考核体系,从上到下,从实验室到教学系、院、校,层层建立安全目标考核激励机制。二是要实行目标激励,实施全员特别是安全责任人员安全目标,开展安全竞赛,对无安全事故的优秀实验单位和个人进行表彰。三是要开展教职员工安全管理评比活动,树立安全管理工作先进典型。四是营造安全文化包括制度文化、物质文化、舆论文化,营造人人抓安全、事事保安全的浓厚氛围,推动实验教学安全工作。这是"安全第一,预防为主,责任至上,综合治理"必备的第九个观念。

总之,构建实验教学安全管理"安全第一,预防为主,责任至上,综合治理"九个核心安全观念系统,使实验教学安全文化融入到管理者、教职员工和学生的思想意识当中,渗透到各项管理制度和行为规范当中,为形成良好的实验教学安全管理格局奠定坚实的思想理念基础。

三、创新安全管理理念

各级安全领导、管理人员,要提高安全管理水平,就要结合现代管理思想创新安全管理理念,面对实验教学安全管理可能存在的风险,不断创新安全管理理念。

---

① 凯普. 没有任何借口. 大象译. 北京:中国工人出版社,2004.

1. 树立"每天认真对待"理念

"认真对待"是句日常用语。昨天的工作认真对待了,画上了一个圆满的句号,只能说明昨天,今天和以后怎么样,又得从头开始。实验教学安全没有昨天,只有今天和明天。"每天认真对待",短短六个字道出了学校实验教学安全工作的真谛。

"每天认真对待",包含着对安全工作"如履薄冰"的危机感。既要管好实验教学各环节各要素,又要采取切实措施,消除安全隐患。哪个环节管不好,什么时候放松,都有可能出问题。有了这样的危机感,才会日复一日、不厌其烦地去抓安全工作,每个环节毫不放松地去管。

"每天认真对待"包含着对安全工作居安思危的责任感。安全总是相对的,一段时间内抓紧了,可能就做好了,但随着时间的推移、环境的变化,又可能出现新的不安全因素,管理也可能出现松懈。这样坚持居安思危,就会产生对安全问题的高度责任感,有针对性地搞好安全防范,做到未雨绸缪,把事故隐患消灭在萌芽状态。

"每天认真对待"包含着对安全管理的科学态度。安全管理工作面临的内外环境在不断发生变化,做好安全管理特别是防范事故发生,必须善于从新的实践中发现新情况、提出新问题、找到新方法、走出新路子。这是一项全新而紧迫的课题,更需"每天认真对待"。学校各级领导干部及安全管理人员对此应当有高度的使命感,善于从新的管理实践中发现新规律、总结新经验,推动实验教学安全管理工作更加科学化、规范化、制度化。

2. 树立"以防为主、文化领先"的理念

实验教学要认真贯彻"安全第一,预防为主,责任至上,综合治理"的方针,坚决执行安全法律、行政法规,坚持全员、全过程、全方位抓安全管理的原则,努力实现实验教学安全管理的标准化、规范化和科学化,保障学校实验教学持续、稳定、快速、健康发展。

树立以防为主、文化领先的安全管理理念,就必须夯实"软"基础。首先要使管理层、教职员工、学生从主观上增强安全意识,注重正面教育,强化安全培训;注重侧面引导,大力宣传"安全连着你我他"观念,使管理层和教职员工、学生发自内心地重视自我和他人安全,实现从"要我安全"到"我要安全"的转变。其次要发动全员广泛参与,提高教职员工、学生安全实验操作技能。组织开展事故预防及应急演练,定期组织开展岗位安全竞赛活动;注重好抓实验教学一线现场管理,预先将安全隐患消灭在萌芽状态。最后要从实际出发,创建以以人为本为核心的安全文化,拓展"用文化育人,靠制度管事"的实验教学安全文化内涵。

3. 树立"依靠安全制度管理"理念

建立健全安全管理制度非常必要,但一些安全管理的薄弱环节使得安全制度落实不严、不到位。要以"完美执行,快乐工作"的态度认真落实安全管理制度、认真落实安全责任制,层层抓、层层管、层层分解,把安全责任落实到每个人、每个岗位,制定、完善、落实各种有效系统的安全规章制度,并使各种安全规章制度正规化、规范化并有效运作。

有力的安全监督检查是落实安全规章制度的保障。要将"定期查、不定期抽查、复查和巡视"相结合,并做到"三及时":及时检查、及时发现、及时整改;要坚持"有规必依、违章必纠"的原则,充分发挥专、兼职安全管理人员安全监管和指导的作用,以高度负责的责任感除隐患、灭事故。加大安全考核激励力度,"当赏者,虽仇必录;当罚者,虽父子不舍""赏不忘士卒,罚不忘将帅",体现赏罚分明。

4. 树立"安全问责制"理念

有权必有责,用权受监督。实验教学安全问责制是培育和发展现代学校及领导者的本质责任要求,是推进实验教学安全工作的有效机制,也是推进依法行政的重要保证。因此,必须健全、完善安全责任追究机制,尤其是要坚定不移地落实实验教学安全问责制度。

目前,学校已实行安全重大事故行政责任追究制。领导干部对特大及特别重大事故负有主要领导责任者应引咎辞职或被撤职。这一规定被称为悬在领导干部头上的一把"安全之剑"。突出对重大事故问责的原则,特别是强化主要领导、主管领导和相关部门领导安全责任的追究,其目的是规范事故管理,按照"四不放过""谁领导,谁负责""谁主管、谁负责"的原则,严肃追究领导、主管者的行政责任。

实验教学安全问责制为学校实验教学管理者敲响了警钟,改变了过去只处理直接责任人,而相关行政领导相安无事的状况,使得各级领导更加重视和关注安全工作,自觉促进落实实验教学安全规章制度,保证安全人员和经费投入到位,自觉把实验教学安全摆在日常议事日程,为杜绝事故隐患采取有力措施,真正担负起"领导和主管安全的责任"。

第三节 实验教学安全知识目标系统

什么是知识? 并不是每一个人都能给出一个明确的答案。事实上,这也是一个比较难以回答的问题。但是"我们必须得回答这个问题,哪怕给出一个暂时的,不成熟的,有待于进一步修正的答案"①。所以尽管实验教学安全管理涉及的安全知识极其复杂,任何学者、专家还不能给出让绝大多数人满意的答卷,但是结合实验教学安全管理实际,对其安全知识做一个界定,即安全知识是指在实验教学安全管理过程中,有关领导、管理主体和参与主体必须了解、认识和掌握的基本安全理论、技术和能力的总和,在实验教学中避免出现安全事故,真正做到"安全第一,预防为主,责任至上,综合治理"。按照不同的依据,实验教学安全知识可以划分为不同的类别,例如,根据实验安全管理知识的作用,可以分为实验教学安全管理的基础理论知识、专业理论知识、操作技术知识;根据实验教学安全管理的学科性质,可以分为安全用电、化学药品等系统安全知识。这里采用学科性质划分方法的结果,详细介绍以下几方面实验教学安全知识目标。

一、安全用电知识

1. 防止触电

触电也称电击伤,是电流通过人体所致。局部表现有不同程度的烧伤、出血、焦黑等现象。烧伤区与正常组织界限清楚。或者表现为全身机能障碍,如休克、呼吸心跳停止。致死原因是电流引起脑(延髓的呼吸中枢)的高度抑制及心肌的抑制、心室纤维性颤动。触电后的损伤与电压、电流以及导体接触体表的情况有关。电压高、电流强、电阻小而体表潮湿,易致死。如果电流仅从一侧肢体或体表传导入地,或肢体干燥、电阻大,可能引起烧伤而未必死亡。

一般情况下,人体如果通过 50Hz 的交流电流 25mA 以上便呼吸困难,超过 100mA 可致

---

① 石中英. 知识转型教育改革. 北京:教育科学出版社,2001.

死。通过相同电流的直流电,对人体也有同样的危害。防止触电应注意:不用潮湿的手接触电器;电源裸露部分应有绝缘装置(如电线接头处应裹上绝缘胶布);所有电器的金属外壳都应保护接地;实验开始前,应先连接好电路再接通电源;实验结束后,先切断电源再拆线路;修理或安装电器时,应先切断电源。

2. 防止短路起火

电线绝缘需具有一定耐受电压的能力,如果电线电流超过载流量,电线发热将加剧,其绝缘能力随之迅速降低,绝缘加速老化,最后导致绝缘能力丧失,被电压击穿,使金属线芯直接接触或通过电弧而导通,这称之为短路。电线短路时产生异常高温或电弧电火花,引起近旁可燃物质起火,这就是常说的电气火灾。电气短路也可使电气设备带危险电压,而引起触电事故。同样道理,高等学校实验教学多数是在实验室进行,实验室仪器、设备要正常运转,离不开用电设备。如果用电设备超负荷运载,或者绝缘选择不合适,如电压等级高、绝缘等级低;绝缘层受高温、潮湿、腐蚀作用而失去绝缘能力;用金属丝捆扎导线或把绝缘挂在金属物上;天长日久绝缘层磨损、老化;雷击过电压、线路空载时的电压升高等,使导线绝缘层被击发生短路而引起火灾。这是引起高等学校实验教学安全火灾事故发生的主要原因。因此,有关人员要了解、认识和掌握用电的基本知识,如线路中各接点应牢固,电路元件两端接头不要互相接触,以防短路;电线、电器不能被水淋湿或浸在导电液体中;实验室加热用的灯泡接口不要浸在水中;使用的保险丝要与实验室允许的用电量相符;电线的安全通电量应大于用电功率;室内若有氢气、煤气等易燃易爆气体,应避免产生电火花;继电器工作和开关电闸时,易产生电火花,要特别小心;电器接触点(如电插头)接触不良时,应及时修理或更换;如遇电线起火,立即切断电源,用沙或二氧化碳、四氯化碳灭火器灭火,禁止用水或泡沫灭火器等导电液体灭火。

3. 电器仪表的安全使用

首先,掌握仪器使用知识。掌握的仪器知识应当包括以下六点基本知识。

第一,在实验前特别是使用新购买实验仪器时,先了解电器仪表要求使用的电源是交流电还是直流电、是三相电还是单相电以及电压的大小(380V、220V、110V 或 6V)。弄清电器功率是否符合要求及直流电器仪表的正、负极,弄清楚应当有的线路负荷,不了解这些,不能接上电源使用。

第二,仪表量程应大于待测量。若待测量大小不明时,应从最大量程开始测量。

第三,要将电器设备上在正常工作时不带电的金属部分与接地体之间用导线很好地连接。电器应使用漏电保护器。实验之前要检查线路连接是否正确。

第四,在电器仪表使用过程中,如发现有不正常声响,局部升温或嗅到绝缘漆过热产生的焦味,应立即切断电源,并立即报告。

第五,大型精密仪器的供电电压要稳定。一般市电供电电压波动为 220V±20V。如供电质量不符合仪器需要时,应配备稳压电源,有的还要求同时具备滤波功能。精密仪器大多需要有良好的接地线。大型精密仪器、大功率用电设备必须采用单独控制开关。不要几台设备只有一个控制开关。

第六,高温电热设备,如高温炉、电炉,一定要放置在隔热的水泥台上,绝不可直接放在木质等可燃材质的工作台上。将电炉置于木制实验台,即使在电炉下垫有内火砖,但因长时间连续使用烤热引燃工作台,也会酿成火灾事故的发生。

其次,掌握防静电知识,静电是指在一定的物体表面上存在的电荷 3～4kV 时,人体触及时就会有触电感觉。静电能造成大型仪器的高性能元器件的损害,危及仪器的安全,也会因放电时瞬间产生的冲击性电流给人体造成伤害。虽不致因电流危及生命,但严重时能使人摔倒,电子器件放电火花引起易燃气体燃烧或者爆炸,所以必须加以防护。

防静电的措施主要有以下几种:防静电区内不要使用塑料、橡胶地板、地毯等绝缘性能好的地面材料,应铺设导电性地板;在易燃易爆场所,应穿着用导电纤维材料制成的防静电工作服、防静电鞋及戴着防静电手套等,不要穿化纤类织物、胶鞋及绝缘底鞋;高压带电体应有屏蔽措施,以防人体感应产生静电;进入易产生静电的实验室前,应先徒手触摸一下金属接地棒,以消除人体从室外带来的静电。坐着工作的场合,可在手腕上带接地腕带;凡不停旋转的电器设备,如真空泵、压缩机等,其外壳必须良好地接地。

二、化学药品安全使用知识

化学药品,一般讲是用来预防、治疗、诊断疾病,或者为了调节人体功能、提高生活质量、保持身体健康的特殊化学品。高等学校相关专业或学科教学中,为了让学生认识、了解和掌握必要的化学知识和技能,都要为学生验证这些化学药品的构成、性能或者为创新化学药品提供必要的条件,让学生亲自动手去验证、去合成或者研究有关化学药品,所以化工类专业教师和学生在实验教学中,必然需要使用化学药品,这里就有个化学药品使用安全知识的问题,化学药品使用不当,不是导致烧伤,就是导致爆炸或火灾、中毒等伤害。化学实验教学涉及化学药品数量、品种最多的一类,也是人们日常生活中使用最为广泛的一类。化学药品使用安全知识主要包括防毒、防爆等知识。

1. 防毒知识

防毒就是指预防化学药品对人的毒害。在诸多化学药品中,使用不当,都可能导致对人体的伤害,特别是毒害性化学试剂如果进入人体血液,就会导致人发生疾病甚至死亡。所以在实验教学安全管理中,认识和掌握防毒知识是不可缺少的重要要求。

化验实验中接触到的化学药品,很多是对人体有毒的。有些气体、蒸汽、烟雾及粉尘能通过呼吸道进入人体,有些则可经未清洗的手,以及在饮水、进食时经消化道进入人体,有些化学药品可由多种途径进入人体。有些毒物对人体的毒害可能是慢性的、积累性的,当它们起初进入人体时,量很少,症状不明显,往往被忽视,直到长期接触以后,才出现中毒的症状,因此,必须加以足够的重视。

实验教学参与人员了解毒物性质、侵入途径、中毒症状和急救方法,可以减少化学毒物引起的中毒事故。一旦发生中毒事故时,能争分夺秒地采取正确的自救措施,力求在毒物被身体吸收之前实现抢救,使毒物对人体的损害减至最小。

其中,有关主体在实验教学安全管理中,首先要认识和掌握中毒途径与毒物分级。一般条件下,有三种途径引起中毒:①呼吸系统。分散于空气中的挥发性毒物及粉尘,通过呼吸经肺部进入血液,并随血液循环分散到人体各部位引起全身中毒。②消化系统。操作时触及毒物的手未洗净就拿取食物、饮料等而将毒害品带入口腔、胃、肠道而引起中毒。也有因误食而中毒的。③接触中毒。毒害品由皮肤渗入体内,或通过皮肤上的伤口进入,经血液循环而导致中毒。这类毒害品多属脂溶性、水溶性毒物,如硝类化合物、氨基化物、有机磷化物、氰化物等。所以实验室一定要通风良好,尽力降低空气中有害物质的含量。凡涉及毒害品的操作必须认真、小心;手上不能有伤口;操作完后一定要仔细洗手;生产有毒害性气体的操作,一定要在通风柜中进行。

毒物分级使用毒性参数指标来衡量。通过测定某物质对细胞的损害程度,可以衡量该物质的毒性。这种数据一般难以测准,且都是在特定动物体上实验后将其结果外推到人体来评定的。尽管如此,它仍有一定的参考价值。目前的毒性参数主要有两种:①半致死量(LD_{50})。指喂食一组实验动物(如白鼠或豚鼠),使其死亡半数的毒物量。②半致死浓度(LC_{50})。指实验动物吸入某毒物一定时间后,使其半数死亡时该毒物在空气中的质量浓度。在实践中,常以操作场所空气中某毒物的最高容许浓度为毒性参数。该浓度是操作者每天工作 8 小时,持续一周、一月或限定的某段时间内而仍不会造成明显毒害的毒物浓度。

毒物危害级别:我国国家标准 GB/T 5044—1985《职业性接触毒物危害程度分级》,根据毒物的 LD_{50} 值、急性毒性、急性中毒发病状况、慢性中毒患病状况、慢性中毒后果、致癌性、工作场所最高容许浓度等 6 项指标,全面权衡,将毒物的危害程度分为极度危害、高度危害、中度危害、轻度危害四个级别。

使用化学药品注意事项:实验前,应了解所用化学药品的毒性及防护措施;操作有毒气体应在通风橱内进行;苯、四氯化碳、乙醚、硝基苯等的蒸汽会引起中毒。它们虽有特殊气味,但久嗅会使人嗅觉减弱,所以应在通风良好的情况下使用;有些药品能透过皮肤进入人体,应避免与皮肤接触;氰化物、高汞盐、可溶性钡盐、重金属盐、三氧化二砷等剧毒药品,应妥善保管,使用时要特别小心;禁止在实验室内喝水、吃东西,饮食用具不要带进实验室,以防毒物污染,离开实验室或饭前要洗净双手;妥善保管好化学危险品;实验室应配备必要的防护器材,如制式器材(隔绝式和过滤过防毒面具、防毒衣)、简易器材(湿毛巾、湿口罩、雨衣、雨靴等)。

2. 防爆知识

防爆就是指预防化学药品的爆炸对人的伤害。有的化学药品性能决定了本身易爆,或者与空气接触易爆,或者产生可燃气体与空气混合,当两者比例达到极限时易爆,或者混合不当易爆,或者震动过大易爆,或者遇到火星易爆,或者受到热源(如电火花)的诱发引起爆炸,或者温度过高易爆。高等学校实验教学安全管理人员特别是化学实验教学管理人员和参与人员应当掌握化学药品安全知识,如一些与空气相混合的气体的爆炸极限(20℃,1 个大气压下),见表 5-1。

表 5-1　一些气体的爆炸极限表

气体	爆炸高限(体积/%)	爆炸低限(体积/%)	气体	爆炸高限(体积/%)	爆炸低限(体积/%)
氢	7.2	4.0	醋酸	—	4.1
乙烯	28.6	2.8	乙酸乙酯	11.4	2.2
乙炔	80.0	2.5	一氧化碳	74.2	12.5
苯	6.8	1.4	水煤气	72	7.0
乙醇	19.0	3.3	煤气	32	5.3
乙醚	36.5	1.9	氨	27.0	15.5
丙酮	12.8	2.6			

化学药品防爆应该注意:使用可燃性气体时,要防止气体逸出,室内通风要良好;操作大量

可燃性气体时,严禁同时使用明火,还要防止发生电火花及其他撞击火花;有些药品如乙炔银、乙炔铜、高氯酸盐、过氧化物等受震和受热易引起爆炸,使用要特别小心;严禁将强氧化剂和强还原剂放在一起;久藏的乙醚使用前应除去其中可能产生的过氧化物;进行容易引起爆炸的实验,应有防爆措施。

3. 预防化学药品火灾知识

预防化学药品火灾的字面意思是防止化学药品引起火灾。在人们日常生产、生活中,都要掌握必要的防止化学品火灾知识。人人都应注意预防,平时多了解化学药品火灾逃生知识,保护自己及家人的安全。高等学校化学实验教学安全管理中,预防化学品火灾发生是重要的内容,所以认识和掌握预防化学药品火灾知识不可缺。

第一,许多有机溶剂,如乙醚、丙酮、乙醇、苯等,非常容易燃烧,大量使用时室内不能有明火、电火花或静电放电,实验室内不可存放过多的这类药品,用后还要及时回收处理,不可倒入下水道,以免聚集引起火灾。

第二,有些物质如磷、金属钠、钾、电石及金属氢化物等,在空气中易氧化自燃。还有一些金属如铁、锌、铝等粉末,比表面大也易在空气中氧化。这些物质要隔绝空气保存,使用时要特别小心。

4. 防灼伤知识

灼伤是指热力或化学物质作用于人的身体,引起人局部组织损伤,并通过受损的皮肤、黏膜组织导致全身病理生理改变,或者"有些化学物质还可以被从创面吸收,引起全身中毒的病理过程,称为灼伤",如强酸、强碱、强氧化剂、溴、磷、钠、苯酚、冰醋酸等都会腐蚀皮肤,特别要防止溅入眼内。液氧、液氮等低温也会严重灼伤皮肤。高等学校实验教学安全管理应当认识和掌握必要的预防灼伤知识。

灼伤的严重程度取决于受伤组织的范围和深度,灼伤深度可分为Ⅰ度、Ⅱ度、Ⅲ度和Ⅳ度。Ⅰ度灼伤损伤最轻。灼伤皮肤发红、疼痛、明显触痛、有渗出或水肿。轻压受伤部位时局部变白,但没有水疱。Ⅱ度灼伤损伤较深。皮肤水疱。水疱底部呈红色或白色,充满了清澈、黏稠的液体。触痛敏感,压迫时变白。Ⅲ度灼伤是指皮肤全层灼伤。灼伤表面可以发白、变软或者呈黑色、炭化皮革状。由于被烧皮肤变得苍白,在白皮肤人中常被误认为正常皮肤,但压迫时不再变色。被破坏的红细胞可使灼伤局部皮肤呈鲜红色,偶尔有水疱,灼伤区的毛发很容易拔出,感觉减退。Ⅲ度灼伤区域一般没有痛觉。因为皮肤的神经末梢被破坏。Ⅳ度灼伤是指除皮肤全层灼伤外,还伤及皮下组织如肌肉、骨骼等,也称为毁损性灼伤。多发生于四肢末端、耳、鼻等部位,发生原因主要是火焰灼伤,电击伤,热压伤和强酸、强碱灼伤等,修复难度大,恢复时间长。灼伤后常常要经过几天才能区分深Ⅱ度与Ⅲ度灼伤。

灼伤治疗。85%左右的灼伤都不严重,可以在家里、诊所或医院急诊室治疗。脱去所有的衣物,特别是被烧燎过的衣物(如合成纤维衬衫),沾染有热焦油或被化学物质浸湿的衣物,有助于防止进一步灼伤。化学物质烧灼伤,包括酸、碱和有机化合物,要立即用大量的水清洗干净。根据不同灼烧程度,采取相应的治疗措施,具体介绍如下。

轻度灼伤应尽可能立即浸泡在冷水中。化学灼伤应用大量的水长时间冲洗。在诊所或急诊室,应用肥皂和水仔细清洁创面,去掉所有的残留物。如果污物嵌入较深,可在局部麻醉下用刷子擦洗。已破或容易破的水疱通常都要去掉。创面清洁后,才能涂敷磺胺嘧啶银等抗生素软膏。常用纱布绷带来保护创面免受污染和进一步创伤。保持创面清洁非常重要,因为一旦表皮损伤就可能开始感染并很容易扩散。抗生素可能有助于预防感染,但不一定都需要。如果未接种过疫苗,应注射破伤风抗毒素。上肢或下肢灼伤,应让它保持在比心脏高一点的位置,以减轻水肿。只有在医院才有可能保持这种体位,那里的病床部件可以升起和用来做牵引。如果是关节部位的Ⅱ度或Ⅲ度灼伤,必须用夹板固定关节,关节活动可使创伤恶化。很多灼伤病人都需要用止痛剂,通常是麻醉药,至少要用几天。

威胁生命的严重灼伤需要立即治疗,最好到有灼伤专科的医院治疗。急救人员应用面罩给伤员输氧,减轻火灾中一氧化碳和有毒气体对伤员的影响。在急诊室,医护人员应保持伤员呼吸通畅,检查是否另外有威胁生命的创伤,并开始补充液体和预防感染。有时严重灼伤病人需要送入高压氧舱治疗,但不是普遍应用,而且必须在灼伤后 24h 内进行。

5. 放射性物质知识

放射性物质是指某些物质的原子核能发生衰变,放出我们肉眼看不见也感觉不到、只能用专门的仪器才能探测到的射线,物质的这种性质叫放射性。放射性物质是那些能自然地向外辐射能量,发出射线的物质。一般都是原子质量很高的金属,像钍、铀等。放射性物质放出的射线有三种,它们分别是 α 射线、β 射线和 γ 射线。在大剂量的照射下,放射性对人体和动物存在着某种损害作用。例如,在 400rad 的照射下,受照射的人有 5% 死亡;若照射 650rad,则人中有 100% 死亡。照射剂量在 150rad 以下,死亡率为零,但并非无损害作用,往往需经 20 年以后,一些症状才会表现出来。放射性也能损伤遗传物质,主要在于引起基因突变和染色体畸变,使一代甚至几代受害。所以在高等学校实验教学安全管理中,有关管理人员和参与人员应当掌握预防放射性物质伤害的基本知识。这些知识包括以下 13 个方面。

(1) 使用、操作放射性同位素的实验室,应加强对辐射防护、实验室安全、环境保护工作的领导,建立健全安全管理制度,配备监测、防护及放射性“三废”的处理设施,有专职、兼职放射防护管理机构或者人员以及必要的防护用品和监测仪器,建立监测档案,并向主管部门提交人员名单和设备清单。

(2) 使用放射性同位素与射线装置的实验室,必须具有与所从事的放射工作相适应的场所,在该场所内不得进行与同位素工作无关的实验;放射性实验应划出防护圈,并加设明显标志;外来人员未经允许不得进入,以免误入其中受到不必要的照射。

(3) 从事放射性同位素实验的人员必须具备相应的专业及防护知识和健康条件,并提供相应的证明材料及工作人员健康档案。工作人员配备专用的工作服、鞋、帽、口罩、套袖、手套、防毒面具等个人防护用品。放射性实验室应备有供工作人员存放便服和工作服的衣柜,两类衣服不得混放。

(4) 放射性同位素禁止与易燃、易爆、剧毒、腐蚀性物品放在一起,其储存场所必须采取有效的防火、防盗、防泄漏的安全防护措施,并指定专人负责保管。储存、领取、使用、归还放射性同位素时必须进行登记、检查,做到账物相符。

(5) 实验室内避免使用易割破皮肤的容器和器皿。凡脸部、手部有伤口或患病的工作人员,应停止进行放射性工作。

(6) 放射性工作场所应保持卫生清洁,抹布、拖把等应分开专用。严禁在放射性工作场所吸烟、饮水、进食,禁止将食物、手提包等个人用品带入工作场所。

（7）放射性工作台面以及易被污染的处所，应铺设易清除污染的材料（如瓷砖、塑料布、橡皮板、玻璃等）。放射性实验室应备有放射性同位素的有效清洗剂（如肥皂、硝酸、柠檬酸、碳酸钠、乙二基四乙酸盐等去污剂），并备有污物桶、废物储存瓶和必要的防护用具。

（8）大量同位素的分装，应在专用的房间内进行，并设有相应的防护屏蔽，设置计量检测仪器及必要的应急工具。放射性实验室处理粉末或易挥发的放射性物质时，必须在通风橱内（或手套箱内）进行。

（9）放射性实验室的废物与普通垃圾要严格分开，妥善处理，防止污染环境。含有放射性物质的废水应排入沉淀池内、封存或固化处理。

（10）定期检查源库的仪器设备，确保防盗、剂量报警、防火、通风设备的完好。

（11）定期监测工作场所及其相邻地区的放射性剂量。

（12）在实验过程中工作人员必须严格遵守操作规程和防护规则，并对仪器设备经常检查，确保性能良好、安全可靠。

（13）工作完毕后，设备、工具放回原处并进行安全检查，关闭水电、门窗。

三、病原性微生物安全使用知识

1. 病原微生物

病原微生物是指可以侵犯人体而引起感染甚至传染病的微生物，或者称病原体。病原体中，细菌和病毒的危害性最大。病原体侵入人体后，人体就是病原体生存的场所，医学上称为病原体的宿主。病原体在宿主中进行生长繁殖、释放毒性物质等，引起机体不同程度的病理变化，这一过程称为感染。不过人体或动物不像人工培养细菌的培养基，可以让病菌不受限制地肆意生长繁殖，轻易地导致机体死亡。病原体入侵人体后，在发生感染的同时，能激发人体免疫系统产生一系列免疫应答与之对抗，即免疫。

感染和免疫是一对矛盾，其结局如何，根据病原体和宿主两方面力量的强弱而定。如果宿主足够强壮，可以根本不形成感染，即使形成了感染，病原体也多半会逐渐消亡，于是患者康复；如果宿主很虚弱而病原体很凶猛，则感染扩散，病人将会死亡。

2. 病原微生物的分类

根据《病原微生物实验室生物安全管理条例》，我国根据病原微生物的传染性、感染后对个体或者群体的危害程度，将病原微生物分为以下四类。

第一类病原微生物，是指能够引起人类或动物非常严重疾病的微生物，以及我国尚未发现或者已经宣布消灭的微生物；

第二类病原微生物，是指能够引起人类或动物严重疾病，比较容易直接或间接在人与人、动物与人、动物与动物间传播的微生物；

第三类病原微生物，是指能够引起人类或动物疾病，但一般情况下对人、动物或环境不构成严重危害，传播风险有限，在实验室感染后很少引起严重疾病，并且具备有效治疗和预防措施的微生物；

第四类病原微生物，是指在通常情况下不会引起人类或动物疾病的微生物。

第一类、第二类病原微生物统称为高致病性病原微生物。人间传染的病原微生物名录由国务院卫生主管部门商国务院有关部门后制定、调整并予以公布;动物间传染的病原微生物名录由国务院兽医主管部门商国务院有关部门后制定、调整并予以公布。

3. 采集病原微生物样本具备的条件

采集病原微生物样本具备的条件:具有与采集病原微生物样本所需要的生物安全防护水平相适应的设备;具有掌握相关专业知识和操作技能的工作人员;具有有效防止病原微生物扩散和感染的措施;具有保证病原微生物样本质量的技术方法和手段。

采集高致病性病原微生物样本的工作人员,在采集过程中应当防止病原微生物扩散和感染,并对样本的来源、采集过程和方法等作详细记录。

4. 病原微生物实验室分级

国家根据实验室对病原微生物的生物安全防护水平,并依照实验室生物安全国家标准的规定,将实验室分为一级、二级、三级、四级。

三级、四级实验室应当通过实验室国家认可。国务院认可的、监督管理部门确定的认证机构应当依照实验室生物安全国家标准以及本条例的有关规定,对三级、四级实验室进行认可;实验室通过认可的,颁发相应级别的生物安全实验室证书。证书有效期为5年。

一级、二级实验室不得从事高致病性病原微生物实验活动。三级、四级实验室从事高致病性病原微生物实验活动应当具备的条件:实验目的和拟从事的实验活动符合国务院卫生主管部门或者兽医主管部门的规定;通过实验室国家认可;具有与拟从事的实验活动相适应的工作人员;工程质量经建筑主管部门依法检测验收合格。

国务院卫生主管部门或者兽医主管部门依照各自职责对三级、四级实验室是否符合上述条件进行审查,对符合条件的,发给从事高致病性病原微生物实验活动的资格证书。取得从事高致病性病原微生物实验活动资格证书的实验室,需要从事某种高致病性病原微生物或者疑似高致病性病原微生物实验活动的,应当依照国务院卫生主管部门或者兽医主管部门的规定报省级以上人民政府卫生主管部门批准。实验活动结果以及工作情况应当向原批准部门报告。

实验室申报或者接受与高致病性病原微生物有关的科研项目,应当符合科研需要和生物安全要求,具有相应的生物安全防护水平,并经国务院卫生主管部门同意。

5. 病原微生物实验结束手部污染清除办法

首先,处理完危害性材料和动物后,离开实验室前都要洗手。其次,一般用普通的肥皂水冲洗就可以,但在高度危险的情况下,建议使用杀菌肥皂。手要完全抹上肥皂,搓洗至少10s,用干净水冲洗后再用干净的纸巾或毛巾擦干。最后,洗完手后,应使用纸巾或毛巾关上水龙头,以防止再度污染洗净的手。

四、预防火情知识

火患是高等学校实验教学中最常见、危害较大的安全隐患,无论什么类型的实验均有发生火情的可能。因此,高等学校实验教学安全管理者和参与人员应当树立预防火情的知识,了解、认识和掌握火情的类型和灭火器的类型和选用知识。

1. 火情的类型知识

依据燃烧特性划分,火情分为五种类型,即 A 类火情、B 类火情、C 类火情、D 类火情、E 类火情。A 类火情是指固定物质火灾,这种物质往往具有有机物性质,一般在燃烧时能产生灼热的余烬,如木材、棉毛、麻、纸张等;B 类火情是指液体火情和可融化的固体物质火情,如汽油、煤油、柴油、原油、甲醇、乙醇、沥青、石蜡等火情;C 类火情是指可燃气体火情,如煤气、天然气、甲烷、乙烷、丙烷、氢气等火情;D 类火情是指金属火情,如钾、钠、镁、铝镁合金、电石、过氧化钠等火情。E 类火情指带电物体燃烧的火情。

2. 灭火器的类型知识

按不同的标准,灭火器可以分成不同的类别。按其移动方式可分为手提式和推车式;按驱动灭火剂的动力来源可分为储气瓶式、储压式、化学反应式;按所充装的灭火剂则可分为泡沫、干粉、卤代烷、二氧化碳、酸碱、清水等。

3. 灭火器的选用知识

火情性质不同,应选用的灭火器材和灭火方式也不同。A 类火情可选用清水灭火器、酸碱灭火器、化学泡沫灭火器、磷盐干粉灭火器。但是不能使用钠盐干粉灭火器和二氧化碳灭火器。B 类火情可选用干粉灭火器,泡沫灭火器只适用于油类火灾,而不适用于极性溶剂火情。C 类火情可选用干粉灭火器、卤代烷 1211 灭火器、1301 灭火器、二氧化碳灭火器。不能使用水型灭火器和泡沫灭火器。D 类火情,目前这一类火情还没有有效灭火器,主要采用干沙灭火或干粉灭火。E 类火情可选用二氧化碳灭火器或四氯化碳灭火器。

第四节　实验教学安全技能目标系统

一般来说,技术是人类在利用自然和搞糟自然过程中积累起来的并在生产劳动中体现出来的经验和知识,也泛指操作方面的技巧。技能是掌握和运用专门技术的能力。[①] 所以实验教学安全技能就可以理解为在高等学校实验教学安全管理过程中,有关管理和参与主体应当掌握的安全操作方面的技术、技巧和能力。实验教学安全技能目标就是达到掌握的安全操作技术、技巧和能力的基本目标。结合实验教学安全知识目标系统,实验教学安全技能目标应当包括以下目标系统。

一、预防和救助火灾技能目标系统

1. 灭火器材使用技能

各种灭火器是扑救火灾的有力武器,在平时的学习培训中,我们都应掌握正确的使用方法,掌握各种灭火器的使用方法显得尤为重要。常见的灭火器有泡沫灭火器、干粉灭火器、1211 灭火器和二氧化碳灭火器。下面分别介绍这几种灭火器的使用方法。

---

① 中国社会科学院语言研究所词典编辑室. 现代汉语词典. 北京:商务印书馆,1985.

首先,泡沫灭火器。泡沫灭火器喷出的是一种体积较小、密度较小的泡沫群,它的密度远远小于一般的易燃液体,它可以漂浮在液体表面,使燃烧物与空气隔开,达到窒息灭火的目的。因此,它最适用于扑救固体火灾。因为泡沫具有一定的黏性,能粘在固体表面,所以对扑救固体火灾也有一定效果。使用泡沫灭火器时,首先要检查喷嘴是否被异物堵塞,如有,要用铁丝捅通,然后用手指捂住喷嘴将筒身上下颠倒几次,将喷嘴对着火点就会有泡沫喷出。应当注意的是不可将筒底、筒盖对着人体,以防止万一发生爆炸时伤人。

其次,干粉灭火器。干粉灭火器是以二氧化碳为动力,将粉末喷出扑救火灾的。由于筒内的干粉是一种细而轻的泡沫,所以能覆盖在燃烧的物体上,隔绝燃烧体与空气而达到灭火。因为干粉不导电,又无毒,无腐蚀作用,因而可用于扑救带电设备的火灾,也可用于扑救贵重品、档案资料和燃烧体的火灾。使用干粉灭火器时,首先要拆除铅封、拔掉安全销,手提灭火器喷射体,用力紧握压把启开阀门,储存在钠瓶内的干粉即从喷嘴猛力喷出。

再次,1211 灭火器。"1211"灭火器是利用装在筒内的高压氮气将 1211 灭火剂喷出进行灭火的。它属于储压式的一种,是我国目前使用最广的一种卤代烷灭火剂。1211 灭火剂是一种低沸点的气体,具有毒性小、灭火效率高、久储不变质的特点,适应于扑救各种易燃可燃烧体、气体、固体及带电设备的火灾。使用 1211 灭火器时,首先要拆除铅封、拔掉安全销,将喷嘴对准着火点,用力紧握压把启开阀门,使储存在钢瓶内的灭火剂从喷嘴处猛力喷出。

最后,二氧化碳灭火器。二氧化碳灭火器是利用其内部所充装的高压液态二氧化碳喷出灭火的。由于二氧化碳灭火剂具有绝缘性好、灭火后不留痕迹的特点,因此,适用于扑救贵重仪器和设备、图书资料、仪器仪表及 600V 以下的带电设备的初期火灾。使用二氧化碳灭火器很简单,只要一手拿好喇叭筒对准火源,另一手打开开关即可。各种灭火器存放都要取拿方便。冬季要注意防冻保温,防止喷口的阻塞,真正做到有备无患。

2. 火灾救助技能

任何火灾的发生,都有一个处于初级、中级和高级阶段的过程,不同阶段的火情、不同的燃烧材料选择不同的灭火器材。这里就有个灭火材料的选择技能问题。高等学校实验室发生火灾的原因和燃烧物体极其复杂,凡是发生实验教学火灾,不要惊慌,应迅速而冷静地判断火灾发生的部位或可燃材料。

首先,初级火情阶段。初级火情阶段采取初级灭火措施。初级灭火措施主要包括自救,并及时向实验室主任汇报。火灾发生初期,火势比较小,当事者或火情发现者就应当立即正确选择使用好灭火器材,有针对性地进行灭火,及时将火灾消灭在初期阶段,不至于使小火酿成大灾,从而避免重大损失。

这里以燃烧物质为例对灭火器材进行选择。酒精及其他可溶于水的液体着火时,可用水灭火;汽油、乙醚等有机溶剂着火时,用沙土扑灭,此时绝不能用水,否则反而扩大燃烧面;导线和电器着火时,应首先切断电源,不能用水和二氧化碳灭火器,应使用 CCl_4 灭火器灭火;衣服着火时,忌奔跑,应就地躺下滚动,或用湿衣服在身上抽打灭火。不同易燃物质燃烧时应该使用的灭火器类型,见表 5-2。

表 5-2　易燃物质燃烧时应用的灭火剂

燃烧物质	应用灭火剂	燃烧物质	应用灭火剂
苯胺	泡沫、二氧化碳	松节油	喷射水、泡沫
乙炔	水蒸气、二氧化碳	火漆	水
丙酮	泡沫、二氧化碳、四氯化碳	磷	沙、泡沫、二氧化碳水
硝基化合物	泡沫	赛璐珞	水
乙氯乙烷	泡沫、二氧化碳	纤维素	水
钾、钠、钙、镁	沙	橡胶	水
松香	水、泡沫	煤油	水
苯	泡沫、二氧化碳、四氯化碳	漆	泡沫
重油		蜡	泡沫
润滑油	喷射水、泡沫	石蜡	喷射水、二氧化碳
植物油		二硫化碳	泡沫、二氧化碳
石油			
醚类(高沸点175℃以上)	水	醇类(高沸点175℃以上)	水
醚类(低沸点175℃以上)	泡沫、二氧化碳	醇类(低沸点175℃以上)	泡沫、二氧化碳

其次,中级火情阶段。中级火情阶段就是指当事者或发现者发现火情,火势较大,无法进行自救时,应当立即拨打119报警,详细报告发生火灾的单位、时间、地点、原因、经过、火情、门牌号码及其他情况。与此同时,向学院、学校主管部门和学校保卫处报告。同时组织在场有关人员立即切断电源,或者火源,或者呼喊在场人员立即撤离火情现场,减少或者避免火灾对现场人员的伤害。

最后,高级火情阶段。高级火情阶段是指当事者或发现者发现火情时,火势已经很大,现有力量甚至学校力量既无法进行自救,甚至呼救也来不及,火情无法控制,且对现场人员的生命、财产已经产生了较大危害时,现场人员应当立即报告119,同时要采取恰当措施进行自救或者现场逃生,避免火情对自己的伤害,耐心等待119来救助。当119到来时,要紧密配合119救助人员,有组织、有秩序地撤离火灾现场,尽量减少不必要的人员伤害和财产损失,把火灾损失降低或者控制在最低限度。

二、烧伤、灼伤的应急技能

1. 一般烧伤的急救技能

首先,认识烧伤程度。一般烧伤包括烫伤和火伤。烫伤和火伤按其伤势的轻重可分为三级:一级烧伤,红肿;二级烧伤,皮肤起泡;三级烧伤,组织破坏,皮肤呈现棕色或黑色。烫伤后皮肤有时呈白色。

急救的主要目的是使受伤皮肤表面不受感染。当伤及身体表面积较大时,应将伤者衣服脱去(必要时用剪刀剪开衣服,防止伤及皮肉),用消毒纱布和洁净的布被单盖好身体,立即送医院治疗。烧伤的身体损失大量水分,所以必须及时补给大量温热饮料(可以在100ml水中加食盐0.3g、碳酸氢钠0.15g、糖精0.04g)或盐开水,以防患者休克。最好请医护人员前来抢救。送伤者至医院时要防寒、防暑、防疫,必要时还要输液或止痛。

对于四肢及躯干二度烧伤,面积又不大者,可以用薄油纱布覆盖在已清洗(可先用无菌生理盐水洗完,再用 1∶2000 的新洁尔液冲洗)拭干的创面,并用几层纱布包裹,隔天即须更换敷料。最好也应去医院处理。

凡烧伤面积大、三度烧伤的患者,尽可能采用暴露疗法,不宜包扎,应由医生在医院进行治疗。如发生烫伤,可在烫伤处抹上黄色的苦味酸溶液或烫伤软膏。严重者应立即送医院治疗。

其次,简单烧伤的治疗方法。轻度烧伤,可用清凉乳剂(清石灰加 500g,蒸馏水 2000ml,搅拌、沉淀,取上层清液和等体积芝麻油混合)涂于伤处,必要时进行包扎。二度烧伤,可选用 5%新制丹宁溶液,用纱布浸湿包扎,或立即在伤处涂獾油。注意千万别将烫伤引起的水泡弄破,以防感染。

2. 化学灼伤的急救技能

第一,及时冲洗。发生化学灼伤时,要分别伤害的部位,采取及时措施进行初步急救。例如,身体受到化学灼伤后,应迅速解脱衣服,清洗皮肤上的化学药品,并用大量干净的水冲洗。如果是眼睛受到化学灼伤,最好的方法是立即用洗涤器的水流洗涤,洗涤时需要避免水流直射眼球,也不要揉搓眼睛。

第二,及时处理。将受化学灼伤的身体用清水冲洗干净后,再用清除这种有害药品的特种溶剂、溶液或药剂仔细处理。对于眼睛在用大量的细水流洗涤后,如果是碱灼伤,再用 20%的硼酸溶液淋洗,如果是酸灼伤,则用 3%的碳酸氢钠溶液淋洗。

第三,及时送医院。如果化学灼伤情况严重者,在按要求用大量的清水冲洗后,如果能够进行及时处理,则应当及时处理后送医院。如果没有医生或医生没有及时处理的药剂,也要立即送医院处理和救治。

三、触电的应急技能

触电急救成功的条件是动作快、操作正确,任何拖延和操作错误都会导致伤员伤情加重或死亡。触电急救的基本原则是在触电事故发生后,急救的基本过程分为两个阶段或者称为触电急救两部曲。

1. 切断电源

发现有人触电后,立即切断电源、拉下电闸,或用不导电的竹、木棍将导电体与触电者分开;在未切断电源或触电者未脱离电源时,切不可触摸触电者;然后进行就地抢救。

2. 就地急救

对呼吸和心跳停止者,应立即进行拳击复苏或口对口的人工呼吸和心脏胸外挤压,直至呼吸和心跳恢复为止。如果呼吸不恢复,人工呼吸至少应坚持 4 小时或出现尸僵和尸斑时方可放弃抢救。有条件时直接给予氧气吸入更佳。

3. 就地急救注意事项

首先,在就地抢救的同时,医务人员尽快叫其他医务人员或向有关医疗单位求援,希望用呼吸中枢兴奋药,针刺人中或十宣穴位进行急救;其次,现场急救的根本目的是保护伤员生命,减轻伤情,减少痛苦,在心跳停止前禁用强心剂。最后,用心肺复苏法支持呼吸和血液循环,为脑、心等重要脏器供氧。

四、机械伤害应急技能

机械伤害造成的受伤部位可以遍及我们全身的各个部位,如头部、眼部、颈部、胸部、腰部、颈椎、四肢等,有些机械伤害会造成人体多处伤害,后果非常严重。现场急救对抢救受伤者非常关键,如果现场急救正确及时,不仅可以减轻伤者的痛苦、降低事故的严重程度,而且可以争取抢救时间,挽救更多人的生命、财产。

1. 机械伤急救基本点

首先,明确和判断伤情。发生机械伤害事故后,实验教学现场的人员不要害怕和慌乱,要保持冷静,迅速对受伤人员进行急救检查。急救检查应先看神志、呼吸,接着摸脉搏、听心跳,再查瞳孔,有条件的情况下,检测血压。检查局部有无创伤、出血、骨折、畸形等变化,根据伤者的情况,有针对性地采取人工呼吸、心脏按压、止血、包扎、固定等临时应急措施。

其次,正确拨打救助电话。迅速拨打急救电话,向医疗救护单位求援。记住报警电话很重要,我国通用的医疗急救电话为120,但除了120以外,各地还有一些其他的急救电话,也要适当留意。在发生伤害事故后,要迅速及时拨打急救电话,拨打急救电话时要注意以下问题。

在电话中应向医生讲清伤员的确切地点,联系方法(如电话号码)、行驶路线。简要说明伤员的受伤情况、症状等,并询问清楚在救护车到来之前,应该做些什么。派人到路口准备迎候救护人员。

再次,遵循急救原则。例如,急救秩序原则:机械伤急救应当遵循"先救命、后救肢"的原则,优先处理颅脑伤、胸伤、肝、脾破裂等危及生命的内脏伤,然后处理肢体出血、骨折等伤。检查原则:检查伤者呼吸道是否被舌头、分泌物或其他异物堵塞。选择急救原则:如果呼吸已经停止,立即实施人工呼吸;如果脉搏不存在,心脏停止跳动,立即进行心肺复苏;如果伤者出血,进行必要的止血及包扎。

最后,急救六注意。注意机械伤中的大多数伤员可以毫无顾忌地抬送医院;注意对于颈部、背部严重受损者在转移过程中要慎重,以防止其进一步受伤;注意让患者平卧并保持安静,如果有呕吐、无颈部骨折时,应将其头部侧向一边以防止噎塞;注意要动作轻缓地检查患者,必要时剪开衣服,避免突然挪动增加患者痛苦;救护人员既要注意安慰患者,自己也应尽量保持镇静,以消除患者的恐惧;注意不要给昏迷或半昏迷者喝水,以防液体进入呼吸道而导致窒息,也不要用拍击或摇动的方式试图唤醒昏迷者。

2. 现场急救技术

首先,人工呼吸。口对口(鼻)吹气法是现场急救中使用最多的一种人工呼吸方法,具体操作方法:将需要进行人工呼吸的伤员放在通风良好、空气新鲜、气温适宜的地方;解开伤员的衣领、裤带、内衣及乳罩,清除口鼻分泌物、呕吐物及其他杂物,保证呼吸道畅通;使伤员仰卧,施救人员位于其头部一侧,捏住伤员的鼻孔,深吸气后,将自己的嘴紧贴伤员的嘴吹入气体;之后,离开伤员的嘴,放开鼻孔,以一手压伤员胸部,助其呼出体内气体;如此,有节律地反复进行,每分钟进行 15 次。吹气不要用力过度,以免造成伤员肺泡破裂。吹气时,应配合对伤员进行胸外心脏按压。一般,吹一次气,作四次心脏按压。

其次,心肺复苏。胸外心脏按压是心脏复苏的主要方法,它是通过压迫胸骨,对心脏给予间接按摩,使心脏排出血液,参与血液循环,以恢复心脏的自主跳动。其具体操作方法:让需要进行心脏按压的伤员仰卧在平整的地面或木板上;施救人员位于伤员一侧,双手重叠放在伤员胸部两乳正中间处,用力向下挤压胸骨,使胸骨下陷 3～4cm,然后迅速放松,放松时手部离开胸部,如此反复有节律地进行。其按摩速度为每分钟约 60～80 次。

再次,止血。当伤员身体有外伤,出现出血现象时,应及时采取止血措施。常用的止血方法有以下几种。伤口加压法。这种方法主要适用于出血量不太大的一般伤口,通过对伤口的加压和包扎,减少出血,让血液凝固。手压止血法。临时用手指或手掌压迫伤口靠近心端的动脉,将动脉压向深部的骨头上,阻断血液的流通,从而达到临时止血的目的。止血带法。这种方法适合于在四肢伤口大量出血时使用。主要有布止血带绞紧止血、布止血带加垫止血、橡皮止血带止血三种。使用止血带法止血时,绑扎松紧要适宜,以出血停止、远端不能摸到脉搏为好。

最后,搬运转送。搬运转送是危重伤员经过现场急救后由救护人员安全送往医院的过程,是现场急救过程中的重要环节。因此,必须寻找合适的担架,准备必要的途中急救力量和器材,尽可能使用调度速度快、振动小的运输工具。

五、化学中毒应急技能

机体过量或大量接触化学毒物,引发组织结构和功能损害、代谢障碍而发生疾病或死亡者,称为中毒。中毒的严重程度与剂量有关,多呈剂量—效应关系;中毒按其发生发展过程,可分为急性中毒、亚急性中毒和慢性中毒。一次接触大量毒物所致的中毒,为急性中毒;多次或长期接触少量毒物,经一定潜伏期而发生的中毒,称慢性中毒;介于两者之间的,为亚急性中毒。有时也难以划分。这里我们主要给出的是机体受到化学毒物急性损害时所应采取的现场自救、互救、急救措施,一般不涉及就医后的进一步治疗措施。在现场急救中应重点注意以下五个问题。

第一,对自己。施救者自己要做好个体防护,佩带合适的防护用具。在确保自己不会再次中毒情况下,才能对他人施救。要分清中毒原因,根据不同中毒原因选择不同的施救方法。如对氰化物等剧毒物质中毒者,就不能选择口对口人工呼吸方式。不要因为自我防护或施救方式选择不当导致新的中毒。

第二,对他人。一是迅速将中毒者移至空气新鲜处,松开衣领和腰带,取出口中义齿和异物,保持呼吸道通畅;呼吸困难和有发绀者给吸氧,注意保暖。

第三,采用不同的施救方法。如果有呼吸、心跳停止者,应立即在现场进行人工呼吸和胸外心脏按压术,一般不要轻易放弃;某些毒物中毒的特殊解毒剂,应在现场即刻使用,如氰化物中毒,应吸入亚硝酸异戊酯;皮肤接触强腐蚀性和易经皮肤吸收引起中毒的物质时,要迅速脱去污染的衣着,立即用大量流动清水或肥皂水彻底清洗,清洗时应注意头发、手足、指甲及皮肤皱褶处,冲洗时间不少于 15min;眼睛受污染时,用流水彻底冲洗,对有刺激和腐蚀性物质冲洗时间不少于15min,冲洗时应将眼睑提起,注意将结膜囊内的化学物质全部冲出,要边冲洗边转动眼球;口服中毒患者应首先催吐,在催吐前给饮水500~600ml(空胃不易引吐),然后用手指或钝物刺激舌根部和咽后壁,即可引起呕吐。催吐要反复数次,直到呕吐物为饮入的清水为止。如食入的为强酸、强碱等腐蚀性毒物,则不能催吐,应饮牛奶或蛋清,以保护胃黏膜。食入石油产品也不能催吐。

第四,医院施救。迅速将患者送往就近医疗部门做进一步检查和治疗。在护送途中,应密切观察呼吸、心跳、脉搏等生命体征;某些急救措施,如输氧、人工心肺复苏等也不能中断。

第五,关于毒气泄漏。如果是实验室发生有毒气体泄漏,应立即启动排气装置将有毒气体排出,同时打开门窗使新鲜空气进入实验室。如果是吸入毒气造成中毒者应立即送往医院救治。

六、放射性损伤应急技能

放射性损伤是指在大剂量的照射下,放射性物质对人体存在的某种损害。例如,在400rad(辐射吸收剂量单位)的照射下,受照射的人有5%死亡;若照射650rad,则人中有100%死亡。照射剂量在150rad以下,死亡率为零,但并非无损害作用,往往需经20年以后,一些症状才会表现出来。放射性也能损伤遗传物质,主要在于引起基因突变和染色体畸变,使一代甚至几代受害。所以高等学校实验教学安全管理者要认识和掌握必要的放射性损伤的应急基本技能。这些基本技能具体如下。

一旦发现现场有放射性物质,第一是撤离有关工作人员,封锁事故现场,切断一切可能扩大污染范围的环节;第二是对可能受放射性同位素污染或放射损伤的人员,立即采取暂时隔离和应急救援措施并及时到医院检查;第三是迅速确定放射性同位素种类、活度、污染范围和程度;第四是在采取有效个人安全防护措施的情况下,组织人员采取彻底清除污染等处理措施。第五是一旦发生放射性事故,本着优先保护人身安全、切断来源、防止扩大的原则,积极采取妥善措施,尽量减少事故影响,迅速上报上级管理部门,并协助卫生、公安部门做好事故监测、分析、调查工作。

七、病原微生物污染应急技能

(1)如果病原微生物泼溅在实验人员皮肤上,立即用75%的酒精或碘伏进行消毒,然后用清水冲洗。如果病原微生物泼溅在实验人员的衣服、鞋帽上应立即停止工作,更换防护服后继续工作;如果病原微生物泼溅在实验室桌面、地面,立即选用75%的酒精、碘伏、0.2%~0.5%的过氧乙酸、500~10 000mg/L有效氯消毒液等进行消毒,停止工作撤出,对当事人隔离观察和预防治疗。实验室封闭24h后再消毒,间隔24h后可继续工作;如果病原微生物溅在生物安全柜内,可用消毒纱布遮盖,可继续工作。

(2)实验室发生高致病性病原微生物泄漏、污染时,实验人员应及时向学院及学校主管部门及保卫处报告,在2小时内向卫生主管部门报告,并立即采取控制措施,封闭被污染的实验室或者可能造成病原微生物扩散的场所;对接触者进行医学观察或隔离;进行现场消毒。

(3)如果实验人员意外吸入、意外损伤或接触暴露,应立即紧急处理。例如,工作人员操作过程中被污染的注射器针刺伤、金属锐器损伤,应立即实行急救。

一是用肥皂和清水冲洗伤口,然后挤出伤口的血液;二是再用消毒液(如 75％的酒精、2000mg/L 的次氯酸钠、0.2％～0.5％的过氧乙酸、0.5％的碘伏)浸泡或涂抹消毒,并包扎伤口(厌氧微生物感染不包扎伤口)。

思 考 题

1. 实验教学安全管理目标的内涵和外延是什么?
2. 制定实验教学安全管理目标的依据和要求是什么?
3. 实验教学安全管理的观念体系包含哪些观念?
4. 实验教学安全知识有哪些?
5. 实验教学安全应急技能有哪些?

第六章 实验教学安全管理主体

第五章讨论了实验教学安全管理目标,树立了实现实验教学安全管理离不开实验教学安全管理目标的理念,获得了实验教学安全管理的知识和掌握了实验教学安全管理的技能。而实验教学安全管理目标最终都是依靠人来实现的,即需要依靠管理主体来实现,依靠管理主体的引领、组织、指挥、协调、控制等来实现。所以从广义上讲,实验教学安全管理主体是指对实验教学客体有认识和实践能力的组织和个人,或者依法承担实验教学安全管理的组织和个人。实验教学安全管理主体是安全管理观念的载体,是安全管理过程的执行者和操作者,是实现安全管理目标的关键和核心。实验教学安全管理主体可以分为领导主体(领导者)、管理主体(管理者)、参与主体(参与者)三类。

第一节 实验教学安全管理领导主体

凡是有人类聚集的地方,就有领导主体的存在。一个组织的领导者,犹如一个交响乐队的指挥,他能影响乐队中每个成员才能的发挥,在他的指挥和统率下,整个乐队协调配合,才能奏出和谐自然、优美动听的乐章。实验教学安全管理要实现安全资源的有效利用、充分发挥有效作用,达到预期目标,同样需要领导主体。

一、实验教学安全领导主体的理解

1. 领导主体

领导,是领导者及其领导活动的简称。作为动词,"领导指的是一个动态过程,是个人对他人施加影响、鼓励、激励并指导他人活动,在一定条件下实现组织目标的行动过程"[①]。也就是说,领导不是一个静态事物,它是一个过程,实质上是一个行为过程,即所谓的领导行为。"而致力于实现这一过程的人,即施加这种影响的个人就是领导者。"[②]任何组织和团体,无论在哪个国家,无论其规模大小,总会有领导人,他们对内主持整个团体,对外代表团体的全部,是团体的象征。有的人认为领导"是引领大家共同实现组织目标的人"[③]。领导对其下属具有一定的影响力,影响力分为权力影响力和非权力影响力两种。权力影响力是指上级赋予领导者的职位权力,对下级的影响具有强制性和不可抗拒性。而非权力影响力是领导者自身的某些特殊条件具有的影响力,如领导者高尚的品格、非凡的才华等人格魅力。领导的非权力因素对下属更具有内在持久的激励作用。领导的目的是影响下属实现其所期望的目标,领导对其下属实施指导和影响,目的就是为了有效地实现组织既定目标,而这些目标体现了领导及其下属共同的价值观和动机、愿望和需求、抱负和理想。

①/② 张满林. 管理学理论与技能. 北京:中国经济出版社,2010.

③ 朱占峰. 管理学原理. 武汉:武汉理工大学出版社,2009.

领导主体是指依法取得一定职位,并通过所在职位权威和非权威性思想和行为的影响力,影响或者激励下属实现组织目标的专门组织或个人。这种从广义上定义的领导主体,包括几层意思:一是这种领导主体的取得是依法定条件和程序取得的;二是这种领导主体是处在一定岗位并取得一定职位的组织或个人;三是通过权威和非权威思想和行为对下级组织或个人思想行为产生影响;四是这种权威或非权威影响是为实现某一组织或个人目标的影响。从狭义上讲,领导主体就是指处于某一岗位最高层次,通过权威和非权威因素对他人思想和行为产生影响的专门人员,从这个角度来说,领导主体又可以称为领导者。

对于领导这一活动过程,实施是有其条件的。领导的实现条件有以下几点:领导是针对被领导者而言的,没有被领导者,没有群众就无所谓领导;领导必须对社会的某一群人的思想和行为具有一定的影响,不管这种影响是自然地影响一群人,还是迫使一群人服从;领导的最佳效用常常表现在人类思想、行为或团体生活的某个方面,而非全部。所以在某一团体内能很好地发挥领导作用的人,未必在其他团体中同样能很好地发挥领导作用。领导是在一定环境中实施的,离开特定的环境,就谈不上领导的结果。所以领导行为不仅要适应客观环境的要求,还应致力于改造环境。在特定的环境下采用适当的领导方式至关重要。根据这一思想,领导主体可以划分为思想领导主体、行为领导主体;根据领导所处的层次,可以分为高层领导主体、中层领导主体、基层领导主体;根据领导所承担的责任方面,可以划分为思想领导、政治领导、经济领导和文化领导;结合学校内部管理结构,可以划分为学校领导、学院领导、系科领导,至于如何划分和称谓才恰当,完全根据研究的需要而决定。

另外,还可以根据领导方式,将领导主体划分为四类:独裁型领导主体、民主型领导主体、关系导向型领导主体、任务导向型领导主体。[①] 其中,专制和民主是领导方式的两极。专制性的领导一般喜欢自己决定团队的一切,有的专制领导温和一些,他们自己提出问题和计划,允许下属提出自己的看法,使下属理解自己的目标和希望,但自己又掌握着最后的决定权。民主型的领导有着较强的民主意识,给予下属参与决策的机会更多、更广泛。民主型的领导主体是社会发展、团队管理的必然要求,是非常受群众欢迎的领导类型,但也必须视具体情况,考虑各种因素,在不同的时间、地点,不同的环境条件下,选择最切实可行、最有效率的领导方式。关系导向型领导主体把维护良好的人际关系放在领导过程的首要位置。关系导向型领导一般可以作为民主型领导看待,因为他们对人际关系极为重视,尊重人、信任人。任务导向型领导主体即把达到组织目标放在首要位置,工作是第一位的。另外按领导的权力基础分类,有正式领导和非正式领导;按领导活动的层级分类,有高层领导、中层领导和基层领导;按领导的活动领域分类,有政治领导、行政领导和业务领导等。

每个领导类型都各具特色,也各适用于不同的环境。领导主体要根据所处的管理环境、所处的领导层次以及下属的特点,在不同时空处理不同问题;对不同下属,采取有效的领导方式。

2. 安全管理领导主体

安全管理是指人类为有目的、有组织、有范围和有意识地防止或控制伤害事故或职业危害发生,或者为防止混乱、防止事故、防止伤害和防止损失(后简称"四防止")所从事的一切活动,或者简单定义为:人类为实现"四防止"所从事的一切组织、协调和控制活动。结合领导主体的定义,那么,安全领导主体则是为实现"四防止",通过自身的影响力来激励下属实现组织目标

---

① 张满林. 管理学理论与技能. 北京:中国经济出版社,2010.

的人。同样,安全管理领导的影响力也可以分为权力影响力和非权力影响力两种。权力影响力是指上级赋予领导者的职位权力,对下级的影响具有强制性和不可抗拒性。而非权力影响力是领导者自身的某些特殊条件具有的影响力,如领导者高尚的品格、卓越的才华、人格魅力等,这种影响力对下属的思想和行为更具有持久的影响和激励作用。安全管理领导主体既通过权力影响力,也通过非权力影响力,对下级成员的安全思想和行为产生影响。"权力影响力"也称为强制性影响力,它是由安全管理个人的职务、地位、权力等因素所赋予的,是依法取得的。"非权力影响力"也称为自然影响力,这种影响力与权利、地位无多大关系,主要由领导主体的品德、才能、知识和情感组成,非权力影响力是领导主体本身的行为造就的。非权力影响力对被影响者的作用是建立在信任、激励基础上的,以内驱力的形式起作用,在行为上表现为自觉、自愿、主动。非权力影响力在安全领导主体的影响力中占主导地位,起着关键作用。由此可见,要提高安全领导者的影响力,既要提高权力影响力,更要努力提高非权力影响力。安全管理领导主体通过自身的权力影响力和非权力影响力在组织内部树立安全理念,创建组织安全文化,激励员工的安全行为,实现组织安全的目标。

安全管理领导主体的最终目的是实现组织的安全目标,安全管理领导主体的任何安全管理活动都要围绕这个核心展开。宏观上有国家安全管理领导者、社会安全管理领导者、企业安全管理领导者、事业安全管理领导者;中观上有交通运输安全管理领导者、河道安全管理领导者、商业安全管理领导者、教育安全管理领导者、用火安全管理领导者、用电安全管理领导者等;微观上有街道安全管理领导者、环境安全管理领导者、体育活动安全管理领导者、教学活动安全管理领导者、课外活动安全管理领导者、宿舍安全管理领导者、实验教学安全管理领导者等。另外,按领导的权力基础分类,有正式安全管理领导主体和非正式安全管理领导主体;按领导活动的层级分类,有高层安全管理领导主体、中层安全管理领导主体和基层安全管理领导主体;按领导活动的领域分类,有政治安全管理领导主体、行政安全管理领导主体和业务安全管理领导主体;按领导管理范围分类,有学校安全领导主体、学院安全领导主体等。

安全领导主体与安全管理主体的区别。安全领导主体在安全管理活动中所表现出来的行为统称为安全领导行为,安全管理主体在安全管理活动中所表现出来的行为称为安全管理行为,安全领导行为与安全管理行为是有区别的,如表 6-1 所示。

表 6-1　安全领导与安全管理的对比

项目内容	安全领导	安全管理
基本职责	解决组织中战略性、方向性、全局性的问题	危险识别、安全评价、安全措施制定、安全控制、事故管理等任务
工作内容	确定安全方针、构建安全远景规划	制定安全工作日程,分配资源
人员组成	在组织中具有权力、地位和影响的人	从事安全管理工作职能的人,安全管理主体要多于安全领导主体
工作目标	激励员工实现组织的安全目标	完成安全生产活动,控制日常活动
行为特征	非反应性的,探索安全的思维和文化	反应性的,同别人一起解决安全问题,采取措施增强规范性,减少不确定性

从表 6-1 可以看出,安全领导主体的行为关乎全局性、方向性的安全问题,而安全管理主体更多是执行具体的行为,完成日常安全活动。安全领导主体处理的是突发性、非常规的问

题,安全管理主体一般处理常规问题、经常反复出现的情况。可见,对安全领导主体的要求高于安全管理主体。

3. 实验教学安全领导主体

首先,实验教学安全领导主体的内涵。站在不同的角度,实验教学安全领导主体的内涵不同。从动态要素角度来看,实验教学安全领导主体是为了实现实验教学活动的"四防止",从事影响、鼓励、激励并指导等方面活动的人,或在实验教学活动中,为实现实验教学"四防止"所从事领导活动的人。从动态过程的角度来看,实验教学安全领导主体是为了实现实验教学安全管理目标,对他人施加影响、激励并指导他人活动的人,或者说是以实验教学安全为目的,进行有关影响、激励、指导等活动的个人。站在学校管理层面来看,实验教学安全领导主体是为了保障学校实验教学活动的顺利开展而实施鼓励、激励并指导活动的人。

综上所述,实验教学安全领导主体运用现代安全管理原理、方法和手段,结合实验教学特点,制定实验教学安全管理的长远战略,树立实验教学的安全理念,构建实验教学安全管理文化,激励员工实现安全管理目标。实验教学安全领导主体的领导对象是实验教学过程中的所有人,对人进行引导和激励、指导,以保障实验教学安全开展为目的。

其次,实验教学安全领导主体的外延。就实验教学过程中的客体因素而言,实验教学安全领导主体可分为实验室安全管理者、实验设备安全管理者、实验教学安全管理者;就实验教学内容而言,实验教学安全领导主体可分为学生实验安全管理领导者、学生实习安全管理领导者、学生实训安全管理领导者等;就实验教学安全管理领导群体而言,有系科实验安全领导主体、学院实验教学安全领导主体、学校实验教学安全管理领导者、教育行政部门实验教学安全管理领导者等。

二、实验教学安全领导主体的特点

实验教学安全领导主体的存在是为了实现实验教学的顺利开展、确保广大师生的生命安全和学校的财产安全。实验教学安全领导主体这一特殊身份具有如下特点。

1. 领导的远见力

领导主体必须明白自己该往何处走,如果领导者不明白自己该往何处走,那么他就不可能到达目的地,其他任何人都不能。正如《圣经》上所说:"缺乏远见,人们就危险。"领导者脑海中有清晰的未来状态,这就是领导主体的远见力。领导主体能对组织的未来进行真实、可行和诱人的描绘,让人们预先看到一种比当前状态美好得多的愿景。例如,计算机专家比尔·盖茨一心想让计算机遍布每一间教室、每一个家庭,他所做的都是将精力专注于某项值得为之努力的、可以达到和实现的成就。愿景描绘的不是过去,也不是现在,而是将来的一种状态。借助于愿景,领导者就为组织现在与未来之间架设了一座至关重要的桥梁。

领导者的远见力离不开自身洞察力的培养,但领导者仅仅做到这一点还不够。因为领导者是属于一个组织或团体的带头人,所以领导者要从全局出发,考虑组织或团体的长期发展。在考虑大局的同时,领导者必须将工作重点指向结果。例如,对运动员来说,领导者的洞察力表现为如何让运动员在比赛中发挥出最高水平或夺取冠军;对军人来说,领导者的洞察力表现为如何让士兵击溃敌方并赢取这次战役的胜利;对一个组织来说,领导者的洞察力表现为对本组织或团体在将来某一阶段必须采取某些行动的个人预见能力。洞察力是构成领导者头脑的第一要素。洞察力是领导者的眼睛，它使领导者能够捕捉机会、转化风险。领导者是否具有一双敏锐的眼睛，将对组织的发展产生决定性影响。领导者在预见组织发展的未来时，要把握全局。成功的领导者能使整体大于部分之和，他们善于把握全局，并对各项工作承担责任和义务。做这些事情之前，领导者心中必须有一个明确的目标，并为这个目标不懈努力，领导者在强调目标的同时，必须让下属明白结果的重要性。领导者注重结果的好处是，可以创造出自己所希望获得的结果，因为结果是组织绩效的体现和证明，如果组织忽视结果，那么任何目标都没有存在的意义。

学校实验教学安全领导是一项复杂又艰辛的工作，事关全校师生生命、财产的安危，需要实验教学安全领导者全心全意地工作。它要求实验教学安全领导者具备敏锐的洞察力，能够捕捉隐患、转化风险，实验教学安全领导者是否具有一双敏锐的眼睛，将对实验教学的安全产生决定性影响。实验教学安全领导者不仅要注重全局，更要关注结果，并且要让下属明白结果的重要性，激励下属为完成实验教学安全目标而齐心协力。

2. 领导的感召力

下属总是仰慕和尊敬那些有生气、精神高昂、热情、自信和乐观的领导者。如果领导者自身没有一种强烈的激情，没有一种勇于拼搏的精神，就无法产生进取心；而缺乏下属的工作热情，领导者的进取心则无可依托，更谈不上实现目标。因此，成功的领导者总是个善于感召下属的人。富有成效的领导者会根据下属的特点而运用相应的领导方式，使其领导风格符合实际需要，他们知道根本就不存在最佳办法，只有最适合的领导方式。

有效领导的关键是看能否调整自己的风格以适应具体情况的需要。风格灵活指的是当人的因素以及任务要求有所改变时，领导者要及时调整自己的领导方式。当情况危急时，需要领导者在最短时间内做出决策，这个时候需的是"专制领导"，因为危及关头根本没有足够的时间来和下属一起讨论交流，征求员工的意见。当你要领导一群新人，他们都是应届毕业生，那么你就应该调整成一对一的领导风格。

集体的智慧比个人的才能要强大得多。善于感召的领导者总是努力营造一种团队的氛围以调动下属的智慧。三个臭皮匠，顶个诸葛亮。领导者相信，部门中的每个人都是重要的，是能够为该部门的成功做出不同贡献的。领导者和下属只有齐心协力，共同为实现组织的目标做出自己的贡献，才能真正实现既定的目标。拥有一支把自己当做组织主人的员工队伍是所有领导者梦寐以求的事。这样的队伍敢挑重担、能力无穷、热情无比。他们关心大局、积极主动、责任意识强、敢于尝试新观点、能独立解决问题。成功的领导者懂得使员工树立主人翁意识，懂得必须在精神上和经济上共下工夫。当员工认识到他们的努力能够发挥作用，认识到他们的工作对于组织目标的实现至关重要时，他们就会更加投入。要使他们全身心地参与，还必须让他们在经济上与组织共担风险、共享利润。

实验教学的安全不仅仅是领导一个人的事，需要全校上下师生共同努力，齐心协力，众志成城。实验教学安全领导者首先得有饱满的热情参与到实验教学安全管理工作中，以热情来感染、激励每一位实验教学安全管理者、参与者，通过实验教学安全管理者和参与者来实现实验教学安全的目标，以保障实验教学安全开展。除了热情，领导者要根据所领导的实验教学安全管理者、参与者的特点及学校的现行状况采取适合的领导方式，唯有如此，才能激发大家的聪明智慧、使其树立主人翁意识，把实验教学安全管理工作当做自己的事，把学校当成是自己的家，全身心地投入实验教学安全管理工作中。

3. 领导的权变力

世界上任何事物都处在变化中,静止是相对的,运动是绝对的、永恒的,世界上根本不存在一成不变的事物,"人不能两次踏进同一条河流"说的就是这个道理。领导主体所处的环境,无论是组织环境还是社会环境,都是瞬息万变、错综复杂、扑朔迷离的。因此,领导者必须善于运用权变力。成功的领导主体都是灵活、不教条、能够随机应变的人。土耳其近代史上最伟大的军事领袖凯末尔将军成功的主要原因之一在于,他能够不假思索地迅速放弃一套失败的战略,改用另一种方法,如果这种方法还不行,立即再换一种方法。凯末尔将军很少会抓住一个不会有结果的方法不放,他的目标仍然没有变,但是实施策略很有弹性。外部环境不断发生变化,不可能存在一种能适用于任何组织的方法和模式,没有"放之四海而皆准"的成功方法,领导者要根据组织所处的内外环境条件和形势的变化而随机应变。

在领导者的头脑中,没有永远适用的行动方案,他们只有根据形势的变化采取相应的行动方案。形势即使没有多大变化,领导者如果想摆脱困境,发展壮大自己,就需要抢先一步,引导形势发生变化。领导者要想做到这一点,必须具有远见力,善于敏锐和高瞻远瞩地观察形势变化,没有这一条,就谈不上是成功的领导者。领导者除了能够审时度势、争取先机,便是敢于自我否定、自我变化。这种自我否定并非是简单否定现有的陈旧方式,而是一种更高层次的否定;并非环境所迫,而是一种自我变革和提高。

英国的《太阳报》是一家有100多年历史的老报,它在竞争日益激烈的传媒领域始终立于不败之地。它凭借着不断否定自己、变革创新,使自己如太阳一样永不落下。走进《太阳报》的报业大楼,最醒目的两个字就是"变革"。可以说,《太阳报》的领导者已经把变化注入到他们的血液中去,他们把革新视作报纸的生命。若不创新,就很可能落后,落后就要挨打,商场是这样,战场、政坛都是如此。领导者要善于革新,不放过任何一个能够成功的机会,哪怕这个机会非常渺茫。

实验教学安全领导主体要善于根据实验教学安全的环境选择合适的管理策略,即使形势没有多大变化,也要高瞻远瞩,争取先机,敢于自我否定,提出新的安全管理策略。实验教学安全环境不是固定不变的,物质文化、制度文化、精神文化都处在不断变化之中,所以不存在一成不变的、长久适用的安全管理策略,实验教学安全领导者要学习英国《太阳报》的变革精神,把变革的精神注入到血液当中,才能永保师生的生命安全。

三、实验教学安全领导主体的作用

实验教学安全领导主体为了保障学校实验教学的安全开展,结合实验教学开展特点,而激励、引导员工实现实验教学安全目标。除了实验教学安全管理主体的方向引领、用人和示范作用外,实验教学安全领导主体的作用主要表现为指挥、协调、激励和沟通。

1. 领导的指挥作用

指挥作用是实验教学领导者最突出的作用。在学校安全管理活动中,安全目标的制定需要有领导者来指挥。有人将领导者比作乐队指挥,一个乐队指挥的作用是指挥演奏家,使其共同努力,形成一种和谐的声调。充当指挥作用的实验教学领导者,需要胸怀大家、高瞻远瞩,帮助组织成员认清所处的环境和形势,指明活动的目标和达到目标的途径,帮助大家最大限度地实现实验教学安全目标。领导者就是站在群体后面、推动群体的人,就是站在群体前面、鼓舞群体的人。领导者发挥指挥作用的途径有两条,一条是通过运用职位权力来影响下属的行为,一条是通过个人的魅力来影响下属的行为,使下属自觉地服从领导者的指挥。

2. 领导的协调作用

实验教学安全领导者的协调包括对外和对内的协调。对外协调是指领导者代表组织对外交涉,协调组织与外部组织的关系,维护组织的利益;对内协调既是对组织内部不同部门之间利益的协调,也包括对组织内部人员的协调。有着共同奋斗目标而从事不同工作的人员有着不同的性格、能力、地位、职位等,加上各种外部因素的干扰,同事之间难免会出现一些认识上的分歧,这时就需要领导者对人们之间的关系和活动进行协调,消除不必要的矛盾和障碍,以利于组织目标的实现。领导者发挥协调作用的主要手段就是沟通。只有通过沟通,才能了解人的想法和事件的真相。但要进行有效的沟通是比较难的,它需要领导者采用合适的沟通渠道、合适的沟通方式和选择合适的沟通时机。

3. 领导的激励作用

实验教学安全领导者通过激发员工的潜力,激励员工实现实验教学安全目标,激励员工共同努力来实现学校安全目标。领导者的本质就是通过影响师生激发师生工作的热情、端正师生的工作态度,从而有利于实现预期安全目标。对领导的对象来说,师生或下属是否响应领导的号召取决于下属的个体需求差异。这意味着实验教学安全领导者不仅要根据组织目标的需要和个人特征与能力的差异,将不同的人安排在适合的工作岗位上,为他们规定不同的职责和任务,还要分析他们的行为特点和影响因素,创造并维持一种良好的工作环境,以调动他们的工作积极性,改变和引导他们的行为。成功的实验教学安全领导者必须知道用什么样的方式有效调动下属的工作积极性。

领导者应当具备激励行为,无激励的行为是盲目而无效的行为。在实验教学安全领导中,领导者选择采用的激励行为有四种:工作激励、成果激励、批评激励及培训教育激励。工作激励是指通过分配适当的工作来激发师生内在的工作热情;成果激励是指在正确评估工作成果的基础上给师生以合理的奖惩,以保证师生行为的良性循环;批评激励是指通过有理有据的批评来激发师生改正错误行为的信心和决心;培训教育激励则是通过灌输安全文化和开展安全技术知识培训,提高员工的安全素质,增强其更新知识、共同完成安全目标的热情。

实验教学安全领导者在带领、引导和鼓励师生为实现组织实验教学安全目标而努力的过程中,尽管大多数人都具有积极工作的愿望和热情,但是这种愿望并不能自然地变成现实的行动,这种热情也未必能自动地长久保持下去。这是因为组织的强制力对某个人的作用,是会随着时间的推移和个人经验的增长而逐渐弱化的,而领导者的影响力也可能随着事情的发展而逐渐被淡化。当人们的学习、工作和生活遇到困难、挫折或不幸,某种物质的或精神的需要得不到满足时,就必然会影响工作热情。因此,为了实现组织的安全目标就需要有新的动力来激励师生。领导者激励师生的方式既可以是物质激励,也可以是精神激励,而且精神激励是更重要的激励。不同的人所需要的激励方式是不相同的,同一个人在不同的阶段所需要的激励方式也是不相同的。因此,领导者在对师生进行激励的时候,既要考虑到环境的特点,也要考虑到师生的需要。领导的激励功能在于能够给师生以有效的激励,使师生保持旺盛的工作积极性,以最大的努力自觉地为实现组织的安全目标而奋斗。

4. 领导的沟通作用

沟通是管理活动中重要的组成部分,是组织中所有领导者重要的职责之一。指挥、协调、激励等管理职能的执行,都必须通过相互间的信息传递才能够完成。在对师生进行领导的过程中,需要让师生朝同一个安全目标前进,但是每个下属的个人目标不一定与组织的安全目标完全一致,这个时候沟通就成了必不可少的一种领导方式。组织运行的效率需要领导者和师生之间建立有效的沟通渠道、选择恰当的沟通方式。可以说,沟通在实验教学安全管理活动中无处不在,沟通架起了人与人、人与事、事与事之间联系的桥梁。

沟通的方式也是纷繁复杂的,现在一般的沟通分为以下几种典型的方式:会见与面谈、演讲、倾听、书面沟通、会议、谈判。另外,按沟通的组织系统分为正式沟通和非正式沟通。正式沟通代表组织,较为正式和慎重;非正式沟通是指通过私人的接触来进行的沟通,这类沟通代表个人,较为随意,通常表现为成员之间私下交换建议和传播小道消息;按照信息载体划分,沟通可以分为言语沟通与非言语沟通。按沟通方向的可逆性分类,分为单向沟通和双向沟通。

沟通的目的是为了保证信息能够被信息接收者准确地理解,如果产生了误解,则无法保证沟通的完成。为了避免沟通中出现问题,实现沟通的目的,实验教学安全领导者需要掌握一些沟通技巧。在沟通前最好收集相关人员、事件的信息,根据此次沟通的目的,将可能出现的几种结果进行事前评估,做到有的放矢。不过根据事情的重要程度的不同,准备内容的详细程度、准备时间等都可以有所简化,有时可能就是事前简单地在头脑中回忆或者思考片刻即可。除了沟通前要有充足的准备之外,在沟通的过程中,要力求语言表达清楚,遵循清晰、简洁、明确的原则,准确明了地表达自己的意图,避免给对方带来误解的动作、语言。另外,要注意消除沟通中的紧张气氛,比如,开始聊一些轻松的话题,然后转入正题,或者选择非正式场合,都能有效地减轻下属的恐惧和不安。沟通架起了领导者和下属之间的桥梁,所以掌握沟通的技巧对领导活动的有效性至关重要。

第二节　实验教学安全管理主体

综观人类世界,无论何种社会组织、团体,除了有形和无形的组织、团体领导者外,还有形无形地形成了不少具体的管理者。没有具体的管理者,任何组织和团体都不存在管理活动;没有具体的管理活动,领导者的意图就难以变为现实,也就可能没有人类的发展。学校实验教学安全管理也是如此,它除了有自己的领导主体外,具体说或者从狭义上讲,它还有自己的管理主体。狭义上的实验教学安全管理主体是依法实现实验教学安全管理目标的具体实施者和保证者。

一、实验教学安全管理主体的理解

实验教学安全管理活动离不开实验教学安全管理者的具体计划、执行、检查和总结,具体管理者是将领导者的意图转变成为技术路径、实现预期安全管理目标的关键,管理者在实验教学管理活动中扮演着关键的角色。

1. 管理主体的内涵和外延

管理主体的内涵。要想知道管理主体的内涵,首先要明确管理的内涵。在日常生活中,人们对"管理"一词已司空见惯,并不陌生。那么,管理一词的含义是什么?"管理"的内容又有哪些呢?各学派研究的出发点与方法不同,对管理一词的理解也不同。现代管理理论的创始人、法国实业家法约尔于 1916 年提出的管理是"由计划、组织、指挥、协调及控制等职能为要素组成的活动过程"①。这是从管理的职能出发,说明什么是管理,同时也显示出管理是一个过程。被称为"科学管理之父"的科学管理理论的创始人、美国工程师泰勒认为,管理就是"确切了解你希望工人干些什么,然后设法使他们用最好、最节约的方法去完成它"②。这说明管理是一种具有明确目标、并授予被管理者工作方法、以求更好地达到目标的活动。美国现代管理学教授哈罗德·孔茨则认为,"管理就是设计并保持一种良好的环境,使人在群体里高效率地完成既定目标的过程。这一定义需要展开为:作为管理人员,需完成计划、组织、人事、领导、控制等管理职能;管理适用于任何一个组织;管理适用于各级组织的管理人员;所有管理人员都有一个共同的目标——创造盈余;管理关系到生产和效率"③。在这个描述性定义中,不仅强调了管理的服务职能,而且指出了管理的过程、性质和目的。美国现代管理学家斯蒂芬·P·罗宾斯则将管理定义为:"管理是一个协调工作活动的过程,以便能够有效率和有效果地同别人一起或通过别人实现组织的目标。"④在这个定义中,强调了管理的实质是协调,在管理的过程中协调处于核心地位,并提出了管理不仅要讲求效率,而且要讲求效果。以上定义,各有特色,给人以有益的启示。综合上述观点,对管理给出如下定义:管理就是通过计划、组织、指挥、领导和控制组织资源,以有效实现组织目标的过程。那么,管理主体就是为了实现组织目标,对组织资源实施计划、组织、指挥、领导和控制的人,管理主体等同于管理者。

管理主体的外延。在日常生活中,管理主体的范围很广,只要实施了计划、组织、指挥、领导和控制等职能的就是管理主体,如学校讲台上的专任教师,汽车装配线上的工人,保险公司的保险推销员,饭店的经理,工厂中的车间主任、部门经理,医院里的院长,政府机关中的处长,学校的校长等。管理活动遍布了生活的方方面面,身边存在许多管理主体。管理主体有时也包括组织中具有一定管理权的一般工作人员,如教学管理科室中的一般工作人员、住宅小区里的保安人员、在道路上梳理交通的交警等。管理者虽然有时也做一些具体的事务性工作,但其主要职责是指挥下属工作。

每个组织中都有各种各样的管理者,他们一般分布在不同的岗位上,可以按纵向的管理层次或横向的管理领域两种不同的标准对其进行分类。按照纵向的管理层次,可以把他们区分为高层管理者、中层管理者和基层管理者三类。高层管理者是指一个组织中最高领导层的组成人员。他们对外代表组织,对内拥有最高职权,并对组织的总体目标负责。他们侧重组织的长远发展计划、战略目标和重大政策的制定,以决策为主要任务,如公司中的董事长、总经理、副总经理,学校中的校长、副校长等。中层管理者是指一个组织中中层机构的负责人员。他们是高层管理者的决策执行者,负责制订具体的计划、政策,行使高层管理者授权下的指挥权,负责监督和协调基层管理者的工作,在组织中起承上启下的作用,如工厂中的车间主任、公司中的部门经理等。基层管理者是指面向基层操作,并负责管理基层组织日常活动的人员。他们的主要职责是接受上级指导并落实到基层,直接指挥和监督现场作业活动,保证各项任

①　韩岫岚. MBA 管理学方法与艺术. 北京:中共中央党校出版社,1998.

②　朱占峰. 管理学原理. 武汉:武汉理工大学出版社,2009.

③　哈罗德·孔茨,海因茨·韦里克. 管理学. 北京:经济科学出版社,1998.

④　朱占峰. 管理学原理. 武汉:武汉理工大学出版社,2009.

务的顺利完成,如企业中的班组长、生产车间的工段长等。以上三个层次的管理者统一决策、分级管理,共同保证组织的正常运行,以实现组织目标。作为管理者,无论他在组织中的哪一个层面上,都同样履行着包括计划、组织、指挥、领导和控制的职能。不同层次管理者在工作上的差别,并非职能本身的差异,而在于各项管理职能履行的程度和重点的差别。按照所管理的领域不同,管理者又可以分为综合管理者和专业管理者两大类。"综合管理者是指负责管理组织中若干类乃至全部活动的管理者。专业管理者是指组织中那些仅仅负责管理某类活动或职能的管理者。"①综合管理者必须有较强的整体意识,要善于抓主要矛盾。专业管理者要狠练专业基本功,做好专家治理,同时又要注意与其他部门密切配合,以利于组织整体目标的实现。

2. 安全管理主体的内涵和外延

首先是安全管理主体的内涵。在第二章提及的安全管理的内涵是要运用现代安全管理原理、方法和手段,分析和研究各种不安全因素,从组织、技术上等各个方面采取有力措施避免、控制或消除各种不安全或风险因素,防止事故的发生。安全管理所涉及的对象是人类生产活动中一切人、物、环境的状态。安全管理是研究人、物、环境自身或三者之间的协调性,进行计划、组织、协调和控制,采取法律制度、组织管理、技术、教育等综合措施,控制人、物、环境的不安全因素,以实现安全生产为目的的一门综合性科学。安全管理的基本目的是通过对风险预测或判断,采取有效措施避免事故产生而造成生命、财产或形象损失,或者说是人类"防止混乱、防止事故、防止伤害和防止损失的"四防止"行为。因此,我们认为,安全管理是指人类有目的、有组织、有范围和有意识地防止、控制伤害事故或职业危害发生所从事的一切活动。或者将其简单定义为:人类为实现"四防止"所从事的一切组织、协调和控制活动。结合管理主体的定义,那么安全管理主体则是为实现"四防止"所从事的一切计划、组织、指挥、领导和控制活动的人。

其次是安全管理主体的外延。安全管理者的最终目的是着眼于"防止和控制事故伤害或损失"或者"四防止",安全管理者的任何安全管理活动都要围绕这个核心展开。只要能够帮助人类实现"四防止"目标,采取计划、组织、指挥、领导和控制等职能的人都属于安全管理者。对于安全管理主体,宏观上如国家安全管理者、社会安全管理者、企业安全管理者、事业安全管理者;中观上如交通运输安全管理者、河道安全管理者、商业安全管理者、教育安全管理者、用火安全管理者、用电安全管理者等;微观上如企事业单位安全管理者、学校安全管理者、街道安全管理者、环境安全管理者、学校的体育活动安全管理者、教学活动安全管理者、课外活动安全管理者、宿舍安全管理者、实验教学安全管理者;站在法律角度,还可以分为依法承担责任的组织主体和自然人主体等。

3. 实验教学安全管理主体的内涵和外延

首先,实验教学安全管理主体的内涵。根据对实验教学安全管理内涵的认识,实验教学安全管理主体也可以有不同定义。从动态要素角度,实验教学安全管理者是为了在实验教学活动中实现"四防止",依法对人、物和环境实施有计划、有组织的安全管理活动的组织或个人,或者在学校的实验教学活动中,所有为实现实验教学"四防止"而从事管理活动的组织或个人。

---

① 朱占峰. 管理学原理. 武汉:武汉理工大学出版社,2009.

从动态过程的角度讲,实验教学安全管理主体是学校为了实现实验教学安全管理目标,依法进行决策、计划、组织和控制等活动的组织或个人,或者说是以实验教学安全为目的,进行有关计划、执行、检查和总结活动的组织或个人。站在学校管理层面看,实验教学安全管理主体是为了保障学校实验教学活动的顺利开展而实施有计划、有组织、有步骤、有条理的管理活动的组织或个人。总之,实验教学安全管理主体的内涵是运用现代安全管理原理、方法和手段,结合实验教学开展的特点、实验教学环境因素等,分析和研究各种风险因素,从技术上、组织上和教育培训上采取有效措施,避免或消除各种风险因素,防止事故发生的组织或个人。实验教学安全管理主体所涉及的管理对象是实验教学过程中一切人、物、环境的状态管理与控制。实验教学安全管理主体是研究实验教学中人、物、环境自身或三者之间的协调性,对三者进行计划、组织、控制和协调,在相关法律、法规、章程和制度规范下,从组织管理、技术和教育培训等方面采取综合措施,控制实验教学过程中人、物、环境的风险因素,以保障实验教学安全开展为目的的组织或个人。

其次,实验教学安全管理主体的外延。就实验教学开展过程中的客体因素而言,实验教学安全管理主体可分为实验室安全管理主体、实验器材安全管理主体、实验操作安全管理主体;就实验教学的过程而言,实验教学安全管理主体可分为学生实验室安全管理主体、学生实习安全管理主体、学生实训安全管理主体等;就实验教学安全管理主体群而言,实验教学安全管理主体可分为实验室教学安全管理主体、学院实验教学安全管理主体、学校实验教学安全管理主体、教育行政部门实验教学安全管理主体;就主体形态而言,有实验教学安全管理组织、实验教学安全管理个人;以对实验教学安全管理主体承担的责任情况为依据,可以分为实验教学安全管理的直接责任主体和间接责任主体。如在实验教学进行过程中,教师已经严格按照实验教学安全管理要求,向学生说明了实验安全必需的要求和程序,但是学生仍然擅自根据自己的主观设计程序开展实验,导致实验安全事故发生,教师承担的就是间接责任,学生就是直接责任主体。

二、实验教学安全管理主体的特点

特点是一个事物相较于其他事物而言的,研究特点有利于对该事物的认识。实验教学安全管理主体相对于领导主体和参与主体来说,实验教学安全管理主体处于计划、执行、检查和总结层面,将组织领导意图转变为具体操作技术,指挥参与者规范操作,实现预期安全目标。实验教学安全管理主体的所处地位和性质决定其具备以下特点。

1. 更强的责任心

责任心是指做好分内事的自觉性。具有责任心的实验教学安全管理者,会认识到自己的工作在组织中的重要性,把实现组织的目标当成是自己的目标。实验教学安全管理主体的责任心关系到整个学校的财产安全,关系到广大师生的生命安全,所以具备责任心是实验教学安全管理主体最重要的特点。只有具备责任心,实验教学安全管理主体才会尽心尽力、尽职尽责、集中精力地去完成安全责任工作。一个人的责任心如何,决定着其在安全工作中的态度,决定着其安全管理工作的好坏和成败。如果一个人没有责任心,即使有再大的能耐,也不一定能做出好的成绩来。有了强有力的责任心,才会认真地思考,勤奋地工作,细致踏实,实事求是;才会按时、按质、按量完成安全管理任务,圆满解决工作中遇到的安全问题;才能主动处理好相关工作,从学校安全大局出发,以安全工作为重,有无监督都能主动承担责任而不推卸责任。

2. 积极的进取心

进取心是一种不满足现状、积极向上的心理品质。人类如果没有进取心,社会就会永远停留在一个水平上,正如鲁迅先生所说:"不满是向上的车轮。"社会之所以能够不断发展进步,一个重要的推动力量,就是拥有这只"向上的车轮",即常说的进取之心。具有积极的进取心的人,渴望有所建树,争取更大更好的发展,为自己设定较高的工作目标,勇于迎接挑战,要求自己工作成绩出色。有积极的进取心表现为有好胜心、主动学习、自我发展。科学的管理根植于科学的知识,知识来自学习,来自积累,来自内在的强烈愿望。实验教学安全管理主体的日常工作非常繁杂,涉及实验教学的每个环节,如果管理主体不注意对安全管理知识的学习,不注意对相关安全技术的不断总结和创新,就很可能落入应付具体繁杂事务的境地而无法自拔,从而影响实验教学安全管理的质量与效率。因此,对于如何做一个科学而高效的实验教学安全管理主体而言,具备积极的进取心、能够主动学习是至关重要的。

3. 强烈的事业心

"事业心"是指对工作进行有目的、有系统的思考,敢于与善于创新,百折不挠地做有规模、有效益、有影响,对国家、社会、民族有贡献的成就之心。强烈的事业心是实验教学安全管理主体成长进步、成就事业的动力源。事业心对提高实验教学安全管理主体的能力、增强实验教学安全管理的有效性十分重要。事业心源于对教育事业的热爱之情,热爱教育事业、热爱自己的本职工作,是完成教育大业的前提。所以实验教学安全管理者要善于学习教学安全管理知识,改善知识结构,增强创新意识,提高个人修养和工作能力。有事业心的实验教学安全管理主体特别是个人,认为事业的成功比物质报酬和享受更为重要,他们不拒绝合乎法理的物质报酬和享受,但事业成功的振奋和喜悦胜于其所获得的那种报酬和享受,这是充分发挥主体在实验教学安全管理活动中主动性、积极性、创新性的前提。

三、实验教学安全管理主体的作用

1. 计划作用

计划是指管理主体为实现组织目标对工作所进行的筹划活动。实验教学安全管理主体根据实验教学特点和学校自身情况,制定出某一阶段的奋斗目标,通过计划的编制、合理调配组织资源,使安全目标得以实现。计划职能是管理主体的首要职能,要想将工作做好,无论大事小事都不可能缺少事先的筹划。虽然准确地预见未来是很难的,人们无法预料和控制的因素可能会干扰制订得很好的计划,但是如果没有计划工作,结果就会是听天由命。计划就是为所处的现状和达到的境界之间铺路搭桥,是为一个组织或个人的未来确立目标并制订实现该目标的方案。

计划是实验教学安全管理中最基本、最首要的职能。计划必须在管理主体的组织、指挥、协调、控制活动之前出现。没有计划,就没有安全目标、任务和措施,管理主体的组织、指挥、协调、控制等活动就成为"无本之木"。计划是实验教学安全管理活动中各项工作的中心,各项工作都围绕计划进行,最终要保证实现计划的目标。计划能充分调动、安排有限的资源,保证学校能最优化地实现其安全目标。

计划有广义和狭义之分。广义的计划是指计划的产生、执行、管理和控制的过程。狭义的计划是指具体的某项计划的制订,即确定目标及实现目标所需采取的手段。实验教学安全管理计划具有如下特征:明确的目标性、效益性、预见性。计划有助于消除过程的隐患或对未来的风险进行有效辨识、消除或控制。计划的要素是指计划工作的基本内容。以"5W1H"来概括,即 Why,为什么要做,原因和目的是什么;What,做什么,确定活动和内容;Who,谁去做,实现人员安排;Where,在何处做,实现空间定位;When,在什么时候做,解决时间定位;How,怎样做,制订出实施方案。

2. 组织作用

组织作用是实验教学安全管理者为实现组织目标而建立与协调组织结构的工作过程。组织作用一般包括:设计与建立组织结构,合理分配职权与职责,选拔与配置实验技术人员,推进组织的协调与变革等。合理、高效的组织结构是实施管理、实现安全目标的组织保证。因此,不同层次、不同类型的管理者总是或多或少地承担不同性质的组织职能。

3. 领导作用

这里的领导是从管理这个角度来谈的。在社会实践中,特别是在基层,领导和管理很难区别。甚至可以说,领导就是管理,管理就是领导。所以这里领导指的是一个动态过程,是个人对他人施加影响,鼓励、激励并指导他人活动,在一定条件下实现安全目标的行动过程。实验教学安全管理者的领导职能一般包括选择正确的领导方式、运用权威、实施指挥、激励下级、进行有效沟通、制定目标、用技术引领、合理选择实验操作人员等。凡是有下级的管理者都要履行领导职能,不同层次、类型的管理者领导职能的内容及侧重点各不相同。领导职能是管理过程中最关键的职能,它和行政职能一起发挥着重要作用。

4. 控制作用

用著名管理学家哈罗德·孔茨的话说,"计划与控制是管理的一对双生子。"控制职能是指实验教学安全管理者为保证实际工作与计划中制定的目标一致而进行的活动。实验教学安全管理主体的控制职能一般包括制定标准、衡量工作、纠正出现的偏差等一系列工作过程。工作失去控制就要偏离目标,没有控制很难保证目标的实现,控制是管理者必不可少的职能。控制有事前控制、过程控制和事后控制。但是,不同层次、不同类型的实验教学安全管理者控制的重点内容和控制方式则是有很大差别的。

控制是一项重要的实验教学安全管理职能。实验教学安全控制首先与计划是密不可分的。离开了控制,一切目标都只能成为空想。控制和组织中的其他各项活动也是分不开的,没有控制就难以保证一切活动都按照计划进行。因此,在组织各个层次的实验教学安全管理中,实验教学安全控制都起着重要作用。

实验教学安全控制和计划是密不可分的,它们的关系具体表现在以下几个方面:实验教学安全计划为控制提供衡量的标准,没有计划,控制就成了无本之源;同时,实验教学安全控制又是计划得以实现的保证,没有控制,实验教学安全计划就等于是一纸空谈。实验教学安全计划和控制相互依赖,计划越明确、全面和完整,控制工作就越好进行,而控制越准确、全面和深入,就越能保证计划的顺利执行。

第三节　实验教学安全管理参与主体

安全管理,人人有责。只要人人有一份责任心,从我做起,相信就能大大减少甚至避免安全事故的发生,保证组织的安全运行,所以在实验教学安全管理过程中,参与实验教学的每个自然人或微型组织都是参与主体。

一、实验教学安全管理参与主体的理解

1. 安全管理参与主体的内涵和外延

安全管理参与主体的内涵。参与是指以第二或第三方的身份加入、融入某件事之中。后面跟的宾语一般是表示集体活动的"工作、领导、运动、谈话、计划、讨论、处理"等词。参与主体就是以第二或第三方的身份加入、融入某件事之中的人。参与主体的范围很广,比如,葛一楠和方琪举行婚礼,那么应邀参加婚礼的亲戚、朋友、同事都属于参与主体。同样,安全管理参与主体是在其权利义务范围内加入到安全管理工作中的每个人或者小组,安全管理的基本目的是通过对风险预测或判断,采取有效措施避免其转化为事故,造成生命、财产或形象损失,或者说是人类防止混乱、防止事故、防止伤害和防止损失的"四防止"行为。因此,我们认为,安全管理参与主体是指有目的的、有组织、有范围和有意识地防止或控制伤害事故或职业危害发生所从事的一切活动的组织或个人,或者简单定义为:为实现"四防止"而参与到相关活动中的组织或个人。

安全管理参与主体的外延。从广义上说,从安全管理的内涵可以得知,只要参与了安全管理活动的人,都属于安全管理参与主体。那么,领导者、管理者和所有员工都是参与主体。对学校而言,学院、系科所有的实验领导和管理人员都是参与人员;对学院而言,系科实验领导和管理人员、师生就是参与人员。从狭义上讲,就是除了实验教学安全领导者和管理者之外的广大教师、学生和有关实验教学工作人员。

实现学校安全管理是法律的要求。《安全生产法》第七条规定:"工会依法组织职工参加本单位安全生产工作的民主管理和民主监督,维护职工安全生产方面的合法权益。"全员参与企业的安全管理,也是企业制度的要求,从企业领导者、管理者到员工,人人都有安全管理的责任,人人都要签订安全生产责任书。在安全问题上,提倡全员参与,符合以人为本和和谐、平等的安全理念,而且最大限度地避免各种不安全因素,无疑给企业的安全增加了一道"安全阀"。同样,在学校,特别是坚守在教育特别是教学第一线的教师和学生,他们对教学工作环境、仪器设备运行、操作的程序等都应当最熟悉,对可能发生安全事故的环节最有发言权和行为权。所以在实验教学安全管理中,充分发挥他们参与实验教学安全管理的积极性、主动性和创新性,发挥全员、全程、全要素的参与作用,才是学校从根本上避免安全事故发生的重要保证。

2. 实验教学安全管理参与主体的内涵和外延

实验教学安全管理参与主体的内涵。实验教学安全管理所涉及的对象是实验教学过程中一切人、物、环境的状态管理与控制。实验教学安全管理研究实验教学中人、物、环境自身或三者之间的协调性,对三者进行计划、组织、控制和协调,在相关法律、行政法规及章程制度规范下,从组织管理、技术和教育培训等方面采取综合措施,控制实验教学过程中人、物、环境的风

险因素,以保障实验教学安全开展。所以学校实验教学安全管理参与主体是指依法或者依据实验教学需要组织参与,或者自行参与实验教学安全管理的组织或个人,或者是为保障实验教学的安全开展而参与相关活动的组织或个人,如在学校实验室,参与项目实验的小组和本小组的每一位教师和学生。

实验教学安全管理参与主体的外延。实验教学安全管理的参与主体涉及校内外参与主体,他们以不同的方式参与到实验教学安全管理活动中。校外参与主体主要有家长、公众、政府教育行政管理部门、新闻媒体等。校内参与主体是相对而言的,如学校相对学院、系科而言,仅从自然人角度,有学院实验教学安全领导者、管理者、教师、学生等,其中学生和教师是主要力量。这里重点探讨校内的实验教学管理参与主体。

实验教学安全管理工作需要学院领导主体的重视,领导参与能从资金、政策、战略方向上给予支持,对工作效果起到推动作用,领导是安全的第一责任人,因此,学院领导者是排在首位的,是落实的第一步;实验教学安全管理主体是安全管理的中坚力量,肩负着大量的实验教学安全管理工作,需要他们以身作则,组织相关责任人员一起为实验教学的安全作贡献,管理者是落实实验教学安全管理责任的核心;人人都是安全保护的对象,人人都是实验教学安全责任的承担者。教师和学生应充分发挥实验教学安全管理的作用,积极承担实验教学安全管理应有的责任,这样才能体现实验教学安全管理的全员、全面和全程参与,确保实验教学安全管理目标的实现。

二、实验教学安全管理参与主体的特点

1. 参与主体的主动性

主动性是实验教学安全管理参与主体的重要特点。主动性很强的参与者,对工作有很深的认识,可以自觉规划和控制自己的行为,并能够千方百计地达到预期目标。主动性会有不同的强度,自发的意愿意识属于最简单的主动性,而长期坚持、不懈努力则是最高强度的主动性。

以全球知名产业为例,可以发现主动性的重要性。宝洁以管理人才的培养而著称,在全球拥有一致的人才培养体系,它在大学校园的人才招聘理念,甚至对中国前20所高校都有着深远影响,宝洁衡量与筛选候选人标准的第一项就是"主动性与跟进到底";微软凭借创造的财富和影响,可能是过去20年全球最具影响力的公司,比尔·盖茨将微软的成功归功于强大的组织,微软引进人才的标准是"聪明与自我激发的动力"。所以"主动性"都成为这些成功企业寻求人才的首要标准。为什么主动性能够成为知名企业寻求人才的标准,原因就是为了成功。主动性是达到成功的基本愿望和动力,有了主动性,离成功更近。

缺乏主动性的人,每天只会按照作息时间来上班,感觉无所事事,领导吩咐什么就做什么,没有自己的工作规划,只会埋怨上司对自己不关心或不支持,没有更高的目标来实现。而具有主动性的人,除了完成领导布置的工作和本职工作外,还会自觉围绕目标的实现去创新工作,根本不需要领导催促,因为其总有实现不完的目标,永远不会让自己虚度光阴、无所事事。有较强主动性的人会对自己的成果有较高的预期,主动为自己制定具有挑战性的目标,如果主动性非常强烈,那么一定会坚持到底,不达目标誓不罢休。

在管理方面,虽然个人的主动性对他人的作用有时显得微小,但是对整个组织而言,有时一个主动性,如一个合理的建议,一次细微的发现、改进,对组织产生的影响则可能无法衡量甚至是革命性的。学校实验教学参与者处于实验教学第一线,对实验教学过程中的安全问题最

有发言、建议权和参与改进等管理的权利,在安全管理过程中,充分发挥他们的优势,为他们的这些基本权利享受创造良好的条件,激发他们自觉主动提出对安全的意见、建议,发挥他们在安全管理中应有的作用,他们就会自觉为实验教学安全工作的顺利进行尽心尽职,从我做起,才能够为充分保障全校师生的生命安全贡献自己的微薄力量。

2. 参与主体的使命感

马克思曾说过:"作为确定的人,现实的人,你就有规定,就有使命,就有任务,至于你是否意识到这一点,那是无所谓的。这个任务是由你的需要及其与现存世界的联系而产生的。"[①]使命是客观存在的,不以人的意志为转移,无论你是否愿意接受,无论你是否意识到,是否感觉到它的存在,这种使命伴随人的出生而降临到每个人身上。使命感,即人对一定社会、一定时代、社会和国家赋予的使命的一种感知和认同。使命的意义是什么?人为什么要承担使命?自己的使命是什么?人应该通过怎样的努力,以怎样的实际行动去实现自己的使命?对这些问题应深入思考和感知。并在这种使命感的指导下,完成自己的使命,实现人生的价值。

参与主体的使命感是学校赋予参与实验教学的教职工和学生对自身使命的感知和认同。实验教学安全的保障,不仅要依靠实验教学领导者和管理者的努力,更离不开参与实验教学师生的具体支持、拥护和实践。使命感是实验教学安全管理参与者前进的永恒动力,它能承载和透彻理解学校实验教学的安全理念,能够清晰地认识和实现实验教学的安全目标,能够将理念层面的东西转变成具有操作意义的行为,能够把实现学校实验教学安全目标作为己任,并在工作中努力实践,付诸自己的一言一行,达到预期安全目标。

如日立建机(中国)有限公司的产品是挖掘机,在中国市场上获得了很大的成功。日立人有这样一个特点,在制造挖掘机的过程中都怀有同样的心情,即这是我的机器。而对大型机器,哪一台机器交给哪位客人使用,每个职工都非常清楚、明白。每当机器需要升级改造时,参与制造改造的所有人都会抱着同样的目标,即一定要造出比以前更先进、更安全的机器。阿里巴巴的创始人马云常对员工说:"你们不是来帮马云打工的,你是来为的目标——'做世界最好的公司',是为了这个目标来奋斗,而不是帮我个人。"这就是"使命感"。

同样的道理,实验教学管理参与者中教师的目标不仅仅是教书育人,实验教学管理参与者中的学生不仅仅是为了简单操作求证假设,参与者的教师和学生都应当有着共同的目标,即为了提升学校的办学水平、维护学校的形象,为了使学校培养具有创新精神和实践能力的高级专业人才,最终从根本上为了教师和学生的自身更好的发展目标。这个最终目标应当成为教师和学生从内心认同并自觉维护和努力奋斗的目标。为这个最终奋斗目标自觉行为,才能产生自己分内应尽的责任,才能产生内在的自觉性,去实现自己人生的价值。

三、实验教学安全管理参与主体的作用

1. 营造良好的安全氛围

制度化管理是实现安全实验教学的主要道路,但仅依靠实验教学领导主体和实验教学管理主体制定制度,通过制度管理是远远不够的。安全管理离不开全校师生特别是参与实验教学的师生的自觉参与,全校师生的安全意识没有提高到一个自觉层面,没有通过全校师生共同

---

① 中共中央马克思恩格斯列宁斯大林著作编译局.马克思恩格斯选集第1卷.北京:人民出版社,1972.

参与并形成一个学校良好的安全氛围,确保实验教学顺利进行的愿望则很难实现。以良好的实验教学安全文化熏陶人,对全校参与实验教学的师生潜移默化,才能使实验教学安全行为成为一种习惯,成为终生受益的行为。

实验教学安全管理参与者的积极参与,有利于营造入眼、入耳、入心的安全氛围,使广大师生的安全意识明显提高,让实验教学安全成为每个人的安全新理念,使整个实验教学安全管理工作由"要我安全"转变成"我要安全",为保障实验教学的安全开展奠定了良好基石。如果把安全比作学校实验教学发展的生命线,那么良好的安全氛围就是这个生命线中的血液,就是实现实验教学安全管理的灵魂。搞好实验教学安全氛围建设,有助于改变人的精神和道德风貌,有助于提高学校的实验教学安全管理水平。

2. 避免或减少安全事故的发生

据有关资料统计分析,绝大多数工伤事故都是因为职工违反操作规程或安全意识较差造成的。一些新进入企业工作的职工,由于没有经过专业的技术培训和职业教育,对所要从事的生产过程和设备操作是十分陌生的;另外疏于安全检查、侥幸心理也是产生安全事故的原因。因此,新进入职工进行必要的岗前培训显得十分重要。同时,定期开展安全生产专项培训,提高广大职工的安全生产意识,杜绝违章行为发生,维护生产秩序。同样,实验教学安全事故的发生也有类似的原因:参与实验教学的师生不了解实验操作规程,安全意识薄弱,对安全问题存在侥幸心理等。要减少安全事故的发生,一要对参与师生进行安全行为教育和培训,加强他们的安全意识;二是定期检查实验室、抽查实验室存在的安全隐患,及时采取措施排除或者控制安全隐患,参与实验教学的师生在实验过程中自觉学习安全法规,严格操作规程,及时自觉发现隐患和排除或者控制隐患,这样才能够从根本上消除或者避免安全事故的发生。

有这样一首歌《众人划桨开大船》的部分歌词:"一根筷子呀,轻轻被折断,十双筷子牢牢抱成团;一个巴掌呀,拍也拍不响,万人鼓掌哟,声呀声震天。"团结就是力量,众人划桨开大船。有了参与实验教学安全管理的师生的精诚团结,并自觉参与发现和排除实验教学安全隐患,学校实验教学的安全运行才有根本保证。

总之,为实现实验教学"四防止",离不开实验教学领导主体的指挥、协调、激励和沟通,少不了实验教学管理主体的计划、组织、领导和控制,缺不了人数居多的实验教学安全管理参与者的大力支持、拥护和主动的具体行为。实验教学安全开展是领导者、管理者和参与者三个主体共同协作努力、共同奋斗的结果,三者缺一不可。

思 考 题

1. 实验教学安全领导者的特点是什么?
2. 实验教学安全领导者与实验教学安全管理者的区别是什么?
3. 实验教学安全管理者的作用有哪些?
4. 实验教学安全参与者的外延是什么?

第七章　实验教学安全管理对象

对象是指"行动或思考时作为目标的人或事物"[①],是在工作中面对的客观实体。对象既是工作的目标,同时也是体现工作实效的具体现象。实验教学安全管理对象就是在实验教学安全管理中作为管理的人以及实验教学安全管理的环境。只有认清了实验教学安全管理的具体对象,才能更好地实施实验教学安全管理,创建稳定的实验教学安全管理环境,为实验教学提供安全支撑,并保障实验教学的顺利开展。在这一章将具体探讨实验教学安全管理对象,认识实验教学安全管理对象的构成,了解并掌握实验教学安全隐患与事故。

第一节　实验教学安全管理对象

认识和了解实验教学安全管理对象的内涵、外延和特点,是全面认识实验教学安全管理对象的前提和基础。为此,实验室安全管理有必要在研究管理对象内涵、外延和特点的基础上进行。

一、安全管理对象

1. 安全管理对象的内涵

安全管理对象是以安全管理主体的语言、行为指向为目标,即指向的人、事物、场景等,是安全管理主体依法承担的责任所指的客体因素。首先,安全管理对象是作为管理目标而存在的因素,是安全管理活动的指向。在安全管理活动的过程中,随着安全管理实际的需要,管理目标会随着管理流程的深入而演化,伴随管理主体的不同而不断更改,管理对象也会在管理过程中发生变化。其次,安全管理对象是作为安全管理主体存在的条件因素,没有管理对象的存在,安全管理主体的存在就失去了价值。再次,安全管理主体在开展安全管理活动的过程中,会根据不同的条件和需要不断地调整自己的指向、不断进行资源整合,使其在安全管理中充分发挥自己的作用。最后,安全管理主体是否能够充分发挥作用,其重要表征体现在是否能够通过调动、协调各方面的力量,充分发挥这些资源在安全管理过程中的作用,为实现安全管理目标服务。

2. 安全管理对象的外延

就安全管理过程涉及的对象而言,安全管理对象可分为计划对象、组织对象、控制对象等。就安全管理的指向因素而言,安全管理对象可分为人、财、物、时间、空间和信息。人,既是安全管理的主体,也是安全管理的主要客体,是安全管理过程中的核心、关键,是安全管理的首要对象,是安全管理的根本。人安全的标志是身体和心理健康、卫生。财,是安全管理开展的物质保障,是研究在安全管理过程中如何有效地运用资金,让安全管理经费切实体现在安全管理行为过程中,促进安全活动的顺利进行。物,是安全管理活动中的客体,也是安全管理活动进行的物质基础。物是生产和安全管理促进(削弱)的媒体,管理活动中物的研究是探讨物在生产

---

① 现代汉语小词典(第五版).北京:商务印书馆,2008.

过程中如何保证物本身的安全,以及物对人的安全、健康的影响,因此,物是安全管理的基础。物的安全标志为物本身的安全和使用的安全。时间,是用以描述物质运动或事件发生过程中的一个参数,在安全管理过程中,随着季节、环境的变化以及设备设施改变而发生性状变异,因此,在安全管理中需要随时关注时间因素的变动,在不同的时间可能发生不同的事故。空间,是事物的组成部分,是运动的表现形式。在安全管理过程中有人活动的地方,都可能涉及安全管理。信息,是管理活动开展的智能因素,是在安全管理活动中不断积累、总结的经验教训。安全管理活动是一个渐进并不断完善的过程,需要持续地学习、总结并完善管理活动。在这些不同人、财、物、时间、空间和信息中如何进行安全管理活动,促进安全管理的顺利进行等都是值得研究的重要课题。

二、实验教学安全管理对象

1. 实验教学安全管理对象的内涵

实验教学安全管理对象,是指实验教学安全管理主体因实验教学安全管理需要而依法承担的管理责任指向,或者实验教学安全管理的客体因素,包括人和事物。首先,实验教学安全管理对象是与实验教学安全管理目标紧密相关的范畴。在实验教学安全管理过程中,如果离开了实验安全管理目标,包括通过规划论证出实验教学安全管理所要达到的阶段性目标以及每一阶段的具体目标,实验教学安全管理就可能失去方向。失去目标的安全管理要达到预期效果是困难的,甚至是不可能的。其次,实验教学安全管理对象是一个宽泛的概念。在实验教学安全管理过程中,管理目标所指向的人或事物相对说来是广泛而不确定的。换句话说,不是简单的人、物两要素,而是动态的、极其复杂的更多要素。在这一阶段,人是安全管理目标,例如,在实验教学安全管理的某一阶段中,主要目标是教育学生形成一定的安全认识,学生即是安全管理对象;而在下一阶段,物又成了安全管理目标,例如,在实验教学前期需要保障实验教学设备、器材安全可靠,那么设备、器材就是安全管理对象;或者再过一段时间,环境却成了安全管理目标,如在实验教学过程中实验室布局是否合理,消防通道是否畅通,实验室的防火、通风措施是否完善等,环境因素就成了安全管理对象。因此,概括起来,实验教学安全管理对象是指学校实验教学安全管理主体结合实验教学安全需要指向的人、财、物、时间、信息、空间和事件。该定义包括的基本含义有以下几点:一是实验教学安全管理主体语言、行为的指向;二是实验教学安全需要的指向;三是这种指向是指实验教学安全需要的人、财、物、时间、空间、信息和事件。

2. 实验教学安全管理对象的外延

实验教学安全管理对象从不同视角有着不同的划分。就安全管理过程涉及的客体因素而言,实验教学安全管理对象一般可以分为人、财、物三个大的方面。人是实验教学安全管理的主体,同时在一定条件下也是安全管理的客体。这里的“人”主要是指参与实验教学的教师和学生,教师包括在实验教学过程中的管理者、实施教学的实验教师等,学生主要是指参与实验教学过程的学习者。随着高等教育改革的深入,越来越多的课程开设了实验项目,实施了实验教学,参与实验教学的学生范围也日益扩大。这里的“财”主要是指用于实验教学安全管理的经费。安全管理活动是一项系统、全面、细致的工作,充足的经费是开展安全管理活动的有力保证。这里的“物”主要是指实验教学过程中所涉及的实验仪器设备、房舍条件和实验所需材料等。这些实验仪器设备等按其价值的大小可分为一般仪器设备、重要仪器设备、大型仪器设备等,设备按学科使用可大致分为工科仪器设备、文科仪器设备、生物医药仪器设备等,对不同类型的仪器设备有着不同的安全管理制度及措施。

就安全管理流程的开展而言,实验教学安全管理对象可分为计划对象、组织对象、指挥对象、协调对象、控制对象、管理对象和目标对象。下面仅对计划对象、控制对象、管理对象和目标对象作介绍。计划对象是在实验教学安全管理计划阶段时考虑的目标因素,是与安全管理计划相联系的对象因素,如在实验教学安全管理计划中安排的安全讲座、管理者制定的安全管理制度、实验教学课堂的安全操作程序、实验操作中学生的安全操作流程等。控制对象是在实验教学安全管理活动中针对可能产生危险的事物所采取的预防措施指向的客体目标,是与预防措施相联系的对象因素。例如,化学实验中的酸、碱、盐等化学药品,工学实验中的大型仪器设备,这些物本身就具有相当大的危险隐患,在安全管理活动中需要专门针对它们制定具体的管理措施,更为有效地为实验教学安全服务。管理对象主要是实验教学安全管理活动中所涉及的群体,包括学生和教师群体,这些群体既是实验教学开展的主体因素,也是实验教学安全管理的对象因素。学生不同于一般对象,他们具有独立的思想、行为,是动态的对象,在安全管理活动中必须充分考虑学生的特点,结合新时代大学生的年龄及特征拟定适当的管理制度,采取适宜的管理方式,既要充分发挥学生的主动性,又要保障实验教学活动的安全进行。目标对象是与实验教学安全管理活动的特定时段相关的一个范畴,是在安全管理活动中为达到一定目的时所采取的措施指向的客体事物,如实验场地的安排,对实验室整体设计、布局的规划,实验室中实验设备的放置等。根据不同标准,可以划分出不同的实验教学安全管理对象。

3. 实验教学安全管理对象的特点

实验教学安全管理对象作为实验教学安全管理活动的目标事物,具有以下特点。

第一,具有明确的指向性。实验教学安全管理主体要开展有效的管理工作,其中就应当围绕目标,明确管理的对象,只有明确的管理对象才能够充分发挥自己的主体作用。一般条件下,明确的对象就是人、财、物或者时间、空间和信息等,但是,它不是一般对象,而是有着安全内涵的管理对象,直接服务于实验教学安全管理。实验教学安全管理对象要么是具体的人物对象,如参与实验教学的管理者、教师、学生;要么是具体的实验需要物质,如实验器材、实验设备;要么是具体的实验环境,如实验设备布局、实验室分布体系、实验安全文化建设等;要么是有关安全的信息,包括安全事故信息等。实验安全管理对象的指向要清楚、具体和明确。

第二,服务对象的明确性。只要是进行管理,就有管理对象;只要有管理对象,就存在服务对象。实验教学安全管理对象也具备这一特点,但是这里的服务对象不同于一般服务对象。实验教学安全管理对象的主要任务或者基本功能就是为实验教学安全服务,例如,实验室内的消防器材,尽管具有服务于消防对象的特点,但它们不是一般的消防对象,而是直接为实验教学过程中发生的火情服务,服务目的非常明确,它们与实验教学安全管理活动紧密相关,直接为实验教学安全管理服务。实验教学安全管理对象是实验教学安全管理活动中重要的管理因素,是构成实验教学安全管理的重要组成部分。实验教学安全管理对象充分体现在实验教学安全管理活动各个方面和环节中,同时也能促进实验教学安全管理活动顺利进行。

第三,核心对象是人。实验教学安全管理各环节、各方面都涉及管理对象的诸多要素。但是,其中实验教学安全管理所涉及的物、财、信息、时间、空间、事件相对来讲都是静态的,这些相对静态的对象最终都要靠人来支配,管住了人,其实也就管住了其他诸多要素。所以实验教学安全管理的对象从实际和本质上讲,核心对象是人,控制了人也就控制了其他各个对象。

第二节　实验教学安全管理的一般对象

在不同角度和层面,实验教学安全管理对象是由不同要素构成。结合实验教学安全管理的实际需要,实验教学安全管理核心层面,其管理对象是人、财、物。人是参与实验教学安全管理的教师和学生,财是实验教学安全管理所需的经费,物是实验教学安全管理所涉及的基本物质。

一、参与实验教学的教师和学生

1. 参与实验教学的教师、学生的内涵和外延

首先,参与实验教学的教师的内涵和外延。教师一词有两重含义,既指一种社会角色,又指这一角色的责任承担者。对教师内涵的理解也有广义和狭义理解两种。广义的教师是泛指传授知识、经验的人;狭义的教师系指受过专门教育和训练的,并在学校教学中依法担任教育特别是教学工作的专业人员,或者教师是指受过专门教育和训练的,在学校中向学生传递人类科学文化知识和技能,发展学生的体质,对学生进行思想道德教育,培养学生高尚的审美情趣,把受教育者培养成社会所需要人才的专业人员。实验教学教师是狭义范畴的教师中更狭义的一类,即受过专门实验教育和训练,在实验教学中引导学生独立思考,独立操作验证书本已有知识或学生自己提出的假设,或者体验科学知识,培养和发展学生的创新精神和实践能力,以塑造学生在社会生活、工作中的良好行为习惯,把学生练就成适应社会实际需要的具有创新精神和实践能力的高级人才的专业人员。实验教学教师与实验教学活动紧密相关。实验教学教师是教师概念中更具体的专业类别,是教师系列的一员,但又不同于其他的教师成员。随着国家对应用、创新型人才要求的提高,实验教学在学校教育中的地位日益凸显,因为它能更快速、更直接地提高学生的应用创新性技能,强化学生的社会适应性,同时也更利于培养学生的创新精神和实践能力。而实验教学开展范围的扩大也使得实验教学教师队伍日益壮大。

按不同的标准,可以对实验教学教师的外延作不同的区分。按学科性质来说,有工科、理科实验教学教师,随着文科实验教学的逐步推行,有了大量的文科实验教学教师;按实验操作内容层次来说,可分为从事验证性实验操作的实验教师、从事创新性实验操作的实验教师、从事综合性实验操作的实验教师等;按实验教学开展的场所来说,有在实验室、实训车间开展教学的实验教师和在社会生活环境开展教学的实验教师。这些不同的划分都是按不同的标准、不同的角度去认识实验教学教师概念的结果的。

其次,参与实验教学的学生的内涵和外延。学生一般指正在学校或其他地方(如家中、军队等)接受教育的人,而在研究机构或工作单位(如医院)学习的人也自称学生,以前与学生的性质相似的还有徒弟、弟子等。参与实验教学的学生是指依法取得资格和条件进行实验学习、实习操作、实践训练的对象群。学生是在教师指导下,以课堂理论知识为支撑,通过具体假设、程序设计、验证或试错等环节,充分利用实验器具或者在具体的实验环境中运用所学知识,了解、认识并掌握知识运用的效果,实际体验知识的应用或者创新的价值并形成个体的技能,同时通过实验过程探求知识的未知领域,培养、发展自己的创新精神和创造能力。参与实验教学的学生群体是学校学生范畴下的一个部分。传统教学偏重理论学习,强调课堂教学地位,突出学生对知识的背诵和对基本概念及原理的掌握,而实验教学强调自主学习,强化学生理解并实际运用知识发现问题、分析问题和解决问题的能力,突出的是学生的创新精神及发散思维的培养。在学校教育改革的逐步推进过程中,实验教学的步伐逐渐深入到更多的学科领域,因而为

学生的发展提出了历史性的要求。

2. 参与实验教学的教师、学生的特点

实验教学是与理论教学相对的一种教学方式，是为了培养学生的创新精神和综合实践能力，同时强化学生的理论知识而开展的应用和研究型教学实践活动。参与实验教学的教师、学生一般是在理论教学基础上进行实验教学，他们具有一般理论教学的对象特点：教师为主导，学生为主体，学生通过教师的引导去理解人文社会、自然科学等知识。同时，由于实验教学的实践性、系统性、综合性等实际环境的影响，参与实验教学的对象——教师、学生，又具有与其他教学活动的差异性，有自己的特殊性，只有认识了这些特殊性，把握它们的具体特点，才助于更好地理解实验教学的对象。具体来说，参与实验教学的教师、学生的特点如下。

第一，具有一定的学科理论知识基础。实验教学开展的目的是培养学生发现问题、分析问题和解决问题的综合能力、实践技能。综合能力的培养是在一定的知识基础上进行的。实验教学一般都是在进行了一定阶段的基础教学、学生已经掌握了专业理论知识的基础上开展的。实验教学中的教师必须具有所开设实验教学课程阶段前期丰富的理论知识基础，熟知在实验教学中所涉及的知识原理，对基础理论知识有深入、透彻的理解和把握，能够引导学生发现问题、分析问题、提出假设，并进行实验程序的设计。进入实验教学学习阶段的学生一般都应当是在进行了相应的理论知识学习，了解、认识了相关学科实验课程基础的内容、方法，掌握了学科实验课程的基础知识和基本要求后进行的。

第二，体现实际的操作能力。学校实验教学目的重在知识的实际应用，主要是通过亲身体验，检验学科书本知识在实际运用中产生的效果，并通过直观的现象或实际的变化过程认识事物，理解其中的知识原理，从而形成个体的智慧和技能，产生新的思维或者探讨新知识的冲动，发现或产生新的知识。参与实验教学的教师需要有较强的创新思维和实际操作技能，对实验教学过程中的操作对象有全面、系统的认识并能熟练地进行操作、运用，才能为学生起到示范作用。参与实验教学的学生主要是通过模仿学科实验设计，或者模仿教师的示范操作，探讨或验证学科知识，亲自体验，培养自己进一步探讨新事物的兴趣，为自己成为具有创新精神和实践能力的人才奠定基础并逐步形成个体智慧和技能。

第三，需要较高的随机应变能力。实验教学的过程主要是在实验室中进行的，师生所面对的学习环境相对于理论教学更复杂多样，实验对象、实验器材、实验药品以及实验室的布局环境等都各不相同。在实验教学开展过程中，由于各方面条件的变化或者人的因素等，都可能产生意想不到的结果。因而，参与实验教学的教师和学生需要随时警觉，应对在具体环境中可能产生的各种风险因素，具有临危不惧、不乱，有序处置各种突发因素的基本素质和能力。

二、实验教学安全管理经费

1. 实验教学安全管理经费的内涵和外延

经费即事业经办的费用，是工作开展的保障，也是促进工作前进的动力。实验教学安全管理中的经费是安全管理对象三个基本环节中的重要一环，是管理对象中人与物的沟通渠道。在实验教学安全管理活动中，如何调动人员、激发管理人员的工作积极性，如何保持安全设施、设备的正常运行，如何让安全管理活动有序开展等，都离不开经费的支撑。实验教学安全管理经费是运用在实验教学安全管理领域的资金总称，是用以支撑实验教学安全管理活动顺利开展的财力保证，包括财政预算投入、自有资金投入、实验教学管理部门的常规费用开支等。

　　实验教学安全管理经费是一种专项费用,它具有专项资金使用的特色。所谓专项资金,是国家或有关部门、上级部门下拨的具有专门指定用途或特殊用途的资金。这种资金都会要求进行单独核算,专款专用,不能挪作他用。在当前各种制度和规定中,专项资金有着不同的名称,如专项支出、项目支出、专款等,并且在包括的具体内容上也有一定的差别。实验教学安全管理经费即专项资金的一种,是在学校实验教学安全管理中的专项支出费用,是学校财务部门拨给实验教学安全管理部门,用于实验教学安全管理活动,并需要单独报账核算的资金。实验教学安全管理专项经费包括仪器设备购置费和维护费、原材料采购费、环境改造经费,安全管理教师培训费等。至于应当罗列多少实验教学安全经费项目,完全根据会计法规的有关规定确立。

　　2. 实验教学安全管理经费的特点

　　实验教学安全管理经费有如下三个特点。

　　第一,实验教学安全管理经费主要来源于财政或上级单位的专门款项。实验教学安全管理经费作为实验教学领域的一种专项事业费用,它是学校专门为实验教学的开展所划拨经费中的一项,主要来源是学校资金,所以在进行学校资金预算安排时,实验教学的主管部门必须全面、深入地衡量在实验教学安全管理中需要的经费开支,做出资金预算,为安全管理的实施提供财力保证。

　　第二,实验教学安全管理经费用于特定的安全管理事项,用于服务实验教学安全运行。实验教学安全管理经费属于安全管理的专项资金,需要专款专用,要让它真正应用于实验教学安全管理活动,保证实验教学安全管理人员的配备、培训,安全器材的购置及维护,为实验教学安全运行服务等,不得用于其他开支。

　　第三,实验教学安全管理经费需要单独记账和核算。实验教学安全管理经费必须在会计账簿中进行单独列项,单独核算、审计,特别是通过单独审计,审计专项资金是否真正用于了实验教学安全管理活动,单独核算安全管理经费的使用效益,以此作为下一年度专项经费预算的重要依据。

　　3. 实验教学安全管理经费的管理和使用

　　实验教学安全管理经费的管理和使用参照专项资金的管理办法,专款专用。具体来说,在经费的管理中突出以下原则。

　　第一,集中财力,突出重点。实验教学安全管理经费要处理好重点投入和常规投入的关系,保证实验教学安全管理的重点和常规维护的经费相结合,防止过分集中用于支持实验教学领域的安全管理活动,也防止过分分散使用经费,不利于提高实验教学安全管理的有效性。

　　第二,分类支持,多元投入。根据实验教学学科及实验室的具体环境特点,分别采取学校资金投入、企业援助、实验室建设专项资金投入等方式,发挥学校专项资金的引导作用,带动企业资金参与和实验室建设项目及实验项目投入相结合,营造多元的安全经费投入环境,共同促进实验教学安全管理水平的提高。

　　第三,科学安排,优化配置。要严格按照实验教学安全管理活动开展的目标和任务,结合实验教学重点特别是国家、省、市和学校实验室建设的需要,做到发展和维持相结合,科学合理地分别编制和安排实验教学安全管理经费预算,杜绝经费安排的随意性。

　　第四,独立核算,专款专用。实验教学安全管理经费应当纳入单位财务统一管理,独立核算,确保专款专用。对安全管理经费的管理和使用应当建立面向结果的追踪问责机制。

第五,加强监督,规范管理。实验教学安全管理经费中项目经费按全额预算、过程控制和成本核算进行管理,项目经费的使用实行承担部门主要负责人及活动具体实施负责人双重负责制。

三、实验教学安全设备、设施

1. 实验教学安全设备、设施的内涵和外延

实验教学安全设备、设施是在实验教学过程中长期或者反复使用,预防实验教学安全事故发生的实物形态,或者维持实验教学基本功能正常发挥的物质资料的总称。该定义有四个方面的含义内容:一是维护实验教学安全的设备、设施;二是具有预防安全事故发生的设备、设施,或者维持实验教学基本功能正常发挥的设备、设施;三是包括所有能够预防或者维持实验教学正常进行的设备、设施;四是与实验教学安全管理紧密相关,为实验教学安全管理服务,保障实验教学安全开展的其他设备、设施。

根据不同的划分依据,实验教学安全设备、设施可以分为不同的类型。在工作实际中,通常根据设备、设施的性质,分为实验教学安全常规设备与特殊设备。在日常实验教学安全管理中应用的设备即常规安全设备,如安全装备、一般消防器材、避雷装置、漏电装置、防火材料、换气装置、消烟装置、温控装置、危险品隔离装置、一般安全事故应急设施等;特殊安全设备是在特殊应用环境中使用的安全器材,如在生化实验环境中应用的防毒器材、特殊消防器材、危化品管理库房、毒气报警装置、辐射预防和检测装置等。

2. 实验教学安全设备、设施的特点

实验教学安全设备、设施的根本目的是为实验教学的安全保障服务,而实验教学涉及的学科专业课程门类广泛,开展实验教学的过程复杂、多样,实验教学安全设备、设施的范围相应也较为广泛。具体来说,实验教学安全设备、设施具有以下特点。

首先,体现鲜明的学科特性。实验教学安全设备、设施是为具体的学科教学服务,不同学科的实验教学活动对环境、场地的要求都各不相同,安全设备、设施的配置要充分考虑实验教学的学科特性,为教学的顺利开展服务。如理工科实验教学重在学生的个体能力培养,实验场所、实验环境多要求学生实际操作、体验。实验安全设备、设施需要灵活放置,要能方便处理局部地域的事故隐患或进行小范围的安全施救,有关设备、设施就要充分体现理工科特点。就是理工科具体学科也有明显的区别,如生化实验教学安全和物理实验教学安全就有明显的区别,其配备的设备、设施也应当有区别。

人文社会学科的实验教学重在对学生社会活动能力的培养,这些学科的实验教学开展一般是在相关组织领导的支持下进入社会,在真实环境中进行实验,或者在实验室模拟现实社会活动进行实验。这类实验重点是对新观念的贯彻进行实地或者模拟实验,是对新观念、新思想进行验证或获得社会认可的实验。这类实验,因活动范围大,安全保险系数高的交通运输工具就成了开展实验教学必备的设施,充分体现了社会科学对实验设备、设施需要的学科性特点。

其次,为实验教学安全开展服务。实验教学安全设备、设施的直接目的是为实验教学顺利开展服务。任何实验教学的开展都是在实际应用环境中进行的,不管社会实际环境还是实验室环境。比如,理工科的实验教学,既可以到工厂车间进行,也可以在学校实验课堂进行,实验教学过程需要相应的安全设备、设施予以保证,否则实验教学就不能够顺利开展。所以实验教

学安全设备、设施的直接目的不是理论的抽象需要,而是实验教学的实际物质需要,是实验教学得以达到预期目标的必要条件。

　　3. 实验教学安全设备、设施的管理内容

　　实验教学安全设备、设施的管理内容比较丰富,既有观念层面的内容,也有技术层面的内容。仅以技术层面为例,主要包括以下几方面内容。

　　第一,合理配置。设备、设施的配置需要结合实验教学的环境特点,以及实验教学开展的具体情况,综合考虑适用、经济的安全设备、设施。设备、设施的配置管理主要是在实验教学建设的计划阶段进行考虑。在实验教学建设的规划过程中,学校管理部门要针对实验教学安全的需要进行整体规划,对实验场所的安全设施、设备进行总体设计,如设备数量、设备目标、设备性能、设备质量等,结合实验室建设工程的整体目标,综合平衡,统筹思考,让设备、设施尽可能发挥最大的作用。

　　第二,正确布局。实验教学过程是一个复杂、多变的系统过程,设备、设施的布局要结合实验教学学科特点和科学流程进行考虑。比如,将重型设备布局在单独区域,如空气锤的使用,其响声及震动很大,其巨大的声音可能影响其他教学,强烈的震动可能震坏其他设备、设施;各种音乐艺术方面的设备也应布局在相对僻静的地方,以免其乐声吵人等。

　　第三,科学安装。实验设备、设施安装的专业性要求比较高,既要求实用,又要求安全。安装不科学合理,本身就会留下安全隐患。例如,机械加工实验中需要的车床设备,其安装要求具有一定的角度、距离、要整齐、有序,有利于操作使用,有利于安全;生化实验室实验设备安装要有适当的距离,要求实验室宽敞、明亮和通风,具备药瓶、试管、制剂、用水装置等。所以设备的安装应该在安全管理部门的指导下,由专业安装公司进行,安装完成后需要安全管理部门实地验收后才能正式投入使用。

　　第四,定期检修,随时维护。安全设备、设施的检修、维护必须定岗、定人、定责任,必须细致、耐心、坚持。实验教学管理部门要配置或者安排专门人员,承担专门责任对安全设备、设施定期检修,随时监控设备的运行状态,进行维护。安全设备、设施的运行过程管理是不间断进行的,要坚持进行完整的设备运行记录,定期分析运行情况,及时发现设备运行中可能出现的不安全因素并做好预案管理,对设备、设施要进行定期检修,随时清理、维护,保证任何时间任何条件下,切实做到设备、设施零隐患,安全运行。

第三节　实验教学安全管理的特殊对象

　　在实验教学安全管理对象中,除了参与实验教学的教师和学生、经费和设备、设施等这些一般对象外,还有其特殊安全管理对象,即信息、时间和空间。因为任何实验教学安全管理,都离不开信息、时间和空间。

一、实验教学安全管理信息

　　1. 实验教学安全管理信息的内涵和外延

　　信息是信息论中的一个术语,常常把消息中有意义的内容称为信息。1948年,美国数学家、信息论的创始人香农在题为"通讯的数学理论"的论文中指出:"信息是用来消除随机不定性的东西。"控制论创始人维纳认为"信息是人们在适应外部世界,并使这种适应反作用于外部世界的过程中,同外部世界进行互相交换的内容的名称"①。经济管理学家认为"信息是提供决策的有效数据";还有的认为,信息的概念可以概括为"信息是客观世界中各种事物的运动状态和变化的反映,是客观事物之间相互联系和相互作用的表征,表现的是客观事物运动状态和变化的实质内容"②。纵观这些不同的定义,基本启迪是信息来源于客观事物运动变化的过程,反映了事物发展过程中客观性、本质性的要素。所以概括起来,信息的定义可以是"客观存在的一切事物通过载体发生的消息、情报、指令、数据及信号中所包含的一切可传播和交换的知识内容""信息是表现事物特征的一种普遍形式,或者说信息是反应客观世界各种事物的物理状态的事实之组合"③。对信息内涵的分析,有助于对实验教学安全管理信息的认识和理解。

实验教学安全管理信息是在实验教学安全管理中客观存在的,是实验教学活动通过载体发生的消息、情报、指令、数据及信号中所包含的一切可传播和交换的知识内容。或者说实验教学安全管理信息是反映实验教学安全管理过程中客观存在的各种物理状态的事实之组合,是在实验教学领域中涉及安全管理的各因素的运动状态和变化的反映,是安全管理对象事物间相互联系和作用的表现,是体现出安全管理过程中各种客观的消息、情报、指令、数据等内容的东西。实验教学安全管理信息是对实验教学安全管理流程中的状态和变化的描述,它所涉及的是关于安全管理领域的客观存在。

由于实验教学领域的宽泛性及安全管理因素的复杂性,对实验教学安全管理信息以不同标准进行界定,可划分为不同的类型。

从价值形成的角度进行分类,可将信息分为三类。第一类,通过信息传播,接受者可以无偿获得收益的信息,如无线和有线广播、网络、电视等途径传播的各种实验教学安全广告,法规、方针、政策、预警和事故信息等。第二类,通过需求者进行社会或者现场调查获得,并为调查者带来一定收益的信息,如实验教学安全设施、设备信息,教师、学生可以作为学习、研究和借鉴的信息等。第三类,专门部门、专业人员为了一定的经济和社会利益专门生产出来用于销售的信息,如社会上各种大量的书籍报刊,以及各种计算机软件中包含的实验教学安全信息。

按照信息的发生领域,可将信息分为物理实验教学安全信息、生物实验教学安全信息和社会实验教学安全信息三类。物理实验教学安全信息研究无生命世界的信息,如实验设施、设备反映出来的信息;生物实验教学安全信息研究生命世界的信息,如各种生物体所折射的信息;而社会实验教学安全信息研究社会上人与人之间交流的信息,包括一切人类社会运动变化状态的描述。

另外,按照信息的逻辑意义来划分,分为真实实验教学安全信息、虚假实验教学安全信息和不定信息。按照信息的记录符号来分,分为实验教学安全语声信息、图像信息、文字信息、数据信息(包括多媒体信息)等。按照信息产生的先后和加工深度划分,分为零次实验教学安全信息、一次实验教学安全信息、二次实验教学安全信息、三次实验教学安全信息。按照信息的时间性,分为历史实验教学安全信息、现时实验教学安全信息和预测实验教学安全信息。按照主体的观察过程来分,分为实在实验教学安全信息、先验实验教学安全信息和实得实验教学安全信息。按照信息的载体性质来分,分为实验教学安全电子信息、光学信息、生物信息、文献信息、声像信息和实物信息等。

---

①/② 唐燕. 扩招后的学生教育与管理. 广州:中山大学出版社,2002.

③ 隋鹏程,陈宝智,隋旭. 安全原理. 北京:化学工业出版社,2005.

不同的划分类别是从不同的角度对实验教学安全信息的不同认识,要准确把握实验教学特点,正确认识实验教学安全管理信息,就必须从以上的不同角度对所获信息进行全面分析,从而进行有效的安全管理活动。

2. 实验教学安全管理信息的收集和储存

实验教学安全管理是一个系统、全面的过程,在这个过程中会涉及各个方面的管理对象,如学校管理者、教师、学生、实验员、实验场所、实验器材、实验物品等,这些对象在实验过程中还会随着实验教学的开展过程而发生变化。要确保实验教学的安全进行,就必须对这些对象的全面信息进行及时、正确的认识,对平时实验教学过程中各种安全管理信息进行收集、储存。那么,如何做好安全管理信息的收集、储存呢,具体可以从以下三方面入手。

首先,善于运用大众媒介渠道。现代社会信息交流越来越快捷、便利,报纸、杂志、广播、电视等传统媒介与互联网、论坛、手机报等现代媒介交相辉映,大量的信息充斥在生活的空间中,只要善于做个生活有心人,就能不断通过这些媒介渠道发掘出大量有用的实验教学安全信息。

其次,重视和教学过程参与对象的交流。"凡事听过不如见过,见过不如干过",只有亲历践行的人才能得出最实际的体验,与他们多交流才能获得更多的实验教学安全信息。

最后,善于辨识和积累。信息社会的重要体现是沟通渠道多样、信息容量暴增。但这些信息五花八门,各式各样,如何从这海量的信息中去粗取精、去伪存真,需要信息管理者具有敏锐的信息眼光,以发现信息中有用的因素并不断累积,构建具有自身特点、促进实验教学安全管理的信息库,为提高实验教学安全管理水平服务。

3. 实验教学安全管理信息的筛选和使用

实验教学安全管理是全过程的管理,是计划、执行、检查和总结,或者计划、组织、指挥、协调和控制的所有过程,其管理对象的发展变化、社会环境的发展变化,都可能为实验教学安全管理留下大量的复杂信息。从这些纷繁复杂的信息中抽取对实验教学安全管理最有用的信息,需要对收集和储存的大量安全管理信息进行分析、分类、筛选和有效地概括、提炼,从中找出最有价值的信息,指导实验教学安全管理的预警、预防和救助行为,才能够取得预期的实验教学安全管理效果,达到预期的实验教学安全管理目标。

在现代信息社会里,有条件的学校,应当积极创造条件,建立实验教学安全管理信息平台,为各级实验教学安全管理提供全方位的安全信息网络服务。

二、实验教学安全管理时间

1. 实验教学安全管理时间的含义

时间是用以描述物质运动或事件发展过程的一个参数,是事物变化的一个阶段,是事物运动的一个维度。事物的变化发展离不开时间,时间中也体现着变化的永恒性。在实验教学安全管理过程中,时间是管理的重要方面,时间管理是安全活动的基本要求。高尔基说过:"世界上最快而又最慢,最长而又最短,最平凡而又最珍贵,最易被忽视而又最令人后悔的就是时间。[①]"时间管理就是在同样的时间消耗下,为提高时间的利用率和有效性而进行的一系列控

---

① 李来宏. 时间管理知识全集. 北京:金城出版社,2007.

制工作。时间管理就是克服时间浪费,为时间的消耗而设计的一种系统程序,并选择一切可以利用的科学方法及手段,以使结果向预期目标尽量靠拢。实验教学安全中的时间管理就是在实验教学安全管理过程中,强调在有限的时间内,提高实验教学安全管理利用率,克服时间浪费,结合实验教学安全活动的开展以及环境设备的变化,及时利用有限的时间控制安全隐患,防止安全事故发生,或者及时处理安全事故,防止事故扩大等。实验教学是一种重在学生实际参与、操作的教学活动,在这个过程中,参与主体、实验环境对象、实验项目开展等在不同的时间会有不同的表现,在不同实验环节出现什么安全隐患或者发生什么安全事故无法精确预测,这就增加了实验教学安全管理的难度,这种难度确定了时间管理的价值,确立了实验教学安全管理要在极短的时间内做到"快、稳、准"。在一定条件下,时间就是生命,时间就是效率。凡是发生实验教学安全事故,按照应急预案,都要求有关领导和管理责任人第一时间到达现场组织救助,这就是时间管理的"快、稳、准"问题。在实验教学安全管理活动中,对管理对象的分析要在具体的时间环境里进行,对实验器材、实验药品的安全判断要结合时间特点,随着时间演化深入进行动态的安全判断。

2. 实验教学安全管理时间的掌握和利用

如何利用有限的时间达成最安全的管理绩效,如何在实验教学安全管理中进行时间的高效掌控,可谓"仁者见仁,智者见智"。不过归纳起来,大致有以下四种。

第一,实验教学安全管理"备忘录"法。简言之,就是写纸条。这种备忘录可以随身携带,忘了就把它拿出来翻一下。当一天的工作结束后,做完的安全事情就在备忘录上划掉,没完成的安全事情,急需的应当立即补充做完,相对不急需的就增列到明天的安全工作备忘录上。

第二,实验教学安全管理"规划与准备"法。具体操作方式是,使用安全工作记事簿来做好时间规划。在安全工作记事簿上制定时间表,记录应该做的安全事情,标明应该完成的期限,如注明安全会议、安全检查、隐患排除的日期安排等。

第三,实验教学安全管理"制定优先顺序"法。这种方法就是将每天的安全工作活动写在纸上或者输入计算机,甚至自己的手机,详细地制定出优先顺序规划表或组织表。该方法主要强调安全的轻重缓急而安排出完成的时间顺序,基本目的是提高安全管理工作效率。对于安全管理问题,哪些该急办哪些该缓办,这要靠管理者的经验和智慧加以辨识和判断。

第四,实验教学安全管理"一切行动以安全目标为中心"法。这种方法强调的是超越传统,追求更快、更好、更有效率的观念。它不是"换一个时钟"的问题,而是要确定一个安全管理的目标。因为走得快并不重要,走得快有可能要走很多弯路甚至导致更大的失误,而方向正确才是最重要的。怎么走,不是盲目求快,而是如何向安全管理目标靠近。换句话说,就是在每一天的安全管理行动中、每一个时段的安全管理行动中,包括有关安全的决策,隐患发现、排除或控制行动,都要向安全管理的目标慢慢靠拢。

三、实验教学安全管理空间

1. 实验教学安全管理空间的含义

空间是具体事物的组成部分,是运动的表现形式,是人们从具体事物中分解和抽象出来的认识对象,是绝对抽象事物和相对抽象事物、元本体和元实体组成的对立统一体,是存在于世界大集体之中的普通个体成员。凡是眼睛可以看到、手可以触到的具体事物,都是处在一定空间位置中的具体事物,都具有空间的具体规定,没有空间规定的具体事物是根本不存在的。在实验教学安全管理过程中,空间是实验教学各要素存在的具体形态,是从安全视角出发对实验参与对象的运动行为要求、对实验器材的摆放方式要求,以及对实验环境的布置要求等。实验教学安全管理空间的基础是安全,是以常规安全管理为基础、结合实验教学开展特点对空间方面的具体规定,如实验场地外部空间因素、实验室内部空间安全要素、实验室外安全通道要求、实验室内安全设备安放要求等。实验教学安全空间管理是与实验教学安全的时间管理相共存的管理要素。伴随时间变化,事物的发展会随之演化,同时,事物的空间信息也会相应改变以适应事物的安全性状。

2. 实验教学安全管理空间的掌握和利用

有效利用实验教学空间、缩短教学管理工作流程、迅速处理相关资料、提供良好工作环境以保障实验教学的安全开展,这些都是在实验教学安全管理空间中需要仔细考虑的问题。具体来说,空间的掌握和利用可从以下方面入手。

第一,结合实验教学安全参与者的特点。实验教学的主体对象是在校学生,一方面,他们已经属于社会成年人群体,能够对自己的思想和行为负独立的全面责任;另一方面,他们的社会阅历和判断处理隐患事故的能力存在着差异,同时,他们又具有社会人的尊严和需求。因此,在实验教学安全管理空间的掌握过程中,要结合学生的具体差异,从学生视角出发对安全管理空间的措施进行深思熟虑,还要考虑不同学科的学生群体差异,如有的专业只有很少女生,而有的专业男生则没几个,有的对实验技术比较熟练,有的就完全生疏等。这样在实验教学安全管理空间的人员安排中,就需要考虑专业学习的对象生理差异而进行合理安排,使之能够充分利用专业、性别和生理等的差异优势,而避免实验安全事故的发生。

第二,结合实验教学学科特点。不同学科的实验教学存在很大差异,对实验空间的要求也各不相同。工科的实验教学会涉及大型的机械设备,因此,工科类的实验室一般空间都较大,甚至有厂房式的建筑;文科类实验教学突出学生间的交流与合作,实验教学参与的群体数量一般较大,实验环境应该较为开阔;生化类实验教学涉及化学药品,实验过程中对水电等都有具体要求,同时还涉及实验中危化品废物的处置,在空间管理中需要考虑此类实验对周围环境的影响,一般单独分开设置,同时,生化实验注重研究性,实验教学中突出小范围的交流与合作;艺术类实验教学多是学生的独立自主操作,在空间管理中结合具体专业学科特点进行实验室的设置。

第三,环境布置的特点。实验教学活动都是在一定的环境空间中展开的,实验器材、设备也安放在具体的场景之中,环境布置涉及外部环境和内部环境的布局。外部环境即实验室外的场景,如实验室外安全通道的情况,室外安全器材放置的空间安全性,室外人员通行的安全性,危急情况下的消防通道、人员疏散通道等。内部环境主要是实验室内的空间掌控,即实验室内的物品摆放既要保障师生实验教学的便利,又要保证环境的安全可靠,还要保证室内空气的流通,满足参与实验人员呼吸新鲜空气的需要。

第四节　实验教学安全隐患与事故

人类是复杂的,人类所处的环境也是极其复杂的。在复杂的人和复杂的环境面前,任何不可预测的隐患、事故都可能发生。同样,学校实验教学也存在复杂的、不可预料的隐患和安全事故,因此,实验教学安全隐患事故也是实验教学安全管理的又一具体的现实的管理对象。

一、实验教学安全隐患管理

1. 安全管理隐患的内涵和外延

隐患就是在某个条件、事物以及事件中所存在的不稳定并且影响到个人或者他人安全利益的因素。隐患是一种潜藏着的因素，"隐"字体现了潜藏、隐蔽，而"患"字则体现了祸患、不好的状况。实验教学安全隐患是在实验教学过程中存在的、可能影响实验教学顺利开展或对实验教学中的师生安全造成危害的隐藏因素。隐患是一种潜伏的、不易被发现的不安全因素，它存在于实验教学过程中，如实验环境的布置不科学、实验过程中学生的不当习惯、实验器材错误处置、实验时间的不当选择、实验操作程序不规范等，这些都是存在于实验教学中的隐患。这些隐患在一定条件下都可能导致安全事故的发生。

实验教学安全隐患按不同的标准有不同的区分：以人为因素划分，可分为管理者、实验教师、实验员、学生的思想、行为存在的隐患；以环境因素划分，可分为实验室内、实验楼内、校内、校外存在的隐患；以学科性质划分，可分为人文与社会科学、工程与技术科学、医药科学、农业科学、自然科学实验教学存在的隐患等。这些不同的划分是从不同的视角观察实验教学领域存在的安全隐患因素，无疑对了解、认识和预防实验教学安全隐患有极大帮助。

2. 实验教学安全隐患的特点

各种复杂的人为和自然原因，导致实验教学安全隐患存在着自己的特点。首先，实验教学安全隐患是没产生后果的因素。它存在于实验教学活动开展的各个阶段，存在于实验教学发展的过程之中。实验教学安全隐患是安全事故发生的主要根源，是事故还没显现其危害面目的一种存在状态，它还不一定就具备危害的后果。其次，实验教学安全隐患具有较大的潜伏性。实验教学安全隐患一般较难被发现，它一般就存在于日常实验教学管理工作过程中，与日常教学实验活动相伴相生，在一定的时间、空间范围内，人为或者客观条件具备时，它就可能变化并转变为灾害。最后，实验教学安全隐患一旦被触发，就可能产生难以预知的后果。

3. 实验教学安全隐患的发现和排除

实验教学安全隐患是可能引发重大事故的潜在因素，因而在日常实验教学安全管理活动中必须加强对它的认识和排查，及时发现安全隐患并清除。实验教学安全隐患的发现和排除需要下面五个条件：一是需要专业技术人员对安全隐患的认识和区分；二是需要专业技术人员敏锐的眼光和较为先进的识别技术；三是需要有关专业人员耐心、细致、周到和持之以恒的检查行为；四是需要准备充分并有针对性地排除安全隐患的物质、经费条件；五是需要有能够严格执行的规章制度和明确的检查和排除责任人员。实验教学安全管理主体应当千方百计创造上述条件，做到及时发现隐患、及时治理隐患及"六个落实"——项目落实、标准落实、措施落实、经费落实、时限落实、责任人落实，这样才能够保证并提高实验教学安全管理水平。

二、实验教学安全事故

实验教学安全事故指实验教学内、外在因素影响所导致的学校、师生身心、财产损失甚至死亡、职业病发生等事件。学校中可能发生的实验教学安全事故也是实验教学安全管理中不可忽视的重要对象。实验教学安全事故管理重点研究事故的分析和预测两个问题。

1. 实验教学安全事故分析

从实验教学安全管理角度来说,实验教学事故发生后,为了吸取直接经验教训,避免类似事故的再次发生,往往都需要对事故发生的体制、人和物等因素进行分析。

第一,对实验教学安全管理体制机制因素的分析。体制机制因素比较复杂,但是反映在教学安全管理体制机制方面主要有:①学校领导对实验教学安全管理工作重要性的认识和分析。学校领导是否真正树立"安全第一,预防为主,责任至上,综合治理"的安全方针;是否深刻领会和贯彻"隐患险于明火,防范胜于救灾,责任重于泰山"的预防思想;对待安全工作是否"说起来重要,做起来次要,忙起来不要"。因为在实验教学安全管理中普遍存在"出了安全事故安全才重要,不出事故忽视安全"的现状。②学校实验教学安全管理体系是否健全。这个体系是否包含了学校、学院、系科、实验室四级管理机构;是否明确和落实了安全管理责任人;是否配备了安全管理员;是否建立了预防安全事故发生的运行体系等。③实验教学安全教育制度是否建立和落实。对有关安全岗位和人员是否坚持了定期定岗教育和技能训练;学校实验教学安全规章制度是否严格贯彻实施;过去的有关违章人员是否得到应有的惩处;对严格遵循实验教学安全管理规则,在计划时间内没有事故发生的单位和个人是否给予了表扬和奖励等。④对实验教学安全管理经费的需要是否有足够投入,是否做到专款专用及专门监督和审计。对以上体制机制的分析,便于认识和了解诱发安全事故发生的体制和机制原因,便于有针对性地吸取教训,及时加以整改,防止安全事故的发生。

第二,对人的因素的分析。事故致因论证明,造成事故的直接原因不外乎人的不安全行为和物的不安全状态两种因素。在现实中,物的不安全因素具有一定的稳定性,而人由于其自身和社会的影响,具有相当大的随意性和偶然性,是激发事故发生的主要因素。统计资料表明,有 $70\%\sim80\%$ 的事故是由人为失误造成的。从学生角度初步分析,引发实验教学安全事故的人的因素主要有以下四个方面。

学生安全意识淡薄。海因里希"1∶29∶300∶1000"事故法则[①]告诉人们,在同种事故中,有 1000 种安全隐患,300 起事故没有造成伤害,29 起引起轻微伤害,1 起造成了严重伤害。实际上,在日常的学习、生活中已经发生过很多次的安全事故,只是没有造成严重的伤害结果而已。也正是这种现象的存在,才造成了对大量存在的安全隐患的忽视,特别是学生实验操作违规现象普遍存在。久而久之,造成学生安全意识淡薄。由于我国在各阶段教育中对学生的安全教育力度不够,在学生的头脑中没有形成"安全"概念,没有养成安全自觉的行为习惯。

学生安全知识缺乏。受应试教育的影响,我国各层次教育对学生综合素质的培养不足,其中包括安全素质的教育和培养。在学生课程设置上,较少有安全方面的课程,学生未能接受系统的安全知识教育,致使学生安全知识缺乏,对有关安全法规、制度不甚了解。

学生自我防范和互救能力差。以升学为目的学校教育的制约以及其他特殊原因,学生缺乏必要的安全基础知识,较少接受安全技能训练,对安全设施不了解,不会或不能熟练地使用安全设备。在事故发生时,学生不能采取正确的自救、互救方法,造成伤亡和损失。

学生心理原因。对于"隐患",学生的心理有四种主要表现。一是侥幸心理。正如海因里希法则所论述的,学生在几次违章而没有发生事故之后,凭借所谓的经验,便以为永远出不了事故,把几次违规未出事故的偶然性和长期违规操作必然导致事故发生的必然性混同起来。

---

① 崔政斌,崔佳. 现代安全管理举要. 北京:化学工业出版社,2011.

在这种侥幸心理支配下,学生经常违规,直至事故发生。[①] 二是省事心理。在日常生活学习中,学生嫌麻烦、图省事的现象经常存在。例如,出门不关电源,甚至不关门,造成火灾和失窃;运动之前不做准备活动,造成身体损伤;在实习或实验过程中,不按要求穿戴安全防护用品,造成伤害等。三是逞强心理。青年学生自我表现欲望强烈,经常不考虑自己的实际状况和能力及环境条件,为了被他人注意,逞一时之强,做出危险行动。四是冲动心理。青年学生容易受环境因素的刺激而冲动,发生一些过激的行为,如打架斗殴而造成伤亡,容易起哄而酿成事故的发生。五是心理障碍。部分青年学生由于学习的压力、对大学生活环境的不适应、人际关系的不和谐、恋爱受挫、意志人格的缺陷等因素而造成不健康的心理和心理障碍,这部分学生是造成事故的频发者。

第三,物的因素分析。由于历史原因和我国长期对教育投入的不足,相当多的学校基础设施陈旧落后,存在诸多安全隐患。特别是近几年来扩招及校区合并导致高校规模迅速扩大,但学校的设备设施跟不上发展的速度,容纳一二十人的实验室却进入了四五十人,本来两人一组的实验变成了四人一组甚至更多,早就应该淘汰的实验设备却迟迟未能更新等,这些都可能导致在实验教学过程中发生意外的安全事故。

第四,环境因素分析。目前,许多学校还未形成浓厚的校园安全文化氛围,特别是在重视理论教学的大环境下,实验教学作为培养应用型技能和创新思维的手段近几年来才逐渐得到高校的认同。许多学校不能系统地开展实验教学安全宣传和教育活动,还没有建立健全的开展安全训练活动的制度,学生没有实验教学安全文化教育和熏陶。

2. 实验教学安全事故预测

事故预测就是对系统未来的安全状况进行预报和测算。[②] 事故预测研究的目的在于为安全管理者提供足够的系统安全信息,使其能够按照预测评价的结果,对系统进行调整,加强薄弱环节,消除潜在隐患,以达到系统安全最优化。事故预测是现代安全管理的重要组成部分,事故预测方法较多,如回归预测法、时间预测法、马尔可夫链状预测法、灰色预测法、贝叶斯网络预测法和神经网络预测法等。[③]

实验教学安全事故预测是对实验教学系统的安全状况进行预报和测算,主要是分析实验教学系统的危险隐患,预测与评价系统的安全状况。安全事故的发生表面上具有随机性和偶然性,但其本质上更具有因果性和必然性。实验教学安全事故预测就是要在综合衡量实验教学过程中各对象、各参与主体的基础上,从安全管理的一般工作流程入手,探讨平常工作中的安全隐患因素以及各个对象间的联系,尽量把握安全工作的运行态势,预测的过程也就是从教学中过去和现在的事故信息推测未来的事故信息、由已知推测未知的过程。

在实验教学安全事故预测中常使用统计预测的方法。在统计预测过程中,实际资料是预测的依据,专业理论是预测的基础,数学模型是预测的手段。统计预测方法可以分为定性预测法和定量预测法两类,其中,定量预测法又可大致分为回归预测法和时间序列预测法。另外,还可按预测时间的长短分为近期预测、短期预测、中期预测和长期预测;按预测是否重复分为一次性预测和反复预测。一个完整的统计预测研究,一般要经过以下几个步骤。

① 唐燕. 扩招后的学生教育与管理. 广州:中山大学出版社,2002.
② 罗云,吕海燕,白福利. 事故分析预测与事故管理. 北京:化学工业出版社,2006.
③ 郑小平,高金吉,刘梦婷. 事故预测理论与方法. 北京:清华大学出版社,2009.

第一,确定预测目的。预测目的不同,所需的资料和采用的预测方法也有所不同。有了明确的目的,才能据以搜集必要的统计资料和采用合适的统计预测方法。

第二,搜集和审核资料。准确的统计资料是统计预测的基础。预测之前,必须掌握大量的、全面的、准确有用的数据和情况。为保证统计资料的准确性,还必须对资料进行审核、调整和推算。对审核、整理后的资料,要进行初步分析,画出统计图形,以观察统计数据的性质和分布,作为选择适当预测模型的依据。

第三,选择预测模型和方法。进行预测资料审核、调整后,根据资料结构的性质,选择合适的模型和方法来预测。在资料不够完整、精度要求不高时,可采用定性预测法;在掌握的资料比较完备、进行比较精确的预测时,可运用一定的数学模型,如采用回归预测法和时间序列预测法等。

第四,分析预测误差,改进预测模型。预测误差是预测值与实际观察值之间的离差,其大小与预测准确程度的高低成反比。预测误差虽然不可避免,但若超出了允许范围,就要分析产生误差的原因,以确定是否需要对预测模型和预测方法加以修正。

第五,提出预测报告,即把预测的最终结果编制成文件和报告。应用通用的统计预测方法时,一定要结合实验教学安全专业理论知识。一般每种预测方法都有其适用的条件,不可生搬硬套,只有在满足建模条件的情况下,才可以建模。用只适用于短期预测的模型来预测远期数据,产生的误差一般较大,在应用模型中要注意不断补充新的数据,使模型的预测更符合实际。

思 考 题

1. 分析实验教学安全管理对象的内涵与外延。
2. 阐述实验教学安全管理对象的特点。
3. 分析实验教学安全管理对象的构成要素。
4. 如何进行实验教学安全事故管理?

第八章　实验教学安全管理方法

任何管理，都要选择采用相应的管理方法。管理方法是指为了实现管理目的而选择采用的手段、方式、途径、程序等的总和，或者说是运用管理原理，为实现组织目标选择采用的手段、方式、途径和措施的总和。同样，实验教学安全管理方法是为了达到实验教学安全管理目标而选择采取的方式、措施、手段、途径等的总和，是有关主体作用于安全管理客体或对象的中介。实验教学安全管理方法的准确理解和恰当选择使用，有助于更好地从事实验教学安全管理，提高实验教学安全管理效能。结合实验教学安全管理的需要和实际，实验教学安全管理的方法有实验教学安全教育法、实验教学安全技能训练法、实验教学安全命令法和实验教学安全制度法。

第一节　实验教学安全教育法

对"教育"的理解有多种，通常对"教育"的理解为："教育是有意识的、以影响人的身心发展为首要和直接目的的社会活动。"[①]管理的人本原理也认为，"管理活动中人的因素第一，管理最重要的任务是提高人的素质，充分调动人的积极性、创造性。而人的素质是在社会实践和教育中逐步发展成熟起来的"[②]。从以上两种观点可以看出，只有通过教育才能不断提高人的思想政治、文化知识、专业水平等综合素质。这种通过教育提高人的综合素质的方法就是教育方法。教育方法是学校或教师根据培养目标和内容，选择采用的教育手段、方式、措施、途径等的总和。教育方法既是教育规律和教育原则的反映和具体体现，也是教育内容和教育对象客观需要的选择。正所谓"方法恰当，事半功倍"。正确地选择和运用各种教育方法，对提高教学质量、实现教育目的、完成教育任务具有重要意义。

实验教学安全教育方法是通过安全知识的讲解、安全政策的宣传、安全案例的警示、安全措施的认识和理解，使师生在思想上高度重视、行为上严格遵守安全规范，提高执行安全法律、政策和规章的主动性和自觉性，防患于未然的方法。安全教育可以提高人们的认识和安全素质，是防止各类事故发生的首要因素，是落实"安全第一，预防为主，责任至上，综合治理"的安全管理方针的具体体现，是保障实验教学安全的关键。

实验教学主要是在学校各级各类实验室里开展，实验教学安全教育方法的重点体现在实验室的安全教育工作过程中。而学校的实验室由于肩负着教学和科研的双重任务，所以在安全教育上有其自身的特殊性。主要表现在以下三个方面。首先，实验室储存有大量的药品（含大量有毒有害试剂）、器材，并且有很多贵重的仪器设备。在实验过程中，化学反应会产生大量有毒有害物质，仪器设备在运行过程中会产生电、光、热、射线等。这些因素的存在，决定了实验室安全教育工作是实验室工作中最重要的一项内容，如果实验室安全教育工作没有做好，可能会引发严重的安全事故，造成财产损失，更严重者会威胁师生的生命安全。其次，进入实验

---

① 扈中平. 现代教育理论. 北京:高等教育出版社,2000.
② 周三多,陈传明,鲁明泓. 管理学——原理与方法. 上海:复旦大学出版社,1997.

室的主要对象是学校的师生,而师生除了本身职务或学历层次不同,以及进行的实验项目不同之外,还有思想、能力等素质差异,决定了实验教学安全意识和风险预防技能水平的差距,增加了安全事故发生的可能性。最后,学校实验室不是专门的科研机构,有着教学与科研的双重任务,但重在培养具有创新精神和实践能力的人才,所以在目的性、专业性、规范性方面以及实验仪器设备的配置方面,与科研专门机构存在较大差异,实验教学风险与事故发生的可能性比较大。

学校实验教学风险比较大,安全教育形势严峻,做好实验室安全教育工作对实验室的安全管理至关紧要,同时对整个实验教学安全教育工作也具有举足轻重的重要意义。因此,实验教学安全教育必须以实验室的安全为基础,结合实验室的安全管理特点,制定安全教育目标,实施安全教育内容,采取有效的安全教育途径。

一、实验教学安全教育目标

实验教学安全教育目标有多种,概括起来可以分为本体目标和社会目标两大类。本体目标即直接作用于教育对象,使之发生符合社会需要和促进人的身心和个性特长充分发展的功能;社会目标即通过教育对象的成长发展与社会实践而转换为促进其他社会成员变化的功能目标。安全教育作为学校教育体系的重要组成部分,既要体现安全教育的本体目标,又要体现安全教育的社会目标。具体来说,作为安全教育主体的学生,他们受到安全教育,提高其安全意识和基本素质,懂得并运用安全知识来保障并促进自己的身心健康和发展,这就是本体目标;对于社会而言,通过社会教育,作用于受教育的对象,使之增强自我教育、自我防护能力,在社会工作中能够有效保障社会个人、组织甚至国家的政治、经济、文化、生活等各个方面的安全,并促进社会的变化和发展,这就是社会目标。安全教育的本体目标与其社会目标是统一的,本体目标是从微观视角、个体方面入手探讨的结果;社会目标是从宏观视角、整体方面思考的结果。实验教学安全教育目标以本体目标为基础,在完成本体目标的过程中,联系社会实际,从而达成其社会目标。只有在完成本体目标体系下才能商讨社会目标,社会目标是由本体目标构建而成。

实验教学安全教育目标是为了保障实验教学安全,为人才培养服务,是学校安全教育目标下的一个具体范畴。实验教学安全教育目标的本体是参加实验教学过程的师生,通过安全教育管理,提高师生的安全意识和实验操作基本素质,懂得并运用安全知识来保障并促进他们的身心健康,达到安全教育的本体目标。同时,通过强化在实验教学中的安全教育,学生能够学习并掌握在社会生活、工作环境中的安全技能,增强学生对社会实践的适应性,达到安全教育的社会目标。具体来说,通过实验教学的安全教育,要使师生正确认识安全的重要性及必要性,懂得相关学科的安全知识,了解其他学科的安全常识。在学习和掌握了安全知识和事故预防的基本知识后,通过演习或演练等方式掌握安全技能和安全对策,用所学知识有效地防范事故的发生,在关键时候能有效地处理事故,将事故消灭在萌芽状态。同时提高实验技术和管理水平,使师生员工能够增强安全意识,自觉地执行国家各项安全方针和政策,从而使其行为规范化、科学化和标准化,减少人为的失误与差错导致的安全事故的发生。

二、实验教学安全教育内容

学校实验教学安全问题是复杂的问题,对此进行的教育内容也极其丰富。概括起来,学校实验教学安全教育包括安全思想教育、安全知识教育以及安全技能教育三个方面。

1. 安全思想教育

安全思想教育是指将系列安全信息输入人们大脑的一种有目的和组织影响的活动,让人们形成一种可以用来指导自己行为的意识或观念。安全思想教育主要是针对教师和学生,从对安全的认识、观念和态度等方面入手,重在提高师生对安全工作的认识并端正其态度,是促使师生正确处理安全与实验的关系,增强其法制观念和执行"安全第一,预防为主,责任至上,综合治理"的工作方针的自觉性、自为性的意识教育。树立"在各种实验教学岗位上都要承担保障安全的责任"的意识,在做好实验教学业务工作的同时,尽到预防安全事故发生的责任。

安全思想教育主要是提高师生的认识能力。它具有对师生行为的引导性、教育方法的灵活性、主导和主体的双向性特点。它可以让学校师生从思想上认识实验教学安全的价值,从而让师生产生内在而持久的预防实验教学事故发生的动力,让师生自觉地学习、研究实验教学安全知识,主动发现、排除实验教学安全隐患。因此,思想教育方法应当被学校实验教学安全管理部门广泛采用。

2. 安全知识教育

安全知识是人们在与自然作斗争的过程中逐渐积累起来的预防安全事故的基本经验。宏观方面主要包括:安全隐患的识别、预防、排除的基础知识;实验过程中的不安全人为和自然因素的辨识和处理的知识;伤亡事故报告程序及发生事故时的紧急救护及自救知识等。微观方面主要包括:有关电器设备、机械设备、工具等的基本安全知识;消防知识和灭火设备的使用知识等。概括起来,安全知识教育就是安全基本原理、基本概念、基本知识的教育。或者说安全知识教育主要是为了使参与实验教学的师生了解、认识和掌握实验教学安全的有关知识而开展的影响活动。比如,实验教学安全的内涵、外延和特点;实验安全事故发生的原因、事故预防、事故的处置等基本知识。学校应当通过各种有效途径,采取各种方法让师生学会比较系统的安全知识,掌握科学的、规范的、系统的安全知识,包括完成相关学科实验项目所必须具备的基本安全知识,这是学校顺利完成实验教学任务,达到预期实验目标的基础和条件。

3. 安全技能教育

安全技能教育又可以称为安全技术教育。安全技能教育主要是指对从事各种作业的人员进行的安全操作技术知识的教育,包括岗位安全操作规程规范与操作知识,特殊工种的操作知识,新技术、新设备、新设施的使用操作知识等教育。安全技能教育是在"安全知识"的基础上,逐步掌握防范和处置事故的技能和方法,是解决"会"的问题的教育。

安全技能教育内容包括:怎样防范实验中各种原料、产品的危害性的技术知识;发生事故后怎样迅速处理事故的技能知识;怎样迅速脱离可能出现的危险设备和场所的技术知识;怎样使用安全防护的基本设施的技术知识;事故发生时的紧急救护和自救措施的技术知识;异常情况下的紧急处理预案技术知识等,提高学生遇到突发事件时的应变能力。

学生在学习和掌握了安全预防技术知识和事故预防的基本技术知识后,通过演习和演练等方式能增强他们的安全技能和提出安全对策的能力。学习和掌握安全知识的目的在于会用所学知识有效地防范事故的发生。在关键时候能有效地处置事故或者有效逃生,将事故消灭在萌芽状态或者最大限度地减少生命损失,这是学习安全技能知识的核心所在。

从安全教育的内容可以看出,安全思想教育是为了提高人们的思想认识,使人们在思想上产生安全的需要与动机;安全知识教育是为了提高人们判断和反应的能力;安全技能教育则是对人们的安全行为进行规范的教育。所以安全技能教育实际上是对人们的行为过程,即认识、判断、反应的全过程的教育,做好安全技能教育对防范事故的发生确实起到关键作用。

学校安全技能教育的最终目的是培养人,是保障实验教学安全,更好地为培养人才服务。安全技能教育使学生学会在增强安全意识、掌握安全知识的基础上,熟练应用有效技术,预防实验事故发生、应对突发事故发生、自救与救人等,保障实验教学安全。

三、实验教学安全教育的途径

实验教学安全教育有多种途径,可以采取的方法也很多,根据不同的情况使用不同的安全教育形式,采用被动教育与主动教育相结合的方式进行教育。具体来说,实验教学安全教育可以通过以下途径进行。

1. 召开安全工作会议法

会议方法是常用的教育方法,学校可以通过召开校、院级等实验教学安全工作会议,传达学习有关安全法规和政策信息,制订安全计划,发布学校安全工作指令,汇报、检查、总结安全工作等。通过各种会议,深入开展学校实验教学安全教育工作,切实提高师生的安全意识,要进一步落实安全教育"进课堂、进教材、落实学分",落实到院系、科室和项目,落实到组织和个人。有意识地引导教师和学生在实验教学过程中,自觉探讨和寻找实验教学中存在的安全隐患问题,并自觉采取正确有效的防范措施等,使教师和学生从被管理者转变为管理者。

2. 理性灌输法

理性灌输法主要由教师将实验教学安全知识和技术通过课堂讲授的方式向学生传授,这是最普遍也最省力的一种教育方法。其主要目的是从理性的角度,向学生传授实验教学安全理论和实践方法,引导学生理解国家的实验教学安全生产方针、政策和法律以及学校实验教学安全管理规章制度等,使学生掌握预防、缓解和控制实验教学过程中的各种危险的手段和方法。通过理性灌输,促进和帮助强化学生的实验教学安全意识,使学生不仅知道怎样去做,还知道为什么要这样做,切实为保障实验教学顺利开展奠定基础。

这种教育方法的优点是教学内容具有系统性、理论性,能一次对多人进行教育并且能降低教育成本。其缺点是理论性过强,会让人感到过分抽象或者枯燥乏味。因此,采用这种教育方法时,应注意语言的生动性,并尽量将理论与实际典型案例、生活中的感性知识相结合,在形式上多采用幻灯、录像、多媒体等视听相结合的教学手段,尽量利用声音、图像、色彩等多媒体技术,以形象生动的语言将实验教学安全内容、安全资料等安全知识教育素材和以往发生的国内外实验教学安全事故的案例汇编或编辑成视频,当人们观看时,不仅学到了实验教学安全知识,也看到了安全事故造成的严重后果,汲取事故教训,避免重蹈覆辙,收到事半功倍的效果。

3. 活动熏陶法

如果说理论灌输法是直接灌输实验教学安全知识和技术,容易产生枯燥无味感,那么就通过活动熏陶,让师生在学校组织的各类实验教学安全教育活动中去接受教育,寓教育于活动之中,受教育于熏陶之时。这一类教学方法集知识性、趣味性、教育性为一体,其形式丰富多彩。

一般来说,实验教学安全活动熏陶法可分为以下五类。

第一,活动类。实验教学安全活动类方法相对于其他类型的方法而言比较丰富,例如,学校可以组织开展安全日活动,通过学校安全日,融入实验教学安全内容;开展实验教学安全检查、评比活动,组织师生积极参加预防实验教学安全事故发生的检查、评比活动;开展由师生实验教学安全骨干组成的实验教学安全设备、设施卫生清理、维护和整改工作,通过维护、整改,培养学生在实验教学过程中对隐患的自我发现、自我维护、自我整改的能力。

第二,宣传类。学校可以通过安全教育周、安全教育月等形式,通过组织师生举办板报、壁报、网站等活动,必要时悬挂有关标语,来宣传有关实验安全知识,以及通过其他的一些安全宣传短片或者漫画,将安全重点画龙点睛,时刻提醒人们提高警惕,增强师生的实验教学安全意识。同时可以编印生动活泼、图文并茂的《实验教学安全手册》作为开展安全教育的资料,发给全校师生,特别是在学生进入实验室之前供学生学习,并在学习后签订实验教学安全承诺书等。通过多种形式,促进师生树立安全意识、掌握安全知识、自觉遵守安全操作规程,为顺利开展实验教学活动创造条件。

第三,竞赛类。学校还可以在师生中开展实验教学安全知识竞赛。通过安全知识竞赛的方式,让师生了解自己对实验教学安全知识了解的程度,帮助师生查找自身的差距,从而激发师生参与实验教学安全工作的积极性、主动性和创新性。

第四,学术讲座类。学校既可以定期聘请有关专家、学者或教授来学校举办有关安全问题的讲座,也可以组织有关实验教学安全与管理的学术研讨会议。通过讲座、学术研讨会议,促进学校师生了解国内外学校安全及其实验教学安全研究现状和发展趋势,自觉研究实验教学安全理论,自觉深入实际调查实验教学安全现状,逐步学习和提高在实验教学过程中及时发现问题、科学分析问题、有效解决问题的能力。

第五,参观类。在经济条件允许的条件下,学校可以有组织、有计划地根据实验教学安全需要,组织有关实验项目的师生参观企事业单位生产工作过程,了解预防事故发生的新技术、新方法及新成果,提高对实验教学安全重要性的认识和对安全技能的掌握程度。

4. 情景模拟法

学校可以结合自己的现有条件,通过资源的整合,采用现代光电、网络和控制技术,设置实验教学安全情景仿真实验室,让学生在情景实验室中,获得身临其境的感受,这是最理想的实验教学安全教育方法。该方法采取的形式可以是采用事故预想、事故预案演习、预防救护演习以及应用事故模拟软件,建立类似于真实情景的局部环境,让学生进入环境之中或在模拟操作和判断中,获得安全经验和感受。

5. 召开现场会法

学校通过自身发生的典型安全事故特别是实验教学安全事故,及时召开安全事故现场会,总结经验,吸取事故教训,查明事故原因,确认事故责任者,制定防范重复发生事故的措施。事故现场是最好的案例教育课堂,是进行安全教育的现成教材,它最能使人感同身受,也最容易让人吸取教训。但这是谁也不愿意看到的场面。

6. 文化感染法

文化教育是最高级的教育。学校要创造良好的实验教学安全文化。比如,树立"安全第一,预防为主,责任至上,综合治理"的实验教学安全理念;营造"文明、整洁、有秩序"的实验教学环境;张贴醒目的警示实验教学安全的标志和让人看了心存暖意的宣传标语;悬挂严格的实验操作程序规章制度;培养领导、教师和管理人员严谨而雷厉风行的作风;选择具有宁静感的实验教学与实验操作的温度和色彩等。在向师生传递一种责任感、使命感等信息的同时,也起到了暗示和行为约束作用。学生受到良好环境和氛围的感染,会自愿地使自己与周围环境保持一致,产生与周围环境相符合的情绪和行为,违章行为便受到约束。因此,学校要千方百计地建立和营造良好的、使学生自愿改变自己以适应良好实验教学的安全文化。

7. 自我教育法

自我教育是指主体为了实现自己的理想和目标,有意识地调节自己的心理和行为,从而实现预定目标的过程。自我教育充分体现了主体的能动性、自觉性。实验教学安全教育的目的,是希望通过教育,使实验教学参与者的安全意识得到提升,产生"要我安全—我要安全—我会安全"的转变,由实验教学安全教育的客体转变为安全教育的主体,使外在施压式的学习过程变为一种内在需求的自觉索取过程。这样,就要求实验教学安全教育活动的组织实施,尽量吸引或鼓励学生开展完成,使他们承担从计划制订、内容编制到现场布置等多个环节,全程参与,使学生们对实验教学安全的概念更加清晰。虽然参与组织的学生数量有限,但是也形成了一批实验教学安全工作方面的学生骨干,为今后的实验教学安全工作开展奠定了坚实的基础。在安全教育过程中,同时注意充分发挥教师群体对学生的组织和引领作用,形成轻松、愉快、融洽的师生关系,使教师从原先单纯的安全工作管理者,变成与学生共同学习安全知识的"益友",这就在很大程度上消除了学生群体的逆反心理。师生携手,是实验室安全工作有效实施的巨大保障。

总之,安全教育的方法多种多样,安全教育的形式千变万化。现实中,应根据人的性格、气质、文化素养的不同而使用不同的安全教育方式和方法。针对青年学生不够成熟、可塑性大、接受新知识快,但耐久性差、情绪起伏大,对他们必须强化培训,引导他们参加各种安全表演、读书、竞赛、安全文艺活动及安全小组活动,以寓教于乐的形式使其在潜移默化中养成安全习惯、形成安全行为。总之,不论采用何种方式,关键在于激发受教育者的内在需求,引起其思想的共鸣,这样外因才能通过内因起作用,实验教学安全教育效果才能持久。

第二节　实验教学安全技能训练方法

训练是指有关主体"有计划有步骤地使具有某种特长或技能"[①],如军事训练、计算机训练。或者训练是指有意识地使受训者发生生理反应,如建立条件反射、强健肌肉等,从而改变受训者素质、能力的活动。和教育一样,训练也是培养人的一种方法。训练和培训的区别在于:培训是传播知识,告诉你什么是对的、什么是错的,比如,老师识字认字,告诉学生做人的道理;训练主要是通过指导和反复练习,使人提升或掌握某种技能,即把理念、知识变成一种实际能力,如最早采用的军事训练,在体艺界广泛采用的书法、绘画、体能训练等。训练的特征是虽然相对强度大、严格、有强制性、有反复性,但执行力更强,工作效率更高,掌握的技术更牢固,

---

①　中国社会科学院语言研究所词典编辑室. 现代汉语词典. 北京:商务印书馆,1985.

效果非常明显。所以训练方法在学校应用型专业人才中，以及学生应用性技能掌握的过程中正在被广泛采用。

一、实验教学安全技能

1. 技能

首先，技能的含义。技能是通过练习获得的能够完成一定任务的动作系统。按其熟练程度可分为初级技能和技巧性技能。初级技能只表示"会做"某件事，而未达到熟练的程度。初级技能如果经过有目的的、有组织的反复练习，动作就会趋向自动化而达到技巧性技能阶段。技巧性技能是人的全部行为的一部分，是人的行为自动化了的一部分。技巧性技能达到一定的熟练程度后，具有了高度的自动化和精确性，便称为技巧。达到熟练技巧时，人就有条件反射式的行为。技能根据需要可以发生或停止，随时都可以受意识的控制，它是为了达到一定目的，经过意志努力练习而成的。一般地说，技能都是有意义、有益的行为。技能训练应该按照某一行业标准化作业的要求进行。

其次，技能的特征。技能的形成包括以下三方面的内容。

一是技能的形成是阶段性的，包括掌握局部动作阶段、初步掌握完整动作阶段、动作的协调及完善阶段，这三个阶段相互联系又相互区别。各阶段的变化主要表现在行为的结构、行为的速度和品质，以及行为的调节方面。在行为结构的变化方面，动作技能的形成表现为许多局部动作联合为完整的动作，动作之间的相互干扰、多余动作逐渐减少；智力技能的形成表现为智力活动的各环节逐渐联系成一个整体，概念之间的混淆现象逐渐减少以至消失，解决问题是由散发性推理转化为减缩推理。在行为的速度和品质方面，动作技能的形成表现为动作速度的加快，动作的准确性、协调性、稳定性、灵活性的提高；智力技能的形成表现为思维的敏捷性、灵活性，思维的广度和深度，以及思维的独立性等品质的提高。在行为的调节方面，动作技能的形成表现为视觉控制的减弱和动觉控制的增强，以及动作紧张的消失；智力技能的形成表现为智力活动的熟练、大脑劳动消耗的减少。

二是技能的形成有先快后慢的特征。练习的初期，技能提高较快，以后则逐渐慢下来。这是因为，在练习开始时，人们已经熟悉了他们的业务，利用已有的经验和方法可以进行训练，而在练习的后期，任何一点改进都是以前的经验所没有的，必须付出巨大的努力。另外，有些技能可以分解成一些局部动作进行练习，比较容易掌握，在练习后期需要把这些局部动作连接为协调统一的动作，比局部动作复杂、困难，因而成绩提高较慢。

三是技能的形成还有"高原"现象和起伏现象。技能形成过程中，在练习的中期，往往会出现成绩提高暂时停顿现象，即"高原"现象。产生"高原"现象的主要原因是，技能的形成需要改变旧的行为结构和方式，代之以新的行为结构和方式，在没有完成这一改变之前，练习成绩会暂时处于停顿状态；由于练习成绩的降低，产生的延误、灰心等消极情绪，也会导致高原现象。起伏现象是指在技能形成过程中，训练成绩时而上升时而下降、进步时快时慢的一种现象。这是由于客观条件，如练习环境、练习工具、指导等方面的变化，以及主观状态，如自我感觉、有无强烈的动机和兴趣、注意力的集中与稳定、意志努力程度和身体状况等方面的变化，影响练习过程。

2. 实验教学安全技能

安全技能是指人为了安全地完成操作任务，经过训练而获得的完善的、自动化的行为方式。由于安全技能是经过训练获得的,通常把安全技能叫做安全技能训练。实验教学安全技能是指为了安全地完成实验教学任务、掌握实验操作技能,经过有意识地练习而形成的完善、自动化的实验学习、操作模式以及规范的行为方式。实验教学安全技能是技能的一部分,也体现技能的阶段性、快慢性和高原性特点。实验教学安全技能是在日常的实验教学活动中逐步形成并发展起来的,它更多是体现一种模式化的操作方式,反映师生的基本安全素质。学校不仅应抓好教学常规管理,更应以学校师生生命财产安全为第一,常抓不懈,做到防患于未然,在加强实验教学安全教育的过程中更要注重安全技能的训练。

二、实验教学安全技能训练目标

师生在学习和掌握了实验教学安全知识和事故预防的基本知识后,学校要采取有效措施,对师生进行反复的基本隐患发现技能训练,基本隐患的排除或控制训练,事故发生后的基本自救、请求他救,或者逃生训练,增强学生的实验教学安全技能和提出安全对策能力。对师生进行实验教学安全技能训练,让学生能够辨识、排除或控制一般隐患,在遇到突发事件时,能够迅速了解危急时刻的处境与急需做的事情,形成自救、自护和他救、他护的意识和行为习惯,提高遇到突发事件时的随机应变能力,这是实验教学安全技能训练的基本出发点和最终目的。

三、实验教学安全技能训练内容

实验教学安全技能的训练包括:怎样发现实验教学过程中的安全隐患;怎样防范实验中各种原料、产品的危害性;发生安全事故后怎样迅速处理;怎样迅速脱离可能出现的危险设备和场所;怎样使用安全防护的基本设施;事故发生时的紧急救护和自救措施、异常情况下的紧急处理预案等。下面着重对高校实验教学过程中容易出现的几类安全事故及需要的技能训练作简单介绍。

1. 实验室用电安全技能训练

首先,预防触电训练。触电是由于接近、接触电线、电气设备的通电或带电部位,或者电流通过人体流到大地或线间而发生的事故。触电的危险程度与通过人体电流量的大小及触电时间的长短有关,也与电路情况有关,还因触电者的体质、年龄、性别的不同而异。预防触电应注意以下事项:①不要接触或靠近电压高、电流大的带电或通电部位。对于这些部位,要用绝缘物把它们遮盖起来,同时,在其周围划定危险区域、设置栏栅等,以防师生进入这些危险区域。②电气设备要全部安装地线。对电压高、电流大的设备,要使其接地电阻在几欧姆以下。③当直接接触带电或通电部位时,要穿上绝缘胶靴及戴上橡胶手套等防护用具。④对使用高电压、大电流的实验,不要由一个人单独操作,至少要由2~3人以上配合操作,并要明确操作场所的安全信号系统。⑤为了防止电气设备漏电,要经常检查漏电保护开关,清除设备上的脏污,保持设备清洁。

发生触电事故时的应急措施:①迅速切断电源。如果不能切断电源,要用干木条或戴绝缘橡胶手套等物品,把触电者拉离电源。②把触电者迅速转移到附近适当的地方,解开衣服,使其全身舒展。③不管有无外伤或者烧伤,都要立刻找医生处理。④如果触电者处于休克状态,并且心脏停止跳动或呼吸停止时,要毫不迟疑地施行人工呼吸或心脏按压。

其次,防止电器灾害训练。引起电气灾害的主要原因是电器的发热和火花。当发生上述情况时,如果周围附近放有可燃性、易燃性物质,或者有可燃性气体及粉尘等存在,就很容易发生火灾或爆炸。防止电器火灾、爆炸事故注意事项:①定期检查设备的绝缘情况,及早发现漏电现象并予以消除。同时,认真进行设备的安全检查。②要防止室内充满可燃性气体或粉尘之类的物质,在开关或发热设备的附近不要放置易燃性或可燃性物质。③在实验之前,要预先考虑到停电、停水时的相应措施。

发生电器火灾时应注意的事项:①当发生电气事故而引起火灾时,要立即切断电源,再实施灭火。②若在通电的情况下直接灭火,则应使用粉末灭火器或二氧化碳之类的灭火器进行灭火。

2. 实验室防火技能训练

首先,实验室发生火灾的原因。在实验中使用危险物品、用火及用电时,容易引起火灾。例如,对于易燃化学试剂酒精、乙醚、二甲苯等易燃品,实验温度过高或操作不当等,就能引起火灾事故;用火时周围的可燃物未清理干净,火星飞到可燃物上也能引起火灾;保险丝失灵、线路出问题等。一般认为,实验室的电器设备及电源电路均有防止过量电流的安全装置,但是由于年久失修或人为保养不到位等而造成火灾。

其次,防范实验室火灾。实验室必须配备各种灭火器材(酸碱灭火器、四氯化碳灭火器、粉末灭火器、沙子、石棉布、水桶等)并装有消防栓。防范实验室火灾的具体注意事项如下:①易燃品、强氧化剂、强还原剂等要妥善保管。②易挥发可燃物如乙醇、乙醚、汽油等应防止其产生蒸汽逸散,添加易燃品一定要远离火源。③在使用酒精灯时,不能用燃着的酒精灯去点燃另一盏酒精灯;不能用嘴吹灭酒精灯;不能向燃着的酒精灯中添加酒精;灯壶内的酒精容量不能超过其容积的 2/3 等。④易燃物质用后要进行处理,如残留的金属钠应用乙醇处理,白磷应放在冷水中浸泡等。

最后,扑救实验室火灾应急措施。灭火方法:遇到火情时,最重要的是沉着冷静,首先要断电、关气;局部着火,先用湿布、沙子等材料盖灭。火势较大时,依据火情性质选择适宜的灭火器材;有扩大危险时要及时报警。具体有:①当固体物品着火时,可用防火布覆盖燃烧物并撒上细沙或用水扑灭。如果火焰不是很大,则使用二氧化碳灭火器最为方便。②当液体着火时,应设法不使液体流散以防止火焰蔓延。如酒精等有机溶剂泼洒在桌面上着火燃烧时,可用湿布、石棉或沙子盖灭;若火势大可用灭火器扑灭。③当身上或者衣服着火时,应迅速用厚布盖住身体,或者及时躺在地上翻滚,把火苗压灭,或者迅速脱掉着火衣物并把火扑灭。

扑救化学火灾的注意事项:①与水发生剧烈反应的化学药品不能用水扑救。如钾、钠、钙粉、镁粉、铝粉、电石、PCI、过氧化钠、过氧化钡、磷化钙等,它们与水反应放出氢气、氧气等将引起更大火灾。②比水密度小的有机溶剂,不能用水扑灭,如苯、石油等烃类和醇、醚、酮、酯类等,否则会扩大燃烧面积。比水密度大且不溶于水的有机溶剂,如二硫化碳等,着火时,可用水扑灭,也可用泡沫灭火器、二氧化碳灭火器扑灭。③反应器内的燃烧,如果是敞口器皿则可用石棉布盖灭。当蒸馏加热时,如果因冷凝效果不好。易燃蒸汽在冷凝器顶端燃着,绝对不能用塞子或其他物件堵塞冷凝管口,而应先停止加热,再行扑救,以防爆炸。

3. 实验室防爆技能训练

首先,实验室发生爆炸的原因分析:①由于器皿内部与大气的压力差悬殊而发生爆炸。这种爆炸有两种情况:器皿内压力减少到难以承受外界大气压的挤压而爆炸;器皿内压力增加到超过器皿耐压限度而发生爆炸。②可燃气体、蒸汽或粉尘与空气形成爆炸性混合物,遇明火或光引起爆炸。例如,氢气的纯度未检验,点火时爆炸就属常见;更危险的是可燃性气体(如乙炔、氢气等)或粉尘散布于空气中,当达到爆炸极限时,遇明火能引起较大范围的爆炸。③易爆物品与强氧化剂混合,由于剧烈氧化放热或受撞击而发生爆炸。有些危险物品如钾、钠、碳化钙等与水剧烈反应生成可燃气体并放出大量热,也可引起爆炸。④研磨易爆物品(如硝氨),或者易爆物中混进硬质固体(如沙粒)等,因撞击或摩擦而引起的爆炸。

其次,防爆技能:①必须熟悉药品的性能、爆炸条件和操作规程。同时,做好实验的安全防护措施。②易爆物品必须存放在阴凉干燥处,应远离光源、火源、电源,不可与氧化剂、尖硬物质一起堆放。③装有易燃气体的气瓶要经常检漏,实验室注意通风。④易爆物品的搬运和取用,不可受到猛烈撞击、震动和摩擦。⑤易爆物品的残渣,必须经妥善处理后销毁,不得任意乱丢。过氧化物用还原剂处理,如银氨溶液应随用随配,过后立即销毁,久放容易形成易爆物质。

4. 实验室防毒、防辐射技能训练

实验室中发生中毒事故主要是由实验室中各种同位素药品、剧毒药品、麻醉药品、生物制品、致病微生物、射线、微波等危险物品的使用及处理不当而引起的。为防止其对人身的侵害,必须重视以下各点:①切忌使用病原微生物及来源不明的微生物作实验材料;实验完毕后,将实验用微生物作无害化处理,如高温高压灭菌后方可丢弃。②按照各种同位素药品、剧毒药品、麻醉药品、生物制品等不同性质要求,妥善收藏保管。使用时,应在有防护的通风柜里进行,使用后的废物(包括固体或液体)必须集中处理,不可随便丢入垃圾桶或倒入下水道。③实验者必须养成良好的工作和生活习惯,分清实验区域(应在醒目处贴有国际通用的有毒、有害、危险等标志)和生活区域,注意个人防护,包括使用隔离衣帽口罩,使用手套及防护背心、挡板等,切忌在实验区域内饮水进食。④根据不同实验室的工作性质,遵照国家的安全防范标准,做好声、光、电、磁、微波、射线等设备的管理,严格执行操作规范,防止各种意外泄漏。⑤及时检查通风管道,避免通风不良,造成伤害事故。

5. 其他训练

针对地震等不可预知的灾害,有必要开展事故预演活动,制订实验教学安全预案,通过实际实验教学安全在地震过程中的演练,让学生掌握正在实验教学过程中,突发地震后的逃生、自救和救护的基本技能,并积累一些经验,使学生在遇到自然灾害事故时能够沉着冷静应对。在很多安全事故里面,不是事故伤害人,而是没有经过逃生技能演练过的人们,因恐惧慌乱互相伤害而造成事故加剧。

四、实验教学安全技能训练途径

1. 管理岗位技能训练

学校要建立一支思想过硬、责任心强、业务素质高的实验教学安全管理人员队伍,这是做好安全管理工作的前提,是创造安全、安定的实验教学环境的重要保障。而这支队伍要成为过硬队伍的条件之一是必须具备相应的技能。因此,在对这支安全管理人员进行系统安全理论培训的同时,还要根据岗位安全责任,有针对性地进行岗位技能训练,如举办安全知识讲座、典型案例分析、安全器材使用、仪器的正确使用和维护等基本技能训练。积极开展岗位安全"推

进标准化，提升执行力"活动，组织岗位人员练兵活动，应对现场会出现的各类安全问题等进行应急技能演练，包括桌面训练、功能训练和全面训练活动，提高实验教学岗位职工操作技能和对现场各类问题的应急处理能力。

2. 学生安全技能训练

在实验教学活动中，一方面，教师要结合实验教学的具体内容和要求，传授学生安全知识和自我保护常识，开展必要的安全技能训练，如课堂突发安全事故应急技能训练，提高学生的安全防范意识和技能，教给学生最需要的安全防范技术。另一方面，学校采取自救和他救技能示范讲座、消防技能现场表演等易于接受的形式，集中就地对师生进行有关技能训练。使师生在实践中提高安全意识和防范技能，提高师生自防、自救和他防、他救能力。

学校可以通过橱窗张贴防灾、避灾知识挂图，创办防灾科普知识黑板报、手抄报等，宣传有关安全预防技能，增强广大师生应对灾害的疏散、逃生、自救、互救的能力，培养师生的安全意识和自我保护能力，让师生在重大灾害面前能够最大限度地保障自身和他人的生命安全。

同时，可以通过参观安全生产先进单位、观摩安全技能表演、观看安全教育图片展览等形式寓教于乐。活动前要明确目的，让大家带着问题参加活动；活动后要组织大家进行观后感交流，以保证人人受教育、个个有提高。

3. 模拟安全实战训练

学校安全教育强调居安思危，掌握应对危机的知识。而实验教学学生模拟实战训练重在应对问题的技能训练，强化实战演练，提高危机处理和应急逃生的能力。通过实战的体验训练，可以让学生感受模拟状态下的情景效果，更重要的是可以更深入、全面地发现问题，找到不足，对不足技能反复训练，从而形成能够应对复杂实验教学风险的综合技能。

学校组织学生进行安全模拟实战训练，通过防火、防震、防触电、严格操作规程的实际训练，使师生临危不乱，形成自防、自救和自护，以及他防、他救和他护的意识和行为习惯，使师生在实验教学操作或者事故情境中可以更迅速、牢固地掌握处理问题的技能，如迅速消除隐患、正确使用灭火器技能或者熟悉救护等。同时，演练要做到真实，不能事先通知和有所准备，不能走过场，要通过演练帮助学生形成良好的心理素质和安全技能。

学校每学期可确定一个安全周的教育训练活动，邀请卫生、防疫、消防、公安、交通、危化品管理等部门到学校指导安全技能模拟训练，使学生面对危机有一个深切真实的处理体验，从而适当地改变纸上谈兵的局面，有效地提高学生的危机处理能力。

4. 进行安全考核

通过实验教学安全理论知识竞赛、实践技能比武等方式，使师生在备战竞赛中加强安全理论知识的学习和技能训练，在竞赛过程中巩固安全理论知识，学习他人的技术经验，激发学习热情和荣誉感，推动教育培训工作的深入，增强分析判断紧急情况及处理的能力。

值得注意的是，实验教学安全技能训练应该按照标准化作业要求来进行。训练是掌握技能的基本途径，但训练不是简单地、机械地重复，而是有目的、有步骤、有指导的活动。在制订训练计划时，要注意以下问题。

首先，要注意循序渐进。可以把一些较困难、较复杂的技能划分为若干简单、局部的部分，练习、掌握了它们之后，再过渡到统一、完整的行为。其次，要正确掌握练习速度。在练习的开始阶段可以慢些,力求准确;随着进展,要适当加快速度,逐步提高练习效率。再次,要正确安排练习时间。在练习开始阶段,每次练习时间不宜过长,各次练习之间的时间间隔可以短些,随着技能的提高,可以适当延长每次练习的时间,各次练习之间的间隔也可以长些。最后,训练方式要多样化。多样化的训练方式可以提高人们的练习兴趣、提高练习积极性、保持高度注意力。但是,花样太多、变化过于频繁可能导致相反结果,影响技能形成。

良好的安全观念和安全常识只是学生学习、生活、工作的一个基础,真正要具备较高的安全素养还需要接受各方面的专门的安全训练。师生逐步掌握了专门的知识和技能,形成了安全操作、安全管理的行为规范,具备了比较全面的安全素养,才能适应现在或未来工作的需要。

第三节　实验教学安全管理命令方法

一般理解,命令方法即由上级向下级发布权威性指示的方法。命令,是权力主体行使职权的手段之一,是权力享有者依靠组织的权威,按照行政官僚组织系统,以权威和服从为前提,直接指挥下属工作的一种手段。命令的方法在实验教学安全管理中被广泛采用。

一、实验教学安全管理命令方法及其特点

1. 命令方法的定义

实验教学安全管理命令方法也称为集权方法、行政方法,或者首长权威方法。实验教学安全管理命令方法是学校实验教学安全管理者依靠行政措施、利用官僚系统,快速传播安全指示信息,及时发现、排除或控制隐患,避免或者减少事故发生或损失的方法。该方法实质上反映了实验教学安全管理的高度集权和等级制度,充分体现了官僚体系的命令与服从、指示与执行、规定与落实等基本的形式和内容。

2. 命令方法的特点

实验教学安全管理命令方法有以下特点:①权威性。命令方法主要依靠上级组织和领导者的职位权力和威信,这种职位越高,权力和威信越大,管理效果也就越大,指令的传递速度就越快。②强制性。下级必须无条件地服从上级的指令、指挥和规定。如果上级决策有误,并造成一定后果,应由上级领导者来承担。③垂直性。权力主体发布指令一般通过纵向的直线下达,非直接上级不能下达行政指令。④直接性。命令方法依靠行政权力和行政手段直接影响被管理者的意志和行动,而无须借助其他媒介发生作用,因而相较于其他方法更具有直接性。⑤保密性。命令中指令、计划和规定一般只适用于所属的管理范围之中,往往具有较强的保密性。⑥时效性。命令中指示、规定等包括的内容往往对某一特定对象在特定时间内发生作用,下级不需要讨论,减少研究讨论的时间耽误,信息传递快,执行也快。

如何根据人的不安全行为、物的不安全状态、环境的不安全因素进行相应的安全控制,是实验教学安全管理决策层和执行层都必须思考的问题。但不管是决策层还是执行层,在对待安全问题上,为了提高指挥的有效性和速度,增强指令的执行力度,快速处理安全事故问题,命令方法最简单、快速和易行,最能够直接影响实验教学安全工作的顺利开展。

3. 命令方法的价值

在实验教学安全管理中,采用命令方法可以使安全管理系统达到高度的统一,整个组织的

目标、组织成员的意志和行动保持一致；可以使纵向信息的传递比较迅速，可以灵活有效地解决各种例外问题；可以集中统一地使用人力、物力、财力、技术力量，保证整个系统计划、目标的实现；能够有效地保证各部门、各环节在行动上相互协调，确保整个系统运行在和谐、有序、良性的环境之中。但是，命令方法最大的不足是责任由命令发布者承担，如果命令不符合执行等部门的实际，或者命令发布者判断或决策失误，就容易导致执行部门的损失。

学校实验教学安全管理，是促进实验教学建设与发展的重要组成部分，是关系到学校教学、科研、实验等项工作顺利完成的必备条件，是学校师生员工人身安全和国家财产免受损失的重要保证。在实验教学管理中，没有安全管理，学校师生的身心、财产和声誉等就没有保障。而保障学校师生生命、财产安全的方法有多种，首先选择采用的就是命令的方法。

二、命令方法的采用

1. 制定实验教学安全命令目标

依靠学校行政组织的权威，按照行政系统，以权威和服从为前提，建立一个层次结构合理、安全管理职能相对集中的安全体制。认真贯彻"安全第一，预防为主，责任至上，综合治理"的方针和"谁领导，谁负责"、"谁主管，谁负责"、"谁管理，谁负责"、"谁使用，谁负责"的原则，立足安全教育，健全安全管理制度，落实安全管理责任，逐级签订安全责任书，采取奖惩并举的安全管理办法。同时，注重对实验室安全隐患的发现、排除或控制，加强日常安全检查，把安全工作纳入常规化、制度化管理并与校内评优，职称、职务评聘结合起来，确保不发生安全责任事故，使实验场所成为培养师生的科学化、规范化的基地，使实验教学得以顺利进行。

2. 明确实验教学安全命令内容

在实验教学安全命令管理工作中，首先，要理顺实验教学安全管理体制、明确管理职能、搞好岗位责任制度建设。强化全员安全责任制的落实，将安全责任落实到人、落实到岗。由此形成从学校领导、管理部门到各基层单位的完整的组织管理网络，分层次展开工作，将有利于理顺安全管理关系、明确安全定位、落实安全责任、强化管理手段、提高工作效率。

其次，充分发挥院系领导的作用，构建高素质的管理队伍。院系领导的工作在学校承上启下，至关重要，在实验教学安全管理中要积极主动、充分发挥作用。同时，学校要建立一支优秀的实验教学安全管理队伍，其中，校一级核心管理人员要有较强的专业背景，能够解决专门的安全问题；基层管理人员则要强调安全意识、熟悉基层情况、明确职责范围内安全工作的主要方面和要害之处，时时保持警觉。

再次，加强实验室安全检查与隐患排查上报。实验室主管部门对实验室的安全情况进行不定期检查，深入开展隐患排查治理工作，实现隐患排查治理的经常化、制度化，通过隐患整治，提升实验室安全基础和管理水平。

最后，建立和完善目标考核机制。学校要结合实际，建立科学的、量化的、可操作性的实验室安全管理绩效考核体系，实施科学的绩效管理，以提高实验教学安全管理人员的积极性。

三、实验教学安全命令畅通的途径和条件

1. 明确管理职能，落实安全责任

没有管理，安全就没有保障。在实验教学安全管理工作中，首先要从行政系列理顺管理体

制、明确管理职能、搞好岗位责任制度建设,保证行政命令一路畅通。成立校一级的安全管理组织,执行主管校长负责制和主管部门责任制,对学校实验教学的安全问题进行全面管理。各个院系应建立院系一级的安全管理体制,明确具体负责人,逐级签订安全责任书,落实各级人员的安全职责。各单位一把手要对本单位安全负责,其他领导要对自己分管的安全工作负责,做到"谁领导,谁负责"、"谁主管,谁负责"、"谁管理,谁负责"、"谁使用,谁负责",责任到人、到岗。学生进入实验室前,实验室人员应对学生进行系统全面的安全教育,并与每名学生签订安全责任书,通过安全教育和签订安全责任书,培养学生掌握科学、严谨、规范的实验手段,让学生参与实验教学的安全管理,明确其在安全管理上的责任和义务。强化全员安全责任制的落实,将安全责任落实到人、落实到位。

为做好实验教学安全工作,学校可以在实验教学管理部门设立技术安全科,具体负责:实验教学及其有关项目的安全设施的验收;化学危险品的存放、使用;特种设备及特种作业人员的管理;实习工厂和实验室的安全与环保管理;外出参与社会实践安全条件的审查等;有关实验教学安全管理和教育计划的制订、实施和督察;配合学校公安部门,对有关人员进行安全技术培训等。为强化学校安全管理,在设立主管技术安全科室的同时,还应成立由校长任组长的学校安全领导小组,全面负责学校安全工作规划的制订、执行和检查,促进学校安全管理水平的提高,确保实验教学安全管理工作健康、和谐、稳定地发展。

学校基于"一岗双责"原则,采用逐级签订责任书的办法,落实全员岗位安全责任制,使每一个岗位人员明确其在安全管理上的责任与义务。学校应当通过制度的形式,明确在安全管理上要坚持下级无条件服从上级,特别是通过检查发现安全隐患提出的整改,就要无条件地进行整改,努力把上级布置的相关安全工作做好、做扎实,创造一个安全的教学、科研、实验环境。

2. 发挥院系领导作用,构建畅通的行政渠道

院系领导承担着实验教学安全命令畅通承上启下的作用,至关重要。院系一把手作为本单位安全工作的第一责任人,要亲自抓本单位实验教学安全工作。将实验教学安全管理纳入院系目标管理范畴,制定目标管理细则,形成安全岗位目标体系,建立覆盖本单位安全管理环节的安全责任体系,充分发挥岗位职能作用,保证院系安全命令的畅通无阻。

安全管理有很强的行政色彩,同时还有非常强的专业特点。在日常工作中,安全管理人员在行政管理上的权威性也往往来自其出色的业务表现。因此,实验教学安全管理人员要有较强的专业背景、安全意识和专业安全技能,能够解决专门的安全问题。

在学校这个特殊的环境中,每一位教师都负有对学生实施安全教育的职责,都负有宣传、普及与从事专业相关的安全知识和技能的义务。教职员工既是安全工作的对象,也是安全工作的主体。因此,从广义上讲,安全管理队伍必然包括全体教职员工。因此,要特别重视教师队伍整体的安全素养培养,使全体教师成为安全管理队伍的扩展,言传身教,重视育人。"全民皆兵"是学校安全队伍建设的至高境界,也是保证实验教学安全行政命令一路畅通的基础和条件。

3. 加强实验安全检查,保证行政命令的针对性

安全检查是安全管理的实践活动,通过安全检查及时发现安全隐患,有针对性地进行安全管理,消除安全隐患。同时宣传国家和学校的有关安全法律、行政法规及政策,有利于提高当事人的安全意识,不断改进实验室的安全现状,促进安全管理水平的提高。

为提高安全检查质量,实验教学安全管理部门可由行政管理人员和专家组成,依靠专家的业务特长,确保实验教学安全检查的质量。实验教学安全管理部门对实验教学的安全情况进行不定期检查,对检查中发现安全隐患的实验教学安排和活动要限期整改,并按时回查、验收,对未按时整改的单位或个人要追究有关人员的责任。每次安全检查都认真做好记录,参加检查人员签字并写出书面报告上交安全职能部门存档。对实验教学安全管理成绩突出的实验室或单位、个人进行通报表扬。采取这些措施,才能够保证学校实验教学安全有针对性和实效性。

4. 建立和完善考核机制

学校实验教学安全管理部门要逐步建立和完善科学的实验教学安全管理考核机制。依据各个岗位签订的实验室安全管理责任书,对干部、实验教师进行考核。考核可采取自我评估、学校考核、群众评议相结合的办法。实验教学安全管理的考评结果,应作为教职员工年终工作考核的重要内容。同时,严格实施责任追究。对于未履行或不认真履行安全职责,造成本单位、本部门发生重大经济损失和实验安全事故的,以及对分管的安全管理工作敷衍塞责,不抓不管,造成恶劣影响的,均应追究单位主要负责人、分管负责人和直接责任人的责任。这是使学校实验安全管理行政命令能够畅通的保障条件。

"群众利益无小事",安全问题再小,也是人命关天的大事。因此,高校必须以坚持科学发展观,创建高质量、高水平的社会主义和谐大学为立足点,千方百计地保证发布的行政命令的科学性、正确性和针对性,创造实验教学安全管理行政命令畅通的条件,这是切实解决好实验教学安全问题的有效方法。

第四节　实验教学安全制度方法

制度的方法就是实验教学管理主体利用和制定各种规章制度规范有关人员的实验教学行为,预防安全事故的发生,保证实验教学达到预期目标的方法。学校实验教学安全管理部门要不断建立、完善各种实验教学安全管理规章制度,使各项实验教学活动有章可循、有法可依、有据可查、职责严明、分工明确,并严格按规章制度办事,保证实验教学安全。

一、实验教学安全制度目标

规章制度是科学管理的重要依据,也是管理实践的科学总结。规章制度的建设是加强技术安全管理的一个重要措施。随着形势的发展,学校要根据国家颁布的各项法规、条例、规定,结合自身的具体情况,制定一系列管理制度,并且与时俱进,不断修改和增补有关内容。这些管理规定旨在提出工作的指导思想、工作方法,明确具体实施意见和要求,规范技术安全的工作程序,做到工作的每个环节都有法可依、有章可循,保证实验室技术安全工作有序、有效地开展。

制定科学、规范、配套、切实可行的规章制度非常重要,而认真落实、执行这些规章制度则更为重要。因此,必须采取措施保障规章制度的贯彻和执行。一方面,要建立、健全技术安全管理队伍,层层把关,督促实验教学安全管理者和管理对象,确实将规章制度落实到实处;另一方面,为了使技术安全管理规章制度在实验教学中充分发挥作用,做好规章制度的发布、宣传工作,以便于实验人员查阅、下载和学习。因此,除了采用书面印制技术安全管理规章制度并广泛发行到实验室以外,还要充分利用校园网,开发实验室信息管理系统,并将技术安全所有规章制度放在互联网上,不仅便于校内人员学习、贯彻执行,也方便了兄弟院校的信息交流以及互相学习,同时创建一个优质、高效、服务型的实验室管理模式。

二、实验教学安全制度内容

针对实验室的安全特征和管理现状,高校实验教学安全管理工作要贯彻国家"安全第一,预防为主,责任至上,综合治理"的安全方针,增强"全员、全程和全面"安全观念,建立健全安全管理体制,明确安全管理职责,着力于安全基础性工作,加强实验室安全标准化建设,形成实验教学安全制度系统。

1. 建立安全制度,明确安全责任

各高校应成立学校安全领导小组。该小组的基本责任是对全校安全全面负责。在学校安全领导小组的领导下,建立和健全学校安全管理制度,包括实验教学安全管理制度,形成一种纵向到底、横向到边的连锁互保安全责任制。

在学校实验教学管理部门要有岗位专门负责全校实验教学安全日常管理和检查督促工作;学院各个实验室或者专门项目要有专门实验技术人员或实验室主任承担安全工作职责,加强实验技术人员和实验室主任的安全责任,充分发挥实验技术人员、实验室主任或者项目主任在安全工作上的积极性、主动性和创新性。

2. 建立健全实验室安全管理制度

科学规范的安全管理制度建设是实验室正常、高效运转的有力保障。实验室的安全管理要从制度建设入手,必须制定一整套严格的安全管理规章制度。其中包括:建立环境设施(包括温度、湿度、通风、水、电等设施)规范使用、安全检查防护维修制度;从环保和安全的角度考虑,建立易燃、易爆、剧毒物品、放射性物品等的使用和存放制度;从管理操作角度制定实验室安全管理如安全操作程序等规则;实验室安全卫生守则;实验室安全用电管理办法;危险物品管理办法;特种仪器设备安全使用管理办法;大型精密贵重仪器使用、维修及保养管理制度;"三废"处理规定等。具体说来,学校应当建立健全 15 项安全管理制度并落实到人、到岗。

(1) 消防制度。学校实验教学管理部门要制定"防火安全规章"消防技能培训,以及消防器材维护和管理等制度,并分别不同性质的消防制度,张贴在楼道、电梯外、电梯内、实验室操作平台旁等注目的地方,时刻提醒大家注意消防安全。

(2) 新仪器、设备用前学习、培训制度。该制度规定,凡是新进实验仪器设备,都要进行安全使用培训,要求指导教师、学生在使用前都必须要仔细阅读说明书、熟记注意事项,切不可仅凭经验就使用。坚决做到"不培训,不使用"、"不熟悉安全要求,不使用"的原则。

(3) 搁置仪器设备检查制度。该制度规定,凡是搁置时间过久的仪器设备,特别是机电、精密设备仪器类等,在使用前,都要经过专业维修人员检查、维护后,才能够开机使用。坚持做到没有检查和维护的搁置仪器设备不盲目使用。

(4) 实验操作前的准备制度。该准备制度包括实验思想准备,实验项目基本知识准备,熟悉操作规程准备,洗净手、不带湿手操作电器准备,不在潮湿环境使用电器准备等。

(5) 电器匹配制度。实验教学需要的电器,如保险丝、保险盒、开关等,应按用电电路的实际用电量来选择适当的规格,实验室配电线路、装置(开关、插座、保险盒等)必须布局合理、完

整无损,带电部分不得外露,以防发生伤亡事故。

(6) 应急处理制度。实验教学过程中,突然遇到停止供电、供气、供水时,应立即将所有电源、气源、水源开关和阀门全部断开,以防止恢复供电、供气、供水时发生事故。

(7) 结束后检查制度。实验教学结束后,有关人员要自觉或者督促实验学生在实验结束后离开实验室前进行一次安全检查,重点检查门、窗、水、电、气是否关闭、断开,安放是否妥当,尤其是在突然停水、电、气的情况下,一是要查明原因、排除隐患,二是要立即断开水、电、气的开关及总阀门。

(8) 警示标志制度。有放射性物品的实验室,配电、配气和配水室等地方,应有明显的警示标志,防止无关人员入内。对废弃物要妥善处理,符合排放要求方能排放,或交由有关专业部门处置。操作人员必须持证上岗,工作人员必须具备防护知识,作风谨慎,操作熟练,遵守纪律。

(9) 突发事故应急制度。实验操作中如果不慎发生火灾,实验人员必须立即切断电源、气源,停止送风,根据可燃物的性质迅速取用相应的灭火器材,同时尽快将易燃易爆物品和压缩气瓶小心搬离火源并严防碰撞,有关人员应及早向当地消防部门报警。

(10) 精密仪器设备管理制度。要尽可能将存放高精仪器的实验室设置在二楼以上,并保证实验室通风良好、楼道畅通无阻,在梅雨季节应进行不间断抽湿处理,把实验室的湿度控制在设备要求的范围以内。

(11) 岗位责任制度。实验教学安全管理关键在于明确责任和责任人,学校要结合行政管理体系,在实验教学安全管理中,建立健全相应的安全责任体系,明确一岗双责,并督促检查责任人认真切实履行职责。明确实验室人员定期安全技能培训和考核制度。

(12) 危险品管理制度。学校要为易燃、易爆和强酸强碱等危险药品设立专库,分类存放,专人保管,建档立册,集中管理,进出数量都应有记录,领用人必须登记,从保管、使用到排放,都应有记录跟踪,从而确保危险药品的安全管理。对有剧毒药品的实验室必须坚持做到双人双岗,剧毒药品用量必须核准,剧毒药品当天用当天领取,并做到实验微量化。被污染后的实验物,必须做无害化处理,不得随意丢弃。

(13) 大中型仪器设备管理制度。学校要加强大中型仪器设备的安全管理。对于大中型仪器设备,使用前必须对人员进行培训,使其持证上岗。对大型、精密、贵重仪器要专人管理和维护,做到每使用一次登记一次。

(14) 外来人员管理制度。严格来说,实验教学过程中,是不准外来人员参与的。但是随着学校交流的扩大,难免有兄弟学校参观访问,对外来参观访问人员,要进行有序管理,建立在安全问题上谁接待谁负责制度,有人带队制度,未经允许不得拍照、操作和搬动制度,特殊实验室还要做到无菌进入制度等。外来参观访问人员要严格登记制度。

(15) 安全管理人员的培训考核制度。该制度规定,凡是新进入实验教学安全管理队伍或者从事实验教学安全管理的行政人员、教师或技术人员,必要时对少数学生骨干,都要进行安全管理培训和考核,培训、考核的内容包括实验教学安全管理的基本方针政策、制度,基本实验教学安全管理知识,并坚持不经过培训考核不上岗的原则。有关安全管理人员培训考核制度的表格如表8-1~表8-3所示。[①]

---

① 江南. 浅谈实验室培训. 现代测量与实验室管理,2009,(6):58-62.

表 8-1 培训申请表

培训内容及目的：	
参加人员：	
培训时间共　天　共　学时　从　年　月　日至　年　月　日	培训地点： 培训人：　　　联系电话：
培训单位：	
发证单位：	
培训内容及目的：	
考核办法：□ 笔试 □ 口试 □ 实际操作 培训经费：	
申请部门意见：	
技术负责人意见：	
实验室最高领导人意见：	

表 8-2 培训内容记录表

培训时间		培训师：	
培训地点		培训方式：	
培训主题：			
培训内容摘要：			
参加培训人员签名：			
效果评价：			

表 8-3 培训考核合格证书

姓名：		性别：		年龄：	
所学专业：			岗位：		
考核成绩：			理论： 实际操作：		
实习评价(指导教师)：					
中心实验室评价(实验室最高领导人)：					

三、实验教学安全制度规范

制度建设是实验教学安全管理的重要组成部分，是保障实验教学安全的"第一道防线"。在构建实验教学安全管理体系中起着决定性的关键作用。制度建设要有大局观，要形成既能制约又能互动的体系效应，以确保制度在贯彻中的整体效能。为此，建议在制定实验教学安全管理制度时，在以下八个方面予以重视。

1. 合法性

学校实验教学安全管理行为规范必须符合国家颁发的安全政策、法规。这个要求看似简单，实际操作时有难度。首先，政策法规往往比较宏观，制度则需要可操作性，如何将一些规定细化成操作性指标需要做不少工作，度的把握是个难点；其次，安全工作涉及许多方面，不少工作是多部门管理，不同的管理部门从自己部门的视角出发，有可能提出不同的量化指标，为高校的制度建设带来一定难度。此外，高校科研工作的前沿性、探索性也往往有可能导致业务工作超越法规、制度的覆盖面。所以在制定相关实验教学安全管理制度时,必须在国家安全政策法规的框架内,以充分确保参与人员的人身安全,这是任何安全管部门或者管理者都必须予以考虑的。

2. 可操作性

学校制定的各项实验教学安全管理规章制度,是让人们去遵守、去照章办事的。因此,可操作性是第一位的。制度要便于操作、便于检查、便于监督,否则制定的制度就可能形同虚设。实验教学安全管理制度,要紧密结合实际工作,认真研究其针对性和可行性,明确规定要约束行为和操作程序,定好规矩就一定要执行。暂时没有条件管又不会出大事故的事情,先开展宣传工作,待时机成熟再做。切忌好高骛远、工作上鞭长莫及、先搭虚架子,任何安全管理都要避免管理的花架子。

3. 权威性

学校实验教学管理部门制定的各项安全管理制度必须是科学的、刚性的、无条件的、不徇私情的,而不是只挂在嘴上、贴在墙上的摆设。各项安全规章制度客观上具有强迫性、制约性,管理者和执行者既要自觉对照自查,又要相互督促互查。对违反者必须严肃追查,做到赏罚分明。只有这样,实验教学安全规章制度才能更有约束力、威慑力。

4. 疏堵结合

安全工作重要目标是在群体中树立规则意识,而树立规则意识的关键是有效的处罚,这种认识为大家广泛接受。但是有效的处罚还要和有效的引导相结合,有奖有惩才会产生最大效益。实验教学安全管理工作不能光"堵",还要"疏",也就是说,对于遇到的难题,安全管理者要和实验教学工作者一起想办法,解决遇到的安全问题。实验教学业务工作者往往是本领域里最好的安全管理者,关键是其头脑里必须有安全这根弦。这样,许多新问题、新困难就会迎刃而解,新的规矩就会很好地订立和执行。

5. 前瞻性

在制定安全规章制度时,必须结合各实验教学或者项目的工作实际,如随着先进设备的不断更新,及时做出相应的新规定、提出新要求,用以科学规范不同人员的操作行为。为此,要加强评估分析,将科学技术的成果不断引入安全评估环节,建立的安全标准规范尽可能多地用引进定量的测试数据,尽可能地对可能存在的安全问题进行量化处理,为有理有据预防事故的发生创造条件。

6. 针对性

学校实验教学中,由于学科专业、各实验室和实验项目不同,参与实验教学师生的素质和认识差异,存在的安全隐患也不同,所以制定的有关安全制度不能够过分空洞,更不能泛泛而谈、以一概全、眉毛胡子一把抓,而是要具有明确的针对性,争取制定每个实验项目都有针对性的安全制度,如针对具体实验项目的安全操作程序等,避免实验教学安全管理"管而不严,百密一疏"现象的发生。

7. 开拓性

高校往往率先涉足新的实验研究领域,在提出新的实验项目时,应当对新实验项目风险进行预测,制定风险预防制度和应急方案,将落实安全责任人等安全问题列入重要内容,制定安全防范制度,并敢于在不违背安全法律规定的条件下,开辟新的领域,对原有安全体系有所突破和创新,做第一个吃螃蟹的人。这样做既是实验教学安全管理工作的需要,也是落实政府安全管理部门对高校安全管理特别是实验教学安全措施的迫切需要,为社会安全作贡献。

8. 与时俱进

学校实验教学安全管理规章制度要不断优化,让有关规定、办法、措施与时俱进,与实验项目开展工作同行。让实验项目风险和控制事前评估、事后分析与控制工作的改进能够长期、规范地执行。科学、规范的实验教学安全管理制度建设是实验教学正常、高效运转的有力保障。实验教学的安全管理要从实验项目的提出和设计开始,从安全制度保障建设入手,在制定实验教学安全管理制度时要从保护环境、保持社会稳定和持续发展的高度出发,制定出一套严格、有效、全面的实验教学安全管理规章制度。同时可以借鉴 ISO 质量保证体系模式,制定以安全运行为目标的实验规划、立项、操作管理标准和执行落实措施,推进各项实验教学管理工作标准化、程序化。将各项安全制度、标准和操作程序在实验教学日常维护和实验教学过程中认真贯彻执行,加强安全管理的监督检查,确保各项措施落实到位。

思 考 题

1. 分析阐述实验教学安全管理教育方法及其目标。
2. 分析阐述实验教学安全管理技能训练方法及其内容。
3. 分析阐述实验教学安全管理命令方法及其途径。
4. 分析阐述实验教学安全管理制度方法及其要求。

第九章　实验教学安全管理文化

不同的人对文化一词有不同的理解。文化一般是指围绕在某一主体周围并对该主体产生有形或者无形影响的所有外界氛围的总和。文化的属性可以分为自然文化、人为文化。其中，自然文化是指未经过人的加工改造而天然存在的环境文化，包括自然存在的大气环境、水环境、土壤环境、地质环境和生物环境等；人为文化是指在自然文化的基础上经过人为加工改造所形成的人工和绿色文化，或者人为创造的文化，它包括与自然文化相区别的社会文化，即人与人、人与组织、人与物质、物质与物质、组织与组织之间形成的各种社会关系，如政治、物质和精神关系，也是人们习惯称谓的政治文化、物质文化和精神文化。任何学校实验教学管理都处在一定的文化氛围之中，不管是先进的还是落后的，缺乏有文化的管理是不可想象的管理。所以本章结合学校实验教学安全管理主体所处的环境实际，重点研究实验教学安全管理的制度文化、物质文化和精神文化。

第一节　实验教学安全管理文化概说

众所周知，政治、经济和文化是人类活动的三领域，相应就存在管理政治、管理经济和管理文化三大领域的活动。2000多年前，古希腊学者亚里士多德认识到人是政治的动物，揭示人类管理史上的政治人时代；200多年前，英国学者亚当·斯密（Adam Smith）认识到人是经济的动物，开启了人类管理史上的经济人时代。今天，在跨入21世纪的时候，人们认识到人是文化的动物，人类管理史进入了文化人时代。[①] 我国九年基础教育的义务教育已经实现，高等教育已经进入大众化阶段，全国人民的素质已经有了极大的提高，特别是处于高等学校的师生员工，基本都是具有较高文化素质的群体，对其管理更需要的是高层次的文化管理。文化管理需要管理的文化，这是历史发展的必然，也是管理的高级发展阶段。实验教学工作是高级的探讨性思维和实践活动，更需要实验教学安全管理者营造一种先进文化，用文化管理的高级手段引导和潜移人的思想和行为，达到预期实验教学安全目的。

一、实验教学安全管理文化的内涵和外延

1. 安全管理文化的内涵和外延

首先，安全管理文化的内涵。安全管理运用现代安全管理原理、方法和手段，分析和研究各种不安全因素，从组织、技术上等各个方面采取有力措施，避免、控制或消除各种隐患或风险因素，防止事故的发生。安全管理所涉及的对象是人类生产活动中一切人、物、环境的状态。安全管理是研究人、物、环境自身或三者协调进行的计划、组织、指挥、协调和控制，在法律制度、组织管理、技术、教育等方面采取综合措施，控制人、物、环境的不安全因素，以实现安全生产为目的的一门综合性科学。结合"安全管理"和"文化"的内涵，安全管理文化是安全管理主

① 黎红雷. 人类管理之道. 北京：商务印书馆，2000.

体有计划、有组织地长期营造形成的一种围绕在主体周围并对其思想和行为产生有形或者无形影响的所有氛围的总和。该定义包括几层含义:安全管理文化是安全管理主体有组织、有计划营造的一种氛围;安全管理文化是一种围绕主体的稳定氛围;安全管理文化对管理者与管理对象的思想和行为产生的是一种有形或者无形的影响;安全管理文化是一种包括实验教学安全管理的精神文化、物质文化和制度文化的总和。

其次,安全管理文化的外延。根据对文化的结构剖析,有两分说,即分为安全管理物质文化和安全管理精神文化;有三层次说,即分为安全管理物质文化、安全管理制度文化、安全管理精神文化三个层次;有四层次说,即分为安全管理物质文化、安全管理制度文化、安全管理风俗习惯文化、安全管理思想与价值文化。有六大子系统说,即安全管理物质文化、安全管理社会关系文化、安全管理精神文化、安全管理艺术文化、安全管理语言符号文化、安全管理风俗习惯文化等。当然,根据需要,还可以划分出学校安全管理文化、学院安全管理文化、实验室的安全管理文化等。本章取其中"三层次说",重点研究安全管理物质文化、安全管理制度文化、安全管理精神文化。

2. 实验教学安全管理文化的内涵和外延

首先,实验教学安全管理文化的内涵。实验教学安全管理是为了实现实验教学活动的"四防止",对人、物和环境所从事的有计划、有组织和有控制等方面的安全管理活动,或者学校在实验教学活动中,为实现实验教学"四防止"所从事的所有管理活动。结合文化的内涵,实验教学安全管理文化是有关主体有计划、有组织地长期营造的一种围绕在实验教学安全管理主体周围并对其思想和行为产生有形或者无形影响的所有氛围的总和。该定义包括几层含义:实验教学安全管理文化是有关主体有组织、有计划地长期营造形成的一种氛围;实验教学安全管理文化是一种围绕主体的稳定氛围;实验教学安全管理文化对对象的思想和行为产生的是一种有形或无形的影响;实验教学安全管理文化是一种包括实验教学安全管理的精神文化、物质文化、制度文化的总和。

其次,实验教学安全管理文化的外延。按不同的根据,可以划分出不同的结果。2004年我国宪法修正案序言中,明确提出"推动物质文明、政治文明和精神文明协调发展"。参照宪法的这一基本精神,实验教学安全管理文化可以分为实验教学安全管理物质文化、制度文化和精神文化,这也是本章取"三层次说"的依据所在。

二、实验教学安全管理文化的特点

1. 稳定性

任何一个组织的文化,总是与组织发展相联系的。组织文化的形成是一个渐进的过程。它一经形成,并为该组织员工所掌握,就具有一定的稳定性,不因该组织人员的变化而立即变化,也不因组织制度和经营策略的改变而立即改变。没有特定的稳定,就没有特定的组织文化,组织文化的存在和发展也就失去了客观基础。

文化的生成呈现长期性,组织文化尤其是居于核心地位的价值观念的形成往往需要很长时间,需要领导者的耐心倡导和培育。组织文化一旦形成,就会变成组织发展的灵魂,不会朝令夕改,不会因为组织领导的更新、组织机构的调整而迅速发生变化,一般来说它会长期在组织中发挥作用。当然,组织文化的稳定性也是相对的,根据组织内外经济条件和社会文化的发展变化,组织文化也会不断地得到调整、完善和升华。尤其是当整个社会处于大变革和大发展、组织制度和内部经营管理发生剧烈变动的时期,组织文化也通常会经过新旧观念和核心价值观的冲突而发生大的变革,从而适应新的环境、条件和组织目标。"适者生存,优胜劣汰",组织文化是在不断适应新的环境中得以进步的。

同一般组织文化一样,学校实验教学管理文化是经过长年累月积淀起来的,任何一所学校的实验教学管理文化,总是与学校发展相联系的。实验教学管理文化的形成是一个渐进的过程。它一经形成,就具有一定的稳定性,不因某一管理者、教师或学生的改变而立即改变。但又不是绝对一成不变,同样随着外部政治、经济和文化环境的变化而变化、调整、完善和升华,最终形成适应实验教学发展需要、适应校园环境发展的稳定的学校文化。

2. 独特性

影响组织文化形成的外部因素主要有民族文化环境、外来文化因素、行业文化因素、地域文化因素等。民族文化是影响组织文化的重要因素之一,不同的民族有不同的文化,这种文化必然会影响到组织文化;外来文化是从其他国家、其他民族、其他地区、其他行业、其他组织引进的,也会对该组织的文化产生一定影响。不同行业的组织文化特点是不一样的,其他行业的组织文化也会对该组织文化产生影响;无论是国家与国家之间,还是同一国家的不同地区之间,地域性差异是客观存在的,不同的地域会产生组织间文化的差异。

影响组织文化形成的内部因素主要有组织传统因素、组织发展阶段因素、个人文化因素。组织文化的形成过程也就是组织传统的传承过程,组织文化的发展过程也就是对组织传统去粗取精、去伪存真的过程。因此,组织传统是形成组织文化的重要因素;组织处于不同的发展阶段,决定了它将面临不同的发展状况和焦点问题,进而影响到组织文化的不同特点;个人文化因素指的是组织领导者和员工的思想素质、文化素质和技术素质,它直接影响和制约着组织文化的水平。

组织文化既存在于民族文化之中,又因各组织的类型、所处行业性质、人员结构、发展阶段等方面的差异而各不相同。不同民族、不同地区、不同行业的组织,其文化风格各有不同,即使两个组织的外部环境十分相近甚至一致,也是同一行业,在文化上也会呈现出不同的特点。这是由组织生存的社会、地理、经济等外部环境,以及组织所处行业的特殊性、自身经营管理的特点、组织家素养风范和员工的整体素质等内在因素决定的。

同样,实验教学管理文化是学校作为一个整体为外界所展示的群体生活的素质水平,展现一个组织的综合情况,反映学校管理者、教师或学生的实验教学生活状况,以及精神风貌。实验教学管理文化不仅仅包含学校实验教学方面的情况,还与学校的实验教学管理涉及的人、物和事相关,是学校实验教学活动体与非活动体的综合表现。对于学校的实验教学管理文化建设,学校的领导尤其是分管校长、院长等,有直接影响作用。俗话说,"有一个怎么样的校长,就有一所怎么样的学校"。同样,有一个怎样的分管校长、院长,就有怎样的实验教学管理文化。学校管理者、教师或学生有其自身的特点,决定了由他们在各项实验教学安全管理过程中逐步形成的实验教学管理文化也有其自身独特的特点。

3. 人本性

组织文化关注的中心是人,是对人的因素的管理与激发。美国心理学家马斯洛在他的《人的动机理论》一书中提出了人的基本需要有五种,即生理的需要、安全的需要、爱的需要、尊重的需要和自我实现的需要①,五种需要依次由较低层次到较高层次排列。当衣、食、住、行等最基本的生存需求得到满足后,人们需要满足安全需要、爱的需要、被尊重的需要、自我价值实现的需要等。一个人一生中最宝贵、最漫长的时间在于读书学习与工作,组织的成长和发展与个人的成长和发展在组织文化这个层面达到了完美的契合,所以组织文化是一种以人为本的文化,尊重和重视人自身成长和发展的文化。同样,学校中的实验教学安全管理文化的出发点和归宿是尊重教师在实验教学中的安全感受、尊重学生在实验教学中的安全体会,既满足教职工自我价值的实现,也满足学生自我创新和发展需要的实现,实验教学安全管理文化具有典型的人本性。

4. 服务性

服务性是指创建组织文化的根本目的是为组织自身的繁荣与发展服务,进而为社会经济发展服务。它包括:根据市场和社会内在逻辑形成的组织发展的经济战略和战术文化;尊重知识、尊重人才的文化;围绕着组织的生存和发展,做好人的工作,增强凝聚力的文化;促进人的思想解放、行为规范,激发主体积极性、主动性和创新性的文化;促进组织员工的身心健康,使员工心情舒畅的组织娱乐文化等。实验教学安全管理文化中的物质文化、制度文化和精神文化,通过不同的表现形式,有形或无形地、规范或潜移默化地影响实验教学师生的思想和行为,让其行为规范、有序,既确保实验教学安全,也确保师生特别是学生的身心安全,最终体现的是让师生在实验教学中干得有尊严、行为有价值、心情舒畅,有效地实现了预期实验目标,这是实验教学安全管理文化的出发点和归宿,这些都体现了组织文化的服务性。

5. 凝聚性

组织文化的形成,都有一段漫长的历史沉淀,长年累月形成的文化无形地、潜移默化地使自己的员工追求共同的目标,它像一条无形的手或者纽带把全体员工紧密团结在一起,这就是组织文化的凝聚力。凝聚力重要的是体现在组织面对挫折的时候,组织的每一位成员都能够齐心协力、自觉配合、克服困难,去实现预期目标,一个没有文化或者核心价值观的组织,必然是人心涣散、离心离德的,这样的组织是不会有生机和活力的,更是没有希望和发展前途的。所以学校实验教学安全管理文化,也如同组织文化一样,能够成为一双无形的手或纽带,潜移默化地把全体实验教学人员紧密团结在一起,去追求共同的安全目标,从而达到顺利实现实验教学的目的,这就是实验教学安全管理文化的凝聚性。

6. 激励性

激励是文化本身的一种独有特性,组织文化更是如此。一旦员工融入某一组织文化,该组织的员工就会自觉地围绕组织目标,充分发挥自己的聪明才智。虽然组织员工的工作动力和积极性主要来自工资、奖金和福利等物质利益,但是,人的精神性来自组织的愿景、组织文化的熏陶等。这种组织文化可以最大限度地满足员工情感、自尊、归属和事业追求等心理需要,最大限度地潜移员工对组织忠诚,营造组织的和谐关系、全局意识、创新氛围,激励组织员工心甘情愿、全心全意地为组织作贡献。所以先进、科学、创新、和谐的学校实验教学安全管理文化,同样能激发参与实验教学的人员自觉地遵守实验教学安全管理规章制度,充分发挥自己的聪

---

① 俞文钊. 管理心理学简编. 2 版. 大连:东北财经大学出版社,2000.

明才智,自觉学习和掌握实验教学安全理论和技术,在实验教学过程中严格按照科学设计的程序行动,做到思想解放、行为规范,为主动的实验教学、顺利的实验教学和安全的实验教学的预期实验目标而不懈努力,这就是实验教学安全管理文化的激励性。

第二节　实验教学安全管理物质文化

物质一般是指"独立存在于人的意识之外的客观实在",或者"特指金钱、生活资料等"[①]。而物质文化,则是指为了满足人类生存和发展的需要所创造的独立于人的意识之外的客观存在,或者物品、金钱等一切有形物表现的文化总和,它包括食品、服饰、建筑、交通、生产工具以及乡村、城市的地貌、景观布局、造型和色彩等一切有形物凝聚的文化。

一、实验教学安全管理物质文化的内涵和外延

组织的物质文化就是以物质形态为载体,以看得见、摸得着、能够体会到的物质形态反映出来的外在精神表现,如组织生产的产品和提供的服务、组织的工作环境和生活环境等。组织的安全文化主要涉及组织生产经营活动中的所有员工、生产资料、生产对象、安全生产管理及社会文明等,还包括保障人的身心安全和健康,预防、减少或消除生产事故和意外灾害而建立的不伤、不死、无损、无职业危害的安全生产活动领域及作业环境等,这些都属于组织安全文化的范畴。组织安全物质文化集中表现在通过组织安全文化的机制和功能,来实现控制和操作安全生产的人和进行安全生产的物的本质安全化。组织安全物质文化的组成和系统有其客观性和物质性特点。

组织安全物质文化是指整个生产、经营管理活动中所使用的保护员工身心安全与健康的工具、原料、设施、工艺、仪器仪表、护品和护具、选择的色彩等安全器物及其表现出来的文化。主要安全器物见表 9-1。

表 9-1　主要安全器物表

护具护品	防毒器具、护头帽盔、防刺切割手套、防化学腐蚀毒害用具;防寒保温的衣裤、耐湿耐酸的防护服装;防静电、防核辐射的特制套装
安全生产设备及装置	各类超限自动保护装置、自动引爆装置;超速、超压、超湿、超负荷的自动保护装置等
安全防护器材、器件及仪表	阻燃、隔声、隔热、防毒、防辐射、电磁吸收材料及其检测仪器仪表等;本质安全型防爆器件、光电报警器件、热敏控温器件、毒物敏感显示
监测、测量、预警、预报装置	水位仪、泄压阀、气压表、消防器材、烟火监测仪、有害气体报警仪、瓦斯监测器、雷达测速、传感遥测、自动报警仪、红外控测监测器、音像监测系统等;武器的保险装置、自动控制设备、电力安全输送系统
其他安全防护用途的物品	激光器件及设备的防护;防化纤织物危害的保护剂、消除静电和漏电的设备、防食物中毒的药品、防增压爆炸、防煤气浓度超标自动保护装置;机床上转动轴的安全罩、皮带轮的安全套、保护交警和环卫工人安全的反光背心、保护战士和警察安全的防弹服等。还有其他一些研制或开发的新型护品、护具、设备、器具、材料、物品等

---

① http://www.zdic.net/cd/ci/8/ZdicE7Zdic89ZdicA9288954.htm.

实验教学安全管理物质文化是指整个实验教学活动中所使用的保护师生身心安全与健康的工具、原料、设施、工艺、仪器仪表、护品护具等安全器物及其表现出来的文化。比如,一般实验场所的灭火装置的色彩、造型和摆放位置,生化实验所配置的隔离服、双层防护手套和防护眼镜的色彩、造型和方便性,实验场所机器的造型、色彩、安放、线路布局操作灵活和方便性等。这些除了必不可少的安全防护工具和明确视觉和谐的安全操作开关、符号外,有关实验教学责任人员还需要进行有关机器、仪器、设备的日常定期保养、维护、性能检验、部件更换、施行消毒,始终要使这些机器、设备或仪器处于干净、有序、无毒、便于操作的使用状态。

从实验教学安全管理物质文化的外延来看,既包括主管政府部门关心实验教学安全,为学校创建一个安全舒适的实验教学环境,更包括学校自身重视实验教学安全,特别是实验室安全物质文化;不仅包括各级各类学校,还包括各种培训机构的实验教学安全物质文化;不但有针对教师、学生的实验教学安全物质文化,还有针对学校建筑、设施、财务、信息等方面的安全物质文化;同时还包括为实验教学创造良好的外部工作环境而进行绿化、景观打造文化等。

二、实验教学安全管理物质文化的功能

实验教学安全管理物质文化的功能比较多,主要有导向励志、审美怡情、矫正行为等几种功能,而这些功能的发挥,是通过对学校地理环境、规划布局、建筑、设施设备、自然风貌、人文景观和各类物化形态的有意识创设,借助于学校物质设施在形、色、意、像、声等方面的标志、暗示和浸染,通过人的不自觉意识和内在体验来实现的。

1. 导向励志

物质虽然不能直接与人进行交流,但它以特别的方式发挥着自身的作用,它的作用在心理学上称为"无意识"作用,无意识是主体对客体的一种不自觉的认识,无意识不等于没有意识、没有认识、没有反应,而是主体对客观信息不自觉地加以注意的反映,是一种特殊的心理反应。研究证明,无意识在人的认识心理过程中占据着不可忽视的地位,其作用虽没有被意识到,但却实实在在地参与和调节了人的心理和行为活动。正是因为其能给人的认识和活动提供最大可能的暗示性,才使人们常常在有意识状态下无法解决的问题能够在某种暗示下得到解决。实验教学安全管理物质文化就是在人的心理活动有意识与无意识相统一的基础上,利用人类无意识作用,发挥着其潜在的教育功能,师生员工在这种物质环境中潜移默化地受到安全教育和训练。实验教学安全管理物质文化作为触手可及的文化环境,对教育者而言,是有意识地构建优良的物质育人环境,对受教育者而言,融入物化的环境受其感染的无意识作用要远大于有意识的作用。所以实验教学安全物质文化就其本质而言,具有明显的安全的导向性和励志性。

实验教学物质环境以有形的物质来传承和标示无形的实验教学安全精神、价值观,这些精神、价值观一旦被师生体悟,就会对他们产生潜移默化的导向和激励作用。一所具有良好物质文化氛围的实验教学环境的学校,师生完全可以从实验教学环境如建筑、设施、机器、仪器、设备中,"读"出实验教学安全的精神和追求,从而给师生的心灵以强烈的震撼和激励,沉浸在这种环境中的师生,时时耳濡目染,其潜意识里必然会充满实验教学安全物质文化所折射出的积极向上的因素,从而激励他们牢固树立务实求真、精益求精、严格谨慎、和谐健康发展的精神。

2. 审美怡情

实验教学安全管理物质文化折射了一定时期社会文化的审美追求,也体现了一所学校实验教学的艺术创造力和审美力,反映了设计者和建设者的智慧、趣味与情感。师生员工置身于这样美化的环境中,与这样一些事物朝夕相处,在实验教学过程中、在对物质文化的欣赏过程中,必然会逐步建立起一定的审美意识,提高欣赏和鉴别美好事物的能力,进而培养出在实验教学过程中创造美的能力。与此同时,还会因为时时受到实验教学安全物质文化氛围的感染,而程度不同地让安全情感更趋丰富、情操更趋高尚、个性更趋完善、思想更加解放、行为更加规范,从而真正实现实验教学过程中人人和谐、人物和谐,进一步达到安全实验,取得预期实验效果。

3. 矫正行为

学校物质文化环境特别是人文景观蕴含着很多直观的和潜隐的人文知识,置身于其中,每日耳濡目染,必定增加师生的知识、扩充师生的眼界。而且,学校师生长期在一个有序、文明、高雅的和谐物质环境中从事实验教学,展开自由研究和探讨思绪,其心理和言行也会自觉不自觉地受到良好物质环境传递出的"隐性"精神和规范的熏陶和制约,促进师生自觉纠正、调整和矫正与环境不适应的心理或行为,达到自觉适应良好实验教学安全环境的要求,从而逐步使他们不断强化安全意识和行为,逐渐使他们的语言、行为变得文明、高尚起来。

三、实验教学安全管理物质文化建设

建设就是"创立新事物或者增加新实施"。实验教学安全管理物质文化建设就是将实验教学物质安全作为文化内容、设施而加以新的建立。包括以下几个方面的内容。

1. 对实验教学安全管理物质文化建设的理解

实验教学安全管理物质文化建设有着极为丰富的内涵,可以从以下一些方面来理解。

第一,实验教学安全管理物质文化建设的主体,既包括国家,也包括地方各级政府或者教育主管部门、各级各类学校,其中学校是关键,这是从广义上讲的。狭义上是指某一学校的实验教学安全管理物质文化建设。

第二,实验教学安全管理物质文化建设保障的对象和目的是,保障实验教学安全,使实验教学不出现安全事故,其更深层次的目的是保证实验教学的顺利开展和运行,使学校师生的身心财产免受损失。

第三,实验教学安全管理物质文化建设针对的是有形物的建设,即凡是涉及实验教学物质建设,都要站在文化的高度进行精心设计、精心施工和精心维护。

第四,实验教学安全管理物质文化的作用是,通过物质文化建设来控制或预防,或者最大限度地减少实验教学安全事故的发生。

2. 实验教学安全管理物质文化建设的原则

实验教学安全管理物质文化建设要确立人文关怀原则。在该原则指导下,结合实验教学的性质和特点,在实验教学环境布局、自然环境选择、校舍建筑等人造环境的规划、设计和实施过程中,都要坚持以人为本的理念,理顺人与校园物质环境的关系,确立人的主体性,充分体现对人的尊重、关心、理解,考虑人的审美心理,通过优美的校园实验教学物质环境,使师生员工在浑然不觉中自然而然地受到感染和启发,展现生活情趣,放逐人生追求,探讨未知的知识,创造新的理念与物质,使校园实验教学环境真正成为师生陶情冶性、修身养德、历练意志、放飞科学的花园、乐园、学园。

3. 实验教学安全管理物质文化建设的措施

在实验教学物质文化建设方面需要做好以下三项工作。

1) 以全面规划为基础

结构、功能合理的物质空间环境有利于激发人们学习的欲望。校园里的各项基础建设应充分体现规划的先导性、延续性、合理性和科学性,通过规划设计实现校园的功能分区、单体造型、群体组合和立体绿化,实现专业化、现代化和配套化,展现校园特有的审美情趣及其深厚的文化育人底蕴。其中,学校实验大楼或者实验室建设中要做到校园布局的整体规划、校舍建筑、人文景观的设计建造以及校园的绿化美化相互协调、交相辉映,做到布局自然、空间通透,达到整体和谐、天人合一之效,展现实验教学环境特有的审美情趣及其深厚的文化底蕴。

实验大楼内部,实验室建设要将统筹规划和特色规划相结合,既要反映学科实验教学特点要求,体现学科实验教学特点,也要体现整个学校实验教学的统一协调,做到"科学、人文、安全"、"方便、有序、美观"两个"三结合",从而为切实进行实验教学安全文化建设奠定坚实的基础。

2) 以满足师生需求为着力点

在实验教学安全管理物质文化建设中要尊重师生在环境中的主体地位,满足师生多层次的需要,使师生在环境中充分体会到环境对人的关怀。比如,实验室内各种设备、设施健全、排列有序,指示图标准确到位,安全警示明确具体、布局合理,方便师生操作、使用和进出;实验室外面,绿色景观、凉亭回廊、茂林修竹等自然成趣,既美化校园又净化环境,满足师生追求身心健康和审美的需求;精心设置有利于促进师生潜心实验教学,科学探讨人文景观、名人警句、名人雕塑等,给师生以理性的智慧启迪,满足师生求知的欲望等。在实验教学安全管理物质文化建设中以满足师生需求为着力点,充分体现人文关怀,才能发挥环境寓教于景、润物无声的作用。

3) 以集思广益为重要手段

实验教学安全管理物质文化是学校师生员工对象化活动的结果。同时,师生员工既是实验教学安全管理物质文化的消费者和享用者,也是实验教学安全文化的创造者,通过自身的创造,使自己从中得到营养和陶冶。因此,需要动员师生全员参与到实验教学的安全物质环境建设中,充分发挥师生员工在实验教学安全文化建设中的积极性、主动性和创新性,才能建设满足师生所想、所需的实验教学安全管理物质文化。通过师生民主、公平地共同参与实验教学安全管理物质文化建设,充分发挥师生的主观能动性,真正意义上实现实验教学安全管理物质文化建设的理想。

第三节　实验教学安全管理制度文化

制度文化是人类为了自身生存、社会发展的需要而主动创造出来的有组织的行为规范体系文化。宏观上讲,它既包括国家的行政管理体制、机制、经济制度、物质制度,还包括人才培养、选拔制度,法律、政策制度和民间的礼仪俗规等内容系统和氛围,是文化层次理论要素之一。所谓文化层次理论包括物质文化、制度文化、精神文化。制度文化是人类在物质生产过程中所结成的各种社会关系的总和。社会的法律制度、政治制度、经济制度以及人与人之间的各种关系准则等，都是制度文化的反映。

一、实验教学安全管理制度文化的内涵和外延

学校的各种制度也是学校人与人之间、人与物之间关系的集中反映，也都是制度文化的体现。学校制度文化是指在学校日常工作、学习和生活中具体体现出来的学校管理的独特风格，是学校全体成员共同认可并自觉遵守的行为准则。学校制度文化是一种管理文化，学校建立和健全规章制度，塑造和表征了良好的校园制度文化，是校园文化建设的一项重要内容。校园制度文化主要表现为学校领导、教师和学生对规章制度的态度、观念等以及学校各种规范和非规范规章制度。特别是学校规章制度是否科学合理，是一所学校校园文化程度高低的标志。它规范着学校的办学方向和行为、教师的教学行为以及学生的学习行为。学校制度文化既约束人又造就人，常规管理既要具有相对的稳定性，又要切合学校的实际，具有校本文化的特征。

实验教学安全管理制度文化是指在实验教学和实验安全管理过程中体现出来的学校安全管理的独特风格，具体表现为实验教学的各项安全规章制度以及贯穿于规章制度中的思想、观念和执行的态度、风格等，它规范、预测和引领着实验教学中师生的一切行为。实验教学安全制度文化，按类别分，有实验教学安全管理制度文化和实验设备安全管理制度文化；按管理对象划分，有针对教职工的实验教学安全管理制度文化，如实验技术人员安全职责、实验室主任安全工作职责文化，针对学生的实验教学安全管理制度文化，如学生实验教学安全守则、实验安全操作规范、实验项目安全设计规范等。

二、实验教学安全管理制度文化功能

1. 约束功能

实验教学安全制度文化不仅通过刚性规则给参与实验教学的师生、实验教学管理人员以安全行为方式的正式约束，还以柔性的实验教学安全制度的意识、价值观、伦理观、风俗习惯等环境氛围给师生以非正式约束。非正式约束具有持久的生命力，并构成代代相传的文化的一部分，无形中对个人的某种行为进行有效限制。所以实验教学安全管理制度文化，不仅对学校师生产生刚性约束，更主要的是对师生的行为无形中产生非正式约束，而这种文化约束更具有潜在性，被实验教学安全制度文化熏陶的师生的实验教学行为才更具有自觉性和长效性。

2. 规范功能

实验教学日常活动，是运用实验教学安全管理制度文化将无数的实验教学安全相关资源、广大的师生主体、不同的安全文化价值观念和多样的实验教学整合为一种有序、安全、舒适的实验教学安全行为，表征着实验教学安全的规范化、秩序化和创新性程度。可以说，没有实验教学安全制度文化建设的整合规范，也就没有实验教学安全文化的存在，实验教学安全制度文化的规范功能使之成为一种约束机制。实验教学安全制度文化这种整体化、秩序化和创新性的导向作用，是通过实验教学安全正式规则表征的监督、奖惩，非正式规则的注视、约束等形式实现的。它对实验教学安全制度的无知者、违规者产生一种有形或无形的约束，但同时也对符合实验教学安全制度文化要求的师生进行鼓励，以有形和无形的方式进行表扬和奖励。通过规范与整合、约束与激励，实验教学安全制度文化保障了其文化功能的发挥、推动了实验教学

的持续发展。

3. 保障功能

制度的根本性、全局性、稳定性和长期性决定了制度的保障功能。而实验教学安全制度文化的保障作用更加突出，当一项有形的实验教学安全规则被遵循时，它所形成的制度文化的影响将更远、更深。实验教学安全制度文化就是由有形的实验教学安全管理制度和无形的制度意识所构成的系统。实验教学安全管理制度文化表面上是以制度规则的形式存在的，实际上是被师生内心认可并自觉遵守的，影响师生的语言和行为，由此保障了实验教学安全有序，保证了师生生命财产安全。要真正具备保障功能，也只有实验教学安全管理制度文化才能办到。

4. 潜移功能

个体精神和行为的转变可以通过以下两个途径来实现。一是社会化。制度是社会的基本结构功能单元，具有道德教化的功能，任何人一生中时时刻刻都在和制度接触，从家庭到学校再到职场，人总是被要求按照制度思考、行动、生活，经过家庭、单位的两次社会化，制度所提倡和宣扬的思想、道德、行为准则就逐步地渗透在人的潜意识当中，并规定着人的生产、生活和思维方式，因为"没有规矩，不成方圆"。人的精神和行为在社会化过程中被制度不断塑造，才能够成为一个思想解放、行为规范的人，才能够成为对社会有用的人。二是刺激。人每天都在受各种信息的刺激，人的刺激源可以是某一突发事件，也可以是周围人群的示范效应，生存和改善自我是人的本能和需要，也可以是某种需要的信息，如制度信息。当某一主体遇到刺激时，就可能会以制度所贯穿的思想和要求的行为规范为参照，很快改变自己的思想或行为。因此，在开放的社会，通过制度来激发和强制人们改变自身的思想和行为，从短期来说是可能的，从长期来说则是必然的。而没有形成文化的制度是出于制度的强制性，个体处于无奈情况下不得不改变自己的思想和行为。而制度文化则让处于制度中的人完全处于潜移中，自觉自愿地调整和改变自我的本能和需要，从这个意义上说，制度影响人们思想和行为的主要是文化，具有文化潜移的功能。

制度作为一种社会存在，从某种程度上来说均是可以被观察到的，其体现的"精神性"，能够最大限度地反映社会大多数成员的共同文化意志，即便不是这样，也可以通过制度对不同文化的整合、灌输来逐步实现人们文化观念、思想和行为的统一。当然，企图通过某一制度的文化功能来影响和改变所有社会成员的思想、行为是不可能的，也是不客观的。但是在某一领域，在推行制度文化的同时，辅之以思想教育和必要的行政手段，让该领域内成员的行为规范化，也是可能的。学校实验教学安全管理制度也是如此，具有潜移的功能。通过实验教学安全管理制度的潜移，再辅之以行政命令和思想教育，让参与实验教学的师生自觉遵守实验教学安全管理制度，完成实验教学安全管理任务，也是能够办到的。

三、实验教学安全管理制度文化建设

实验教学管理制度建设与制度文化建设有联系也有区别。实验教学安全管理的制度文化建设的途径有多种，其中，包括建立健全学校实验教学安全管理制度体系，认真组织实验教学安全管理相关人员认真学习、宣传该制度体系，形成安全管理意识、态度、价值观、伦理观和自觉行为外，还应当通过一定的物化形态给人以视觉的冲击力、心灵的震撼力，提醒实验教学参与人员自觉遵守安全制度、严格实验操作程序，避免实验教学安全事故的发生。为此可以采取以下四项具体措施。

1. 实验室制度牌

学校各主要实验室或者场所,根据自己的实验教学性质和任务,将自己岗位的安全责任或基本安全操作规程制作成制度牌匾上墙,包括学生实验安全守则,安全卫生制度,实验教学人员安全职责,仪器设备安全管理制度,材料低值品易耗品管理制度,仪器设备维护、损坏丢失赔偿管理制度,项目安全责任人员等牌匾。不过,这些牌匾要结合人们的审美视觉制作,如字体大小、形体选择要恰当,牌匾色彩、式样等要与实验室或者场所相协调,要与人的审美观念相协调,要有利于吸引读者阅读,这样才能够起到牌匾应有的作用。

2. 特色实验项目展板

在学校,鼓励教师和学生申请开展项目实验,包括综合项目实验和单一项目实验,在有关人员申请特色实验项目的过程中,除了审查实验项目的价值和可行度外,还必须审查实验项目所承担的风险和对风险的控制措施是否具体、有效。如果控制项目风险具体有效,就应当责成实验项目负责人将实验项目安全控制程序和条件、责任人等制定成特色实验项目展板,提供给有关管理部门审查和作为监督的依据。该展板的内容除了包括实验项目名称、实验学时、所属课程、适用专业、实验目的、实验设备、实验原理、实验步骤、照片、图形以及流程图外,还必须包括项目风险、项目风险控制环节、风险控制措施、风险控制流程和风险控制责任人等。展板的制作者要保证展板美观、适用和有效,具有科学性、可读性和检查性。

3. 仪器设备操作规程牌

结合实验教学需要,有条件的学校还购进和安装了一定大型、高端的精密仪器设备或专门、成套的仪器设备,对于这类大型和高端的精密仪器设备除了实施专门管理制度,实行专门管理、专门负责和维护外,还应当针对仪器设备的特点和需要,将有关特殊规定制定成操作程序规程牌和管理维护责任人牌并安装上墙,公告公众,接受组织和公众的检查和监督。

4. 实验室或场所简介牌

学校实验项目繁多,有各种不同的实验项目,因此,为了让参与实验的教师和学生,特别是学生,了解本实验室或场所的性质和任务,选择适当的实验室或场所申请实验项目,开展实验教学和科学研究,各主要实验室或场所应当制作介绍牌匾,通过牌匾简单明了地介绍实验室或场所的名称、性质、任务、地位、服务对象、能开设的实验项目、安全要求,以及本实验室管理者的姓名、联系电话、网址、电子邮箱等内容。为学生了解实验室或场所,以及参与实验室管理创造条件。

第四节 实验教学安全管理精神文化

精神文化是学校文化的核心,也是学校文化的最高层次。它主要包括学校历史传统和被全体师生员工认同的共同文化观念、价值观念、生活观念等意识形态。精神文化是一所学校本质、个性、精神面貌的集中反映。学校精神文化又被称为"学校精神",并具体体现在学校领导的作风、教师的教风、学生的学风以及学校人际关系上。学校精神文化包括体现学校特色和精神的优良传统、校训、人文精神和科学精神等,它是学校师生员工精神的避风港和养分的补给所。实验教学安全管理精神文化是学校精神文化的重要组成部分。

一、实验教学安全管理精神文化的内涵和外延

1. 实验教学安全管理精神文化的内涵

实验教学安全管理精神文化是学校精神文化的重要组成部分,它反映一所学校的整体实验教学安全管理精神面貌,包括在长期的实验教学安全管理实践过程中积淀起来的共同的心理、行为特征和核心价值观、伦理观的总和。它是学校精神文化内核的具体反映,决定着学校实验教学安全管理的思维方式和工作态度,决定着学校各级实验教学安全管理的领导作风、各位师生的探讨研究之风,归根到底决定并制约着学校文化系统的取向和性质。这种精神是学校长期实验教学安全经验的文化积淀,它植根于悠久的历史进程与深厚的校园文化内涵之上,是全体师生员工共同认同的一种核心价值观。

学校实验教学安全管理精神是一种团队精神。这种安全管理团队精神一旦形成,就会像一面迎风招展的旗帜,展示出强大的凝聚力,它能够把学校所有成员都团结在这面精神的旗帜下,真正发挥鼓舞士气、凝聚师生力量的作用,它能使该集体中的每个成员产生一种精神的认同感和归宿感,为了实现共同的目标,齐心协力、服从集体、服从大局,它能使学校每个成员都产生强烈的、自觉的义务感和责任感,使学校的每个成员具有主人翁意识和荣誉感,觉得自己的进退荣辱与集体息息相关,整个集体成员实验教学目标明确、行为协调、互帮互学、共同进步,健康和谐地实现预期实验教学目标。

学校实验教学安全管理精神文化虽然看不见、摸不着,但它一旦形成,就建立起自身的行为准则、价值取向、行为习惯和规范体系,以一种无形的力量引导集体成员的行为、心理,使其在潜移默化中接受共同的思想引导、情感熏陶、意志磨炼和人格塑造,产生一种巨大的向心力和凝聚力;也可以在思想上和行为上约束学校师生员工,使他们自觉地正视道德冲突,解决道德困惑,明辨是非界限。它的形成、传播和发展,充满着创造活力和创新精神,能激励师生在教学中充分发挥积极性、主动性和创新性,增强求知的自觉性和解惑的主动性,促进大学生创新能力的培养。

2. 实验教学安全管理精神文化的外延

实验教学安全管理精神文化是学校精神文化的组成部分,也是必不可少的成分,实验教学安全管理精神文化是一所学校在长期的实验教学实践活动中积淀起来的、在共同的心理和行为中体现出来的理念、心理特征及核心价值观。它构成了实验教学文化的内核,决定着实验教学工作的思维方式和工作态度,决定着实验教学的物质文化和制度文化。

实验教学安全管理精神文化主要包括实验教学安全管理总体目标、实验教学安全管理理念、实验教学及管理的精神风貌、实验教学安全管理指导思想和原则等。例如,某大学实验教学发展的总体思路:在坚持"安全第一,预防为主,责任至上,综合治理"方针指导下,科学合理地布局实验室,形成文科实验区、理工科实验区、特殊功能实验区的实验室分布体系;强化管理体系,进一步理清校院系室四级实验教学安全管理体制;推进项目体制改革,建立信息化实验教学管理手段;优化、精简实验教学内容,提高综合性、设计性实验教学比例;完善实验教学质量监控体系,满足培养高素质应用型人才的要求;加大实验教学仪器设备投入力度,加强仪器设备运行管理,提高仪器设备运行效率;加强贵重仪器设备的使用效率评估。该大学把"安全

第一,预防为主,责任至上,综合治理"作为基本精神文化贯穿在整个安全管理工作当中,这就把实验教学的定位、发展目标与精神文化融为一体,为激发师生员工参与实验教学的积极性、创造性和责任感奠定了坚实的精神基础,为实验教学安全的规范管理提供了精神支柱和思想保障。

二、实验教学安全管理精神文化功能

1. 凝聚和塑造功能

学校是一个组织,其实验教学安全管理组织形成的精神文化具备凝聚和塑造功能。任何组织要想有战斗力,首先要有凝聚力。这里的凝聚力是指在共同的价值观基础上使组织上下团结一致、众志成城的内在吸引力。在浓厚的组织文化氛围中,员工们自然而然地融合于组织之中,他们的思想行为与组织文化保持一致。组织精神文化的影响是潜移默化的,每个员工在工作岗位上往往会感受到它的强大力量,自觉不自觉地融入组织,同其他员工形成合力。组织精神文化通过培育组织成员的认同感和归属感,建立成员与组织之间的互相依存和信赖关系,把每个组织员工从个人角度建立价值观转变为从组织整体出发建立共同的价值观体系,使员工个人的行为、思想、感情、信念、习惯与整个组织有机地统一起来,形成相对稳固的文化氛围,凝聚成一种无形的合力与整体趋向,以此激发出组织成员的主观能动性,为实现组织的共同目标而努力。

对一个组织来说,为实现共同的目标而努力奋斗是组织发展的动力源泉。因为共同的目标,会使组织成员产生极强的向心力;因为共同的价值追求,组织员工就有了坚强的精神支柱。为了实现组织的目标,组织中的每个成员,会凝聚成一个强有力的团体,迸发出巨大的能量。因此,组织精神文化是成员之间的黏合剂,是组织和个人都得到发展的内在推动力。成功的组织无一例外地都具有强有力的凝聚力;失败或者疏散的组织无一例外地有不同程度的离心力。正是组织精神文化这种自我凝聚、自我向心、自我激励的作用,才构成组织生存发展的基础和不断成功的动力。从这个意义上来说,任何组织和个人若想取得非凡的成功,其背后无不蕴藏着强大的组织精神文化作为坚强的后盾。组织精神文化最集中地概括和体现了组织的宗旨、价值观和行为规范,因而具有塑造组织形象的功能。它有利于提高组织的声誉、扩大组织的社会影响,组织的发展也就是个人的发展,个人的发展也就是组织的发展。

2. 协调和激励功能

组织精神文化能从根本上改变员工的旧有价值观念,建立起新的价值观念,使之适应组织实践活动的需要。组织精神文化所形成的共同价值观增加了成员之间的共同语言、减少了组织内部各部门之间的摩擦,因而具有协调功能。共同的组织精神文化,有利于成员之间更有效地沟通信息和交流感情,创造和谐的工作环境。尤其对于刚刚进入组织的员工来说,为了减少他们个人的心理习惯、思维方式、行为方式与整个组织的不和谐或矛盾冲突,就必须在有形和无形中接受组织精神文化的熏陶和感染,使自己的思想、行为与组织的共同目标一致。一旦组织成员接受和认同了组织精神文化所提倡的价值观,就会在不知不觉中做出符合组织要求的行为,倘若其违反了组织精神文化的价值观,就会感到内疚、不安或自责,这时就会自动修正个人行为,这就是组织精神文化的协调功能。

组织精神文化作为共同的价值观,对组织成员没有明文规定的具体硬性要求,而只是一种软性的理智约束。它通过组织的共同价值观不断地向个人价值观渗透,以一双"看不见的手"

操纵组织成员的思想和行为。这种以尊重个人为基础的无形的非正式控制,会使组织目标自动地转化为个体成员的自觉行为,达到个人目标与组织目标在较高层次上的统一。组织精神文化具有的这种软性约束,往往比硬性规定有着更强的控制力和持久力,因为主动、自觉的行为比起被动的适应有着无法比拟的作用。同时,组织精神文化所构建的共同的信念又能够从心理上促进员工勇于向困难挑战、向自我挑战,促进成员克服各种困难,形成一种良好的积极和艰苦奋斗的工作氛围和学习氛围,激励每个成员增强对组织负责和对个人负责的责任感、进取心和事业心,产生与组织同呼吸、共命运的自觉性。这种软约束和内促进就是组织精神文化的激励功能,学校及实验教学安全管理的精神文化也具有这一功能。

3. 自我完善和约束功能

组织在不断发展过程中所形成的文化积淀,通过无数次的反馈和强化,会不断地随着实践的发展而不断地更新和优化,推动组织精神文化从一个高度向另一个高度迈进。也就是说,组织精神文化不断地深化和完善,一旦形成良性循环,就会持续地推动组织本身的上升发展。反过来,组织的进步和提高又会促进组织精神文化的丰富、完善和升华,向更高阶段的组织精神文化发展。

组织精神文化通过共同的价值观进行内部控制,使组织成员能够自我调整和约束个人行为,当员工发现自己的行为与组织精神文化相背时,会自动调整自己的行为,使之与组织精神文化相符,因而具有自我控制功能。它有利于把组织的目标转化为员工的自觉行动,实现个人目标和组织目标的高度一致。学校实验教学安全管理精神文化同样能够促进师生不断改进、完善自己,始终与学校实验教学安全管理目标高度一致,从而促进自己全面、和谐地发展。

4. 自我延续功能

组织精神文化的形成是一个复杂的长期过程,往往会受到政治、经济、社会和自然环境等因素的影响。因此,它的形成和塑造必须经过长期的培育和积淀,以及不断地实践、总结、提炼、充实和升华才能够实现。正如任何文化都有历史的发展性和继承性一样,组织精神文化的形成也有一个过程,不管这个过程的长短。但是组织精神文化一经形成之后,也会具有自己的历史延续性而持续不断地对某一组织有形和无形地起着应有的作用,而且不会因为组织领导层的人事变动、组织人员的流动、组织目标的变化而立即消失,这就是组织精神文化的自我延续性。学校实验教学安全管理形成的精神文化,与一般组织精神文化一样,无疑也具有自我延续的功能。

三、实验教学安全管理精神文化建设

实验教学安全管理精神文化建设是实验教学精神文化建设的核心内容,与学校精神文化建设密切相关,一定条件下,直接受一所学校文化建设的影响。所以通过校风、课余活动、立体化教育网络等建设都可以促进实验教学安全管理精神文化建设。

1. 以校风建设促实验教学安全管理精神文化建设

校风是指一所学校"在共同目标和共同认识的基础上,学校全体师生员工在长期的集体努力下所形成的一种行为风气"①。校风是学校校长、师生员工在长期教育过程中形成的风气或者文化氛围,它看不见、摸不着,但是可以感受得到,对人起着潜移默化的作用,是一种无形的精神力量。通过大力加强安全文化环境建设、营造浓郁的安全文化氛围,将概念化、条文化的安全规则变成通俗易懂、贴近实际、操作性强的语言,变为图文并茂的橱窗板报、震撼人心的标语口号、言简意赅的宣传材料,使"居安思危"、"警钟长鸣"等思想观念充盈于师生心中,强化师生安全观念,达到时时受教育、处处受教育的效果,努力营造一种时时有告诫、处处有警示、事事有规范的文化氛围,在潜移默化中培育师生的安全行为。所以学校应当高度重视和长期坚持学校实验教学安全的校风建设,这既是有效进行学校实验教学安全管理精神文化建设的前提和条件,也是实验教学安全管理精神文化建设顺利实现的保证。

2. 以多彩的活动推动实验教学安全管理精神文化建设

通过学校各级领导和管理者在长期的各项工作中,通过各种活动包括宏观方面的学校教学、科研和服务活动,中观方面的教师管理、学生管理和科研管理活动,微观方面的课堂管理、课外管理、实验管理活动,逐步实现实验教学安全管理精神文化建设。设立实验教学安全管理"评先创优"、"奖学金"和"勤工助学"等活动,设置如实验项目设计比赛、实验技能比赛、创新实验比赛、安全实验环境设计和创新比赛等,引导学生树立争先创优的良好风气,激发学生在安全问题上的自觉性和主动性,促使学生安全、全面、协调发展和健康成长;通过创文明实验室、创文明实验行为、创文明实验项目、做文明学生活动,让学生亲身体验和感悟,引导学生建立健康向上、生动活泼的学校实验教学安全管理精神文化,引导学校实验教学安全管理精神文化由娱乐型向知识型、科技型转化。

3. 建立立体的实验教学安全管理文化教育网络

现代教育具有立体性特点,特别是在信息和网络时代,高等教育立体性更加突出。学校精神文化建设更应该注重校内外教育环境的有机结合。例如,学校应当通过建立校友会,经常聘请有条件的校友回学校做报告;尝试举办家长联谊会,聘请有条件的家长同学校一起探讨家庭安全教育在学生成长中的地位和作用,协调家庭教育与学校教育的关系,为提高教育质量创造条件;举行家长报告周,请有条件的家长代表到学校作报告或者参观学校活动,让家长了解学校教育特别是教学、科研和社会服务情况;开放校长接待日,定期接待来访的家长,听取他们的意见和建议,听取社会企事业单位领导对学校办学的意见和建议;建立学校"教育协调委员会",定期研究学校重大问题;建立社区联谊会议,与校外企事业单位共建社会实践基地,形成学校、家长、社会三结合的立体教育网络,形成人人关心教育、各方支持教育、促进教育发展的局面。建立信息平台,通过信息平台收集、储存有关信息,为师生进行教学、科研和社会服务而查阅有效信息创造条件。通过这些教育网络的建设,充分体现学校精神文化,从而促进学校实验教学安全管理精神文化建设。

综上所述,在新的形势下,随着学校办学硬件投入驶入快车道,学校实验教学安全管理精神文化建设也应该纳入学校的整体发展战略并形成自己独有的特色,体现与时俱进的精神、创新治校的观念。在实验教学安全管理文化的三个层次中,精神文化是核心,制度文化是保证,物质文化是外显体现。学校实验教学安全管理文化建设重点是精神文化的建设。学校实验教

---

①　张念宏.教育百科辞典.北京:中国农业科学技术出版社,1988.

学安全管理文化的主导是教师,主体是广大学生,必然要求围绕教学、科研这个轴心,广泛开展各类文化活动,形成有利于启迪学生智能、培养科学思维方式、健全身心、勇于创新的育人环境,形成有利于新文化、新观念、正确道德观传播的学术氛围和价值取向。

学校实验教学安全管理文化的建设,就是要通过物质文化、制度文化和精神文化的同时建设,把学校经过长期实践检验、切实可行的、符合本校特点的实验安全管理的思想和价值观念,通过制度保证和物化的形态体现,以及精神文化的渗透,使之成为全体师生的共识,并逐渐内化为全体师生共同的信念和追求,对置身其中的师生产生"随风潜入夜,润物细无声"的感化、影响,形成一种自由、热爱知识、追求真理、敢于创新的文化氛围。这种氛围同时又是平等和谐、层次高雅、轻松自然的。通过营造这样一种蕴含着实验教学安全管理精神的文化氛围,达到环境育人、促进学生全面发展的目的,从而为学校的良好、健康发展服务。

第十章　实验教学安全事故管理

近年来,实验教学受到了越来越广泛的关注,实验教学在学校教学中所占比例也不断提高。但由于历史等各方面的原因,很多学校的实验教学仪器设备陈旧老化现象突出,实验教学环境、教师队伍跟不上现代实验教学的要求,再加上参与实验教学的学生人数不断膨胀,导致实验教学安全管理不能到位,从而导致学校实验教学事故频发。要全面、有效地加强实验教学安全管理,必须要研究实验教学安全事故的管理。必须要研究和认识实验教学安全事故及其特点、产生原因、事故处理等,将损失降到最低,这样才能够提高实验教学安全管理的有效性。

第一节　实验教学安全事故及其特点

传统观念认为"教学事故是指教师(含教辅)及教学管理人员失职或违反教学工作条例,从而影响正常的教学秩序、影响教学环节的实施等在教学或教学管理过程中出现的失误或过错"。显然,该定义指的是狭义的教学事故。广义的教学事故,应当包括实验教学安全事故和其他与教学有关的安全事故。近年来,由于各种复杂的内在和外在原因,教学事故特别是实验教学安全事故出现的频率越来越高,实验教学安全事故的管理也开始引起人们的重视。

一、实验教学安全事故的内涵

1. 事故

站在不同的角度,对事故有不同的认识。有的人认为事故是指"意外的损失或者灾祸"[①];有的认为事故是"意外的,特别有害的事件";有的认为事故是"非计划的,失去控制的事件";有的认为"事故是人(个人或集体)在为实现某种意图而进行的活动中,突然发生的,违反人的意志的,迫使活动暂时或永久终止的事件"[②];有的认为事故是造成死亡、疾病、伤害、损坏或其他损失的意外情况。结合这些不同的定义推演,事故是指行为人在主观上故意或具有过失、在客观上违反了有关管理制度而带来较大影响,或造成个人身心伤害,或造成个人、组织财产损失的情况。该定义包括如下含义:事故是人主观上故意或者过失导致的;事故是发生在人们生产、生活中的特殊现象;事故是突然发生的、出乎人们预料的意外现象;事故是迫使生产、生活活动暂时停止或者永久中断的现象;事故往往会给人们的财产和生命带来损失;事故的发生是有前因和后果的。[③]

2. 实验教学安全事故

教学安全事故是指行为人在主观上故意或具有过失,在客观上违反了教学管理制度,给正常教学带来较大影响或造成损失,达到应予以追究责任和做出处理的行为现象。而实验教学

---

① 中国社会科学院语言研究所词典编辑室. 现代汉语词典. 北京:商务印书馆,1985.

② 隋鹏程,陈宝智,隋旭. 安全原理. 北京:化学工业出版社,2005.

③ 张玉堂. 学校安全预警与救助机制理论和实践. 成都:四川人民出版社,2010.

安全事故是指在实验教学中,由于行为人在主观上故意或具有过失,在客观上违反了实验教学安全管理制度,造成实验教学过程中人员死亡、疾病、伤害或实验财产损失或其他损失的意外情况。实验教学安全事故的定义包含以下几方面内容:事故是参与实验教学的人主观上故意或者有过失导致的;事故是发生在实验教学过程中的特殊现象;事故是在实验教学过程中突然发生的、出乎人们预料的意外现象;事故是迫使实验教学活动暂时停止或者永久中断的现象;事故是往往会给学校师生员工的财产或生命带来伤害的现象。

3. 对实验教学安全事故因素的认识

一般来说,实验教学安全事故包括实验财产安全事故和实验人身安全事故两个方面。其中,相对于学生来说实验教学存在外在和内在的危险因素。外在危险因素是指实验教学本身就具有的风险性或者危险性,如实验仪器、设备、电器等装置的老化,指导教师的水平等;内在危险主要是学生自身的实验水平如实验技术准备情况、熟练程度、实验态度和情绪等。因此,相对于学生来说,一走进实验室,面临的不仅仅是学习实验的操作过程、采集数据,而且面临着可能承担人身安全、仪器财产安全的风险,学生要有充分的控制或预防思想和行为准备。

4. 对实验教学安全事故内容的认识

概括来说,还可以从以下四方面进一步认识、理解实验教学安全事故。

首先,实验教学安全事故的主体。实验教学安全事故的主体是指该事故直接或间接危害的对象。任何实验教学事故特别是重大事故的发生,最先要明确事故危害的对象是哪些。事故危害的对象不仅包括参与实验教学一线的教师和学生,也可能包括相关管理部门与服务部门的责任人员,同时包括被危害的师生家属、亲友等,甚至社会财产,其可能危害的数量、严重程度等。

其次,实验教学安全事故的地点。实验教学安全事故的发生可能在校内实验室,也可能在校外实习、实训基地,也可能发生在参与实验教学来回的交通途中。事故发生时段可能是实验教学过程或实验教学过程之外。例如,某些实验导致的损害有潜伏期,很可能在实验过后发生。

再次,实验教学安全事故产生的初步原因。实验教学安全事故是一种突然发生的、出乎意料的事件,发生的原因有人为因素,如参与实验教学师生的不安全行为、管理者的管理行为缺陷,也有非人为因素,如仪器设备的不安全状态和实验环境的不安全状态。这些因素有随机性和偶然性,导致往往无法判断事故发生的时间、地点以及危害程度,但事故发生的初步原因,即直接引发事故的因素,是必须直接明确掌握的。至于引发事故的更深层次、更复杂的原因,是需要下一步深入调查的。实验教学事故的发生往往中断或终止正常的实验教学工作,是大家所不愿看到的。

最后,实验教学安全事故的危害后果。实验教学安全事故的危害后果分为三类:伤害事故,使实验教学人员的身体受到伤害,暂时地、部分地或永久地丧失劳动能力,或者造成人员死亡;物质损失事故,使实验教学物质、财产受到破坏,使其报废或需要修复,如建筑物倒塌、机器设备损坏,原材料、半成品或成品损失,动力及燃料损失等;险肇事故,虽然可能未造成人员伤亡和财产损失,但基本上是造成工作中断,或者造成轻微人身伤害,财产损失小于 1000 元。伤害事故、物质损失事故、险肇事故都可以导致实验教学中断或者影响实验教学预期目标的实现,影响实验教学参与者的工作心绪;伤害事故、物质损失事故一般都会给师生的身心,以及学校财产、声誉和形象带来损失。

二、实验教学安全事故的外延

实验项目的多种多样、参与实验教学人员的素质差异、实验教学环境条件不一,导致实验教学事故的表现形式也复杂多样、千姿百态。对这些千姿百态的实验教学安全事故,根据不同的划分依据,可分为不同的类型。例如,根据实验教学操作对象,可以分为学生操作不规范引发的人身伤害事故,对危化品的使用不当造成的环境破坏事故,对设备使用不善导致的火灾事故等;根据实验教学安全事故的损失程度,可以划分为轻微实验教学安全事故、一般实验教学安全事故、重大实验教学安全事故和特大实验教学安全事故;根据损失对象,划分为实验教学人身伤害事故,实验教学财产损失事故,学校声誉、形象损失事故;根据事故发生的地点,划分为校内实验室实验教学安全事故和校外实习实训安全事故;根据事故属性划分为实验教学机械伤害事故、化学品伤害事故、毒气伤害事故、火灾等。到底称为哪种实验教学事故,完全根据事故的情况和研究或者统计需要而定。

三、实验教学安全事故的特点

相对于一般教学事故来说,实验教学安全事故是特殊的教学事故,其危害较一般的教学事故要严重得多,所以应引起学校领导、管理者的足够重视。为了更好地加强对实验教学安全事故的管理,有必要研究实验教学安全事故的特点。[①]

1. 损害大

一旦发生实验教学安全事故,特别是重大、特大安全事故,往往都会造成人员伤亡。一般传统认为,实验教学仅是"小打小闹"的模拟、演示,实验规模不大,实验教学事故不至于伤害到学生的身体,而事实上,实验教学安全事故的发生,极有可能伤害学生身体,甚至使学生对实验产生恐惧感,从而影响学生对以后实验的兴趣。同时,实验教学安全事故的发生可能导致学校财产的重大损失,严重影响后期实验教学的正常开展。

2. 因果性

因果性,即事故的因果关联性。一切实验教学安全事故的发生都是有其原因的,不管是人为的还是非人为的,事故的起因是它和其他事物相联系的一种表现形式,是相互联系的各种不安全因素或潜在危险因素相互作用的结果。这些原因也许是实验教学仪器设备潜伏的危险因素;也可能是参与实验人员自身素质,包括不遵守操作程序,或者实验过程中的疏忽大意,或者擅自改变实验内容等导致;也许是环境变化,包括超出设计的温度、压力等;也许是实验管理人员的管理疏忽导致。这些隐患在一定的时间和地点相互作用就可能导致事故的发生。事故的因果关联也是事故必然性的反映,若在实验教学安全管理过程中存在隐患,则迟早会导致教学事故的发生。这一关系上看来是"因"的现象,在另一关系上却会以"果"的形式出现,反之亦然。因果关系有继承性,即第一阶段的结果往往是第二阶段的原因。要寻找何种"因",又是经过什么样的过程而造成这样的"果"确非易事,因为事故的原因可能是多种不安全因素相互作用的结果。因此,事故发生后,应深入剖析其根源,找出事故的致灾因子,从而提出针对性的防范措施。

---

① 庄越,雷培德. 安全事故应急管理. 北京:中国经济出版社,2009.

3. 偶然性

从某种意义上讲,实验教学事故属于在一定条件下可能发生也可能不发生的随机事件。这种随机性就是事故发生的偶然性。事故的偶然性是客观存在的,与是否了解事故的原因没有必然联系。事故的偶然性决定了不可能掌握所有事故的发展规律,杜绝所有事故的发生。

如同因果关联所述,实验教学安全事故是客观存在的某种不安全因素演进或某些不安全因素共同作用的结果,是不安全因素随时间进程产生变化而表现出来的一种现象。因此,在一定范畴内,从外部或表面的联系,找到内部决定性的主要关系,即从偶然性中找出必然性,认识事故发生的规律性,把事故消除在萌芽状态,变不安全条件为安全条件,化险为夷。这也是防患于未然、预防为主的科学意义。

4. 隐蔽性

一般而言,导致发生事故的因素是早就存在的,只是未被发现或未受到重视而已,这就是事故的隐蔽性。实验教学安全事故往往是突然发生的,但是事故发生之前有一段潜伏期。也就是说,随着时间的推移,一旦条件成熟,被人的不安全行为或其他因素触发,就会显现而成为事故。事故的潜伏期还说明一个问题:事故具有一定的预兆性,事故发生之前一般都有预兆发生。所以实验教学安全管理中的安全检查、检测与监控,就是寻找隐蔽的事故征兆,从而全面地根除事故。

5. 专业性

学校实验教学事故的发生与实验室紧密相关,特别是在高校实验室的高科技特征导致事故与事故处理的专业性。不同实验项目发生的实验教学安全事故不一样,特别是高端实验项目和高级实验室,一旦发生实验教学事故,特别是重大或者特大伤害事故后,不但涉及学校有关管理者、教师和学生,有时还涉及仪器设备的供应商、关注学校安全事故的新闻部门和学生家长等,甚至还涉及实验教学专业人员,具有复杂的内容和场面,处理难度大,一般人员利用一般手段是很难处理的,对这些安全事故的处理往往与特定的专业知识和专门技能相联系,需要由专业人士处理。

第二节　实验教学安全事故成因分析

学校实验教学事故的发生原因极其复杂,有着不同于其他安全事故的成因。站在不同角度有不同的分析和认识。有的人为,可分为5种类型:因人员操作不慎、使用不当或粗心大意酿发的人为责任事故;因仪器设备或各种管线年久失修、老化损坏酿发的设备设施事故;因管理不善导致的事故;因心理失常者的恶作剧而引发的侵害事故;因自然现象如地震、暴风、暴雨、泥石流、高温、低压等酿发的自然灾害事故等。结合对学校多年发生的实验教学事故的分析,我们认为主要有管理、设备和技术三个方面的原因。

一、实验教学安全管理因素

海因里希多米诺骨牌理论"一种可能防止的伤亡事故的发生,系一连串事件按一定顺序发生的结果"和人为失误论"事故发生与人的不安全行为密切相关,人为失误是事故的主要致因"①。这些理论说明:实验教学的安全事故主要原因都是人的行为因素,特别是管理行为所致,如管理者的决策失误,管理不深入细致,检查走过场,制定的管理制度脱离了实际没有针对性和操作性,以及实验教学操作者体力、精力、情绪、智力节律等不适应安全实验操作要求,从而导致事故的发生。所以实验教学安全管理的关键在于实验管理制度制定的科学性及其落实,在于管理人的实验教学思想和行为。例如,每次实验前,实验人员应首先充分做好课前各项准备,对操作较难的实验,应主动进行预先操作,通过实验试做掌握实验成败的关键条件。在实验过程中,实验人员和教师应加强巡视检查及指导,发现问题及时解决,纠正学生的错误操作,即使是一些简单的错误操作也不轻易放过。例如,在细菌培养等实验中要引导学生细心、正确地观察实验结果,如实记录、分析、测量实验结果;在做化学合成实验时,应指导学生注意每一个关键操作,防止爆炸等意外事件;在操作大型精密仪器时要求学生严格按照操作规程操作,以防仪器的损坏及人员的物理伤害。实验人员应严格填写好每节课的实验记录表,并根据以往的经验和实际工作中常遇到的问题制定出相应的处理措施。对不同的实验除了要遵守一般的实验室管理制度和操作程序外,还应制定有针对性的管理制度,严格规定实验参与者行为,甚至包括着装、打扮、发饰和操作程序等。例如,微生物检验技术实验不同于一般实验,应严格要求学生不能留长指甲,手不能戴饰物,如戒指、手链、手表等,进入实验室不能吃东西,特别是女生不能披头发,要求穿工作服,以保护自己,确保实验能安全、顺利地完成。

　　造成实验教学安全事故管理方面的原因又可分为实验室安全管理原因、实验教学管理原因两部分。

1. 实验室安全管理原因

　　在学校,无论是领导层,还是执行层,都不同程度地存在着"重教学科研,轻安全环保"的思想,存在着安全工作是"有投入没产出"的观念,认为安全工作只要现场工作人员注意了就出不了大事等。实验室安全管理是学校实验室建设与管理不可或缺的重要组成部分。实验室安全管理关系到学校实验教学和科学研究能否顺利进行,国家财产能否免受损失,师生员工的人身安全能否得到保障,对学校乃至整个社会的安全和稳定都至关重要。因此,实验室安全管理理应受到格外重视。实验室管理要将安全事故消灭在萌芽之中,只要实验室发现安全隐患,就要及时采取有效措施,认真整治,督促整改。学校实验室的管理主要存在以下问题。

　　首先,安全责任不落实。没有认真落实法定代表人是单位安全的第一责任人的要求,难以建立对整个学校安全工作实行全面管理的领导体制;安全管理包括制度的制定、安全岗位的设立、安全管理体系的建立、安全措施的落实及安全责任的追究,其核心是安全责任制和责任追究制。不少学校虽然多多少少都制定了一些实验教学安全管理制度,却缺乏保障制度执行及责任落实的措施,实验安全管理制度基本只处于纸质状态。

　　其次,制度缺乏针对性。学校建立的实验教学安全制度有的过分抽象,有的照搬他校制度,与自己学校的实验教学安全管理需要不相适应。不少安全管理制度基本上都为:为了保证实验仪器、设备的正常、安全运转,而建立仪器、设备维护管理制度;为了保证仪器设备的质量,而从仪器的购买到报废实行全程管理制度;为了对高压、危险仪器、特殊设备进行管理,而制定仪器设备专人管理制度;为了适应化学、微生物实验教学需要,而建立相应的消防、废物处理制

---

① 谢正文,周波,李微. 安全管理基础. 北京:国防工业出版社,2010.

度等；为了规范学生开展实验教学的行为，而制定学生参与实验特别是自我设计项目实验的安全保障制度。这些制度基本上都缺乏有效的针对性和规范性、操作性。学校中常见的规章制度如《学生实验守则》、《化学实验室安全规则》、《化学实验室消防安全条例》、《实验室安全管理条例》、《开放实验室规则》、《有毒有害废液及废旧化学试剂处理办法》、《放射性及有害、有毒物品管理制度》、《化学实验楼消防应急预案》、《化学实验室安全检查制度》、《压力气瓶安全使用管理规定》等，其中，不少都值得认真清理和修改补正，让其指导思想明确，更具有指导性、针对性和规范性。

再次，缺乏专业技术人员。在学校实验室管理方面，既缺少专业的实验技术人员，也缺乏具有良好管理素质的管理人员。大多学校对这支队伍的建设没有给予足够的重视，资金往往投入到仪器设备的购买上，对课堂教学队伍的重视远远高于实验室队伍。特别是高校，随着招生规模的扩大，实验室专业技术人员明显不够，请临时工参与实验室工作较为普遍，请学生到实验室值班的情况已习以为常。再加上对实验室专业技术人员的考核、晋升也是根据教师队伍的要求进行，缺乏针对性和激励性的措施，使这些人员的积极性和主动性有所挫伤，这些都给学校实验室的安全留下了不少隐患。学校应建立一支高效稳定的实验室专业技术队伍，并制定相应的激励机制，提高实验室专业技术队伍的素质和地位。

最后，教育培训不落实。在教育培训方面，对实验室专业技术人员、实验教师的培训落实不够，特别是对新引进的人员，基本上只注意了实验专业知识和技能培训，或者根本就没有针对性的培训就让其上班，更谈不上对这些人员在实验室安全管理知识和技能上的培训。没有进行过实验室安全知识和技能的培训就上班的现象在学校实验室管理中比较突出，导致有的实验室专业技术人员及教师只重视自己的专业和实验，认识不到实验室安全的重要性，对学生也很少做实验教学安全教育，或者安全教育只停留在口头上，简单要求学生记住通用的实验室安全管理规则，而没有实际性的跟踪指导和反复训练，这必然是实验室管理中存在的一种安全隐患。

总的来说，学校实验室的安全管理制度不仅存在需要进一步完善的问题，也存在一个现有制度检查督促不力、执行落实不细的问题。针对学校实验室的安全特征和管理现状，学校实验室安全管理的对策要突出"安全第一，预防为主，责任至上，综合治理"的安全方针，着重在校园营造安全文化氛围、增强全员安全观念，健全安全管理体制、明确安全管理职责，着力在安全基础性工作、加强安全标准化建设等方面采取措施。

2. 实验教学管理原因

目前，在不少学校，还普遍存在着重理论教学、轻实验教学的现状。导致这种现象的原因极其复杂，其中实验教学管理是主要原因。而管理原因中，除了制度制定的科学性不足、决策失误和管理缺陷外，主要体现在以下四个方面。

首先，投入成本因素。实验教学需要花费的成本，包括人力成本、物力成本和财力成本，都高于理论教学。特别是高校中的地方高校，一方面要不断扩大招生，满足社会对升学的需要，学校要扩大校园、增加师资、增加校舍，基本无暇顾及实验教学投入，更无暇顾及实验教学安全投入；另一方面，相对于课堂理论教学成本投入来说，实验教学包括实验教学安全投入所花费的成本高，有的可以说高几倍，如大多数工科专业，只是课堂理论教学，投入就简单得多，而实验教学，就须投入多倍的人力和财力。所以在学校经费和人力投入中，最见效、最捷径的是校舍投入和教师投入，结果导致学校在资源配置方面，首先倾向课堂理论教学，实验教学及其安全投入更是严重不足。

其次,管理人员队伍不稳定。由于学校在资源配置方面习惯于传统的资源配置,过分偏重理论教师队伍建设,而对实验教学队伍建设有所忽视或者重视不够,未实现实验教师队伍足额编制,未重视实验教学师资队伍培训,对实验教学师资队伍职务评定系列不明确、地位不确定以及与课堂理论教学教师相比晋升不够公平或平等,且在本身实验教学师资队伍就不足的情况下,实验教学专业技术人员兼职过多,管理队伍不稳定,更缺乏专门人员研究和管理实验教学安全管理和教育训练。所以实验教学"偷工减料"、疏忽实验教学安全管理的现象时有发生。

再次,缺乏岗前培训。所谓岗前培训是指对新参加实验的教学人员要进行实验教学安全知识和技能的培训,切实做到不培训不上岗、培训不合格不上岗。但是,由于学校偏重于理论教学师资培训,往往很少对实验教学师资的安全知识和技能进行培训,导致首次进入实验教学的师资缺乏实验教学风险知识,缺乏实验教学风险识别和预防技能,缺乏突发安全事故的处理技能,缺乏对学生进行安全知识和技能教育、指导和训练的能力。

最后,督促检查不到位。尽管在学校已经制定了不少安全管理制度,在实验教学环节,也建立了不同水平的安全管理制度,但还是存在很多的问题。除了这些制度本身需要继续健全外,更主要反应在有关主管部门和管理人员对实验教学安全反应迟钝,不能够主动、自觉地定期和不定期履行自己的责任,或者检查走过场,导致实验教学环节安全隐患不能够得到及时发现和排除,为实验教学安全事故的发生留下隐患。

二、实验教学安全设备因素

近年来,实验教学开始受到学校的重视,随着教育经费的增加,学校开始逐步加大对实验教学仪器设备的投入,购置了很多实验设备,建设或更新了一大批实验室。这些教学实验设备主要来源于三大途径:一是来源于国内教学实验设备生产厂家;二是来源于学校自制;三是从国外购买。其中,通过前两种途径购买的教学实验设备占有很大的比例。由于这部分实验设备覆盖面广、品种多种多样,难免会存在一些质量问题,如性能的稳定性问题、质材的可靠性问题和安全指标的明确性问题等。有些学校既缺乏安全防护设置和个人防护设置,也缺乏专门检修仪器设备的专业技术员而留下不少安全隐患。

一般情况下,实验室仪器设备安全导致事故主要表现在实验室电气因素、实验室环境设施因素和实验教学设备因素。实验室电气因素,在前面章节已有详述,在此仅对实验室环境设施因素和实验教学设备因素作介绍。

1. 实验室环境设施因素

因实验室环境设施而造成安全事故,多体现在以下四个方面。

(1) 设施陈旧、线路老化、防火能力低、火灾隐患多。我国学校内尚有一大批兴建于 20 世纪 50 年代初的砖木结构房屋设施,而这些房屋设施多采用木质材料。加之供电线路老化而用电负荷大量增加,私拉乱接线路严重,造成不少火灾隐患。不少学校的一些旧建筑的走廊和室内吊顶多采用易燃的泡沫塑料板,此种材料遇火即燃,且产生大量有毒气体,易使人窒息死亡。

(2) 乱设防护门窗、堵塞安全通道。近年来,发生在学校的盗窃案件时有发生,特别是计算机、投影仪及精密仪器等的盗窃更是防不胜防。为防止这些设备被盗或失窃案件的发生而被学校追究责任,实验室、计算机房普遍加装钢筋护窗、增设全封闭的金属门。有的甚至将双向通道走廊封闭一头,改为单向通道走廊,致使交通严重受阻,一旦发生意外,没有逃生通道,后果不堪设想。2006年12月5日,成都某大学温江新校区综合实验楼的三楼化学实验室发生爆炸事件,造成一名教师当场死亡、两名学生受伤的严重后果。事故原因为,实验楼的通风用玻璃墙封死,实验室氢气瓶的氢气泄露,由于没有通风,造成爆炸事件。

(3) 安全资金投入不足、安全设施陈旧落后。学校对安全的资金投入严重不足,主要表现为消防设施不仅配备不足,而且现有设施中不少因陈旧而不能使用。许多实验室按规定应配备固定式灭火系统或移动式消防器具,因资金缺乏未配备。已配备的又因资金不够而缺少维护,致使其功能丧失。一些学校因供水压力不足而造成一些处于高层的实验室无水消防。实验室用房紧张,一些危房仍在使用,一些简陋房内仍存有贵重设备。一些需要分开存放的物品还不能完全做到分开存放。一些设备的安全操作距离不够。环保设施不能满足要求,一些会产生有毒气体的实验室未配备通风系统,仅用排气扇代之。一些应进行处理方能排放的废水,因设施不完善而只好放任自流。缺乏应急动力供应系统,一些实验室设备使用中不能突然停电,否则会造成设备损坏甚至报废,但因资金缺乏而未设置应急供电系统,更无法进行技术改造。

(4) 实验室选址、布局、设计不合理,缺乏相应的安全装置。例如,生物实验室的选址布局与机械实验室大不相同,在实验室选址、布局设计时应以实验室功能类型作参考,请相关专家进行反复论证。实验室的布局不合理,很可能导致集体安全事故的发生,应高度重视。

2. 实验教学设备因素

大部分学校仍然有一批陈旧的设备用于教学,由于此类设备陈旧,技术参数落后,电路老化或损坏,易发生火灾,而又得不到及时的检修而报废,从而给实验教学带来诸多安全隐患。特别是一些高压容器、易爆气体,如果得不到及时检修,就可能发生重大的教学事故。因实验教学设备而引发的事故主要有机电伤人事故、设备异常引发的事故和实验耗材引发的事故等,这些事故在前面章节已作了描述,在此不再重复介绍。

三、实验教学安全技术因素

因实验课程或实验项目不同,实验教学中发生安全事故的概率和类型也大不相同。例如,化学、生物等都是以实验为基础的学科,实验时经常用到一些易燃、易爆、有毒或腐蚀性的药品和试剂,还有易破、易碎的玻璃仪器,稍有不慎,就会引起燃烧、爆炸、中毒、割破、刺伤、灼伤等伤害事故。体育课中主要是以学生的实地体验技能训练为主,体育项目实验中,学生容易发生刮伤、扭伤、拉伤和撞伤等人身伤害事故。造成实验教学安全的技术因素主要有以下六种情况。

1. 实验未按照操作规定进行

由于学生未能正确理解实验操作步骤、操作规程而发生事故。学生由于安全意识淡薄,准备不充分,在实验实习时存在侥幸心理、好奇好动或心理恐惧情绪、焦虑等不安全因素,导致其无法正确操作实验。例如,有机溶剂直接在电炉上进行浓缩,易造成火灾、爆炸;学生违反大型机械的操作规定,从而导致仪器损害甚至人身伤害等。使用高压装置、高温装置、低温装置、高压气体容器、大型机械设备时更应注意在教师的指导下完成。常见的高压装置见表10-1,使用机床注意事项见表10-2,其他仪器操作规范及注意事项可参考相应的实验手册。① 总之,各

---

① 化学同人编辑部,化学实验安全手册.译自《実験を安全に行うために》。

实验需根据自身专业特点严格按照操作规定进行操作。

表 10-1　构成高压装置的器械种类

高压发生源	气体压缩机、高压气体容器等
高压反应器	高压釜、各种合成反应管及催化剂填充管等
高压气体流体输送器	循环泵、管道及流量计等
高压器械类	压力计、各种高压阀门等
安全器械类	安全阀、逆火防止阀、逆止阀等

表 10-2　使用机床应注意的事项

钻床	用老虎钳或夹具，把加工材料夹持固定，加工小件物品时，如果用手压住是很危险的，要待钻床停止转动后，才可取下钻头及加工材料。同时，要用卡紧夹头用的把手，将夹头卡紧，使其不能旋转。切削下来的金属粉末，温度很高，不可接触身体
车床	用卡盘、最好用夹具把加工材料牢固固定。材料要求匀称，以使旋转均衡。车刀要牢固装于正确的位置上，操作时，进刀量、物料进给量及切削速度要合适。加工过程中，要进行检测或清理车刀时，一定要停车进行。如果机械和刀口发生异常振动或发出噪声等情况，要立刻停止作业，进行检查
铣床	用夹具等工具牢固地夹住加工材料。在运转过程中。铣刀被材料卡住而使机器停止转动时，要立刻切断电源，然后请熟练的操作人员指导，排除故障。切不可强行进刀或加快切削速度
磨床	因切削粉末飞扬，故操作时要戴防护眼镜或防护面具。安装或调整磨石，要由熟练人员进行。使用前，一定要先试车，检查磨石是否破裂及固定螺栓有无松动。支承台与磨石之间要保持 2～3mm 的间隙。若间隙过宽，材料及手指等易被卷入。此外，因磨石高速旋转着，操作时，注意防止身体靠近磨石的前面。不能使用磨石的侧面进行加工。加工小件物品时，可用钳子之类工具，将其钳着固定
电钻	要按照钻床的使用方法及注意事项进行操作。但因钻孔时，以腕力或身体重量压钻，故在钻穿或钻头碎裂的瞬间，往往身体失去平衡而受伤
锯床	锯床属事故多的机械之一。因此，在使用前要特别仔细检查，要正确固定加工材料。中途发现加工不合规格要求时，一定要先切断电源，然后再进行调整。在操作过程中，不要离开现场

　　2. 实验教师对实验难度认识不足

　　由于实验学生人数众多，学生的水平也参差不齐，在实验过程中可能会发生不可预见的结果，但实验教师对学生情况不了解，对学生在操作实验过程中可能发生的状况认识不足，导致实验教学过程失控混乱，引发安全事故。因此，实验教师在正式实验教学前，应充分备课——备学生、备内容。备学生，是指教师课前要充分了解学生的专业背景、知识背景以及学生个体的水平差异等；备内容，是指教师课前充分准备实验所需的设备器材，必须先做一遍实验，以更好地了解实验过程、发现学生在实验过程中可能出现的状况，以便在实验正式开始前，对学生进行强调。实验教师的指导对实验教学事故的避免起着重要的作用，因此，实验教师应增强自身责任心，并能在实验教学中正确指导学生实验。

　　3. 未注意空气流通及做好防护措施

　　做有毒、可燃性实验时，一旦发生事故，很有可能会形成重大事故和集体事故。有些学生在做实验过程中未引起足够的重视,在做有毒的实验时,不做好防护措施,如该戴手套的没戴,该在通风柜做的实验而没在通风柜做,一旦试剂泄漏,则后果严重。

4. 易燃、易爆性实验未做好通风检查

进行易燃、易爆性实验本身就具有风险性,教师和学生对这类实验要充分做好安全思想和技术准备,了解和认识可能发生安全问题的环节,反复检查安全操作程序,在保证准确、安全无误的条件下,才能够进行操作。同时在进行易燃、易爆性气体实验时,一定要做好通风检查。有些学生,在冬天做实验时,为了一时的"取暖",把实验室门窗紧闭,一旦气体泄漏,则可能会发生爆炸,造成不可挽回的后果。

5. 使用不当试剂

这种情况主要发生在药学、食品、生命科学等实验领域。生化学科的学生在实验教学过程中由于没有认真阅读和研究各种试剂的毒性及其性质(可参考《化学实验手册》),疏忽大意而使用不当试剂,或者错误混合使用试剂,或者平时没有标注和粘贴试剂标签的习惯,凭感觉使用试剂等,都可能在实验过程中引燃易燃易爆品,甚至导致严重火灾等安全事故发生。

6. 教学内容超过学生的正常承受能力

教师或者学生本人在设计实验项目时要实事求是,要结合自己的财力、物力和身心承受能力,特别是过分超过学生身心承受能力的实验教学本身就暗藏安全隐患。例如,在体育实验教学过程中,体育实验教学的内容、难度、强度等明显超过了学生的正常身体承受能力,学生就不能够或者很难达到教师设计的运动技能训练要求,如果学生带着抵触情绪训练,或者应付教师设计的训练,在训练过程中则容易出现伤害事故。

总之,学校的实验教学安全事故发生的诱因极其复杂,要做到防患于未然,建立实验的安全管理机构和安全工作环境,制定完善的安全管理制度并严格执行,加强教师及学生安全教育及安全事故的急救训练、实施安全检查、建立完善的事故处理办法是有效防范学生实验实习事故发生的措施。

第三节　实验教学安全事故管理

实验教学安全事故管理的客体是安全事故,以广义的概念为基础,实验教学安全事故管理就是在安全事故整个发生发展的一个周期内,对安全事故的抢救、调查、分析、研究、报告、处理、统计、建档、制定预案和采取防范措施等一系列管理活动的总称。学校实验教学安全事故因专业性有着不同于其他领域的发生发展规律。这要学校结合自身特点,有针对性地研究分析,制订比较完善的应对方案。通常,学校实验教学安全管理包括以下内容。①

安全事故隐患源的识别。实验教学安全事故是各种不安全因素交互作用的结果,因此,对实验教学过程中各种不安全因素及其关键作用点的识别,是预防安全事故的基础和关键。所以实验教学安全事故管理的首要工作就是经常开展事故安全隐患排查。排查工作的目的在于,通过分析实验教学管理与实验教学过程中各种不安全因素及其相互关系,把握安全事故的

---

① 庄越,雷培德. 安全事故应急管理. 北京:中国经济出版社,2009.

孕育过程,确定安全事故所在,从而便于有针对性地进行预防和监控。

安全事故隐患源的适时监控。结合实验教学安全事故隐患源的特点,采用相应的技术手段,采集隐患源信息数据,并以一定手段实现数据传输,为数据分析和风险状态评估提供依据。

安全事故风险评估与预警。评估是通过分析隐患源状态的各种信息数据,评估隐患源发生事故的风险大小,划定风险等级。预警是根据风险评估的登记,对可能出现的安全事故给出不同等级的警示。在实验教学安全事故管理工作中,不仅要对事故进行风险评估,而且要进行预警管理,要求在高级别的预警出现时,采取相应的处理措施,将风险降低到预定水平,从而提高隐患源的安全程度,最大限度地避免安全事故发生。

安全事故应急资源管理。实验教学安全事故应急资源包括应急救援人员、应急处置工具、应急救援物质和各种应急辅助工具等。应急资源管理工作包括:救援队伍的组建、培训和演练;合理储备一定品种、数量的实物应急资源;还涉及应急资源学校储备点的合理布局,以及储备资源的日常管理。

安全事故应急救援预案。它是学校实验教学安全管理者为降低事故发生时造成的危害,对当前危险源或突发性实验教学安全事故进行评价,以及以事故预测后果为依据而预先制订的事故救助方案,是救助活动的指南。

安全事故处置。实验教学安全事故处置,包括安全事故的救助和安全事故的纠纷处理。本章着重讲述这两方面的问题。

一、实验教学安全事故的救助

事故救助是近年来产生的一门新兴的安全学科与职业,是安全科学技术的重要组成部分。安全事故的救助是指在事故发生后充分利用一切可能的力量,迅速控制事故的发展,保护现场和场外人员的安全,将事故对人员、财产和环境造成的损失降低到最小程度的活动。[①] 实验教学安全事故救助是在实验教学中,通过对实验教学安全事故成因系统的分析,对其产生、发展及造成的危害进行测度后采取恰当的现场救护或援助活动。实际上,这是狭义的事故救助认识。实验教学安全事故救助是加强实验教学安全管理不可缺少的重要内容。

1. 实验教学安全事故救助构成

1) 实验教学安全事故救助构成要素

任何系统都是各个要素有机构成的整体,这些要素实质上揭示一个系统的结构,进而确定一个系统的功能。因此,明确实验教学安全事故救助构成要素,对它的建立与完善、选择与应用具有重要意义。一般而言,实验教学安全事故救助构成主要包括以下四个基本要素。

首先,主体要素。实验教学安全事故救助的主体可以分为教育主管部门和学校两类。教育主管部门主要根据学校伤害事故反映出来的严重程度,参与并组织指挥特大实验教学安全事故的救助。而学校则主要根据自己的责任,承担一般或者重大实验教学安全事故救助。实验教学安全救助的主体应具有高度责任感,安全意识强,应当承担组织相关部门和岗位责任人员进行救助演练,确保在突发伤害事故发生后,岗位责任人员准时到岗到位,能够充分发挥自己在救助中的作用。

---

① 王凯全,邵辉等.事故理论与分析技术.北京:化学工业出版社,2004.

其次,组织要素。实验教学安全事故救助需要设置组织健全、指挥灵活的专门机构,承担解决实验教学安全事故救助的组织、指挥和保障问题。目前教育主管部门和学校都有专门或者兼任安全管理职责的机构,可以利用这些机构及其人员,通过对机构调整和合理分工,明确其地位、责任,明确办公地点,并通过相关知识培训,从事学校安全救助工作。

再次,信息要素。信息要素是责任主体进行实验教学安全救助所需要的事实和数据,反映的是实验教学事故发生的相关信息,包括事故发生的具体时间、详细地点,事故的性质、严重程度,人员伤害和财产损失的初步估计,以及需要救助的请求等。因此,快速、广泛和正确地获取相关信息,是责任主体及时、正确制订决策、指挥和调动救助资源的保证。

最后,技术要素。技术要素解决的是根据已发生的实验教学事故的性质、特点和严重程度,责任主体发挥救助作用,选择采用的预方法、路线、资源的配置等技能技巧问题。对于不同性质的实验教学安全事故,责任主体选择方法和对资源的调动是不同的。因此,学校实验教学安全管理主体,要科学设计救助技术,根据不同性质的事故,选择不同救助方案,调动不同的救助资源,有针对性和目的性地科学、合理处理,最大限度地控制或减少事故带来的损失。

2) 实验教学安全事故救助机构

安全事故救助是一种事后措施,是在事故发生后尽可能减小损失、平抑事态进一步扩展、有效处理事故纠纷的补救措施。要使安全事故的救助发挥最大功效,就必须建立和健全专门的救助机构协调事故处理的各方面力量,集中尽可能的资源投入救助行动。具体来说,实验教学安全事故救助构成应包括应急指挥机构、应急现场指挥机构和支持保障机构。[①]

应急指挥机构,是整个安全事故救助系统的核心,负责协调事故应急期间各组织与机构的动作和关系,统筹安排整个应急行动,避免因行动混乱而造成不必要的损失。学校实验教学安全事故的指挥机构应根据学校自身特点,由学校相关分管领导人主要负责,平时应组织编制事故应急救助预案,做好救助队伍的建设、培训与演练工作,做好救助知识和技能的宣传工作等。

应急现场指挥机构,是应急指挥机构的执行机构,具体负责到事故现场指挥抢救工作。根据实验教学安全事故的发生特点和性质,一般条件下,应急现场指挥机构应由学校相关职能部门负责人来承担,各单位成立二级指挥机构,由实验教学中心或实验室负责人担任责任人,有关教师及相关实验人员组成。学校实验安全事故救助具有专业性特点,因此,指挥者应该具备相应的救助专业知识。一般的实验教学安全事故可以由实验指导教师直接在事故现场进行指挥救助,同时需要其他部门密切配合即可。

支持保障机构,主要为应急救援提供物质资源和医疗人员支持、技术支持等,从而保证救助的顺利完成。实验教学安全事故支持保障机构主要由救援专业队与医疗救护队组成。上面提到,实验教学安全事故具有专业性,所以应该有专业救援队。例如,化学药品的泄露、有害微生物的污染等,需要专业救援队。医疗救护队主要是赶往现场救助伤者,保障师生生命安全。

信息管理机构,是为实验教学安全救助提供相关事实与数据信息,快速获取信息是学校安全事故救助的基本保障。同时,信息管理机构负责客观、适时地对外发布相关事故信息。实验教学安全事故救助需要多方面协调统一,只有统一指挥,分级负责,自救与他救相结合,才能发挥出救助系统的最大效用。

① 王凯全,邵辉等. 事故理论与分析技术. 北京:化学工业出版社,2004.

2. 实验教学安全事故救助的基本目标

实验教学安全事故救助的基本目标是控制事态扩大，减少生命财产损失。具体来说，包括四个方面。一是控制危险源。实验教学安全事故发生后，救助责任主体结合自己的岗位责任，首先是在第一时间、第一现场及时有效地控制危险源，这是实验教学安全事故救助的首要目标，只有控制了危险源，才能防止事故影响范围的进一步扩大，从而降低损失。二是及时救助受伤害人员。救助受伤害人员是实验安全事故救助的重要任务，应尽量减少受伤害人员的痛苦。三是清理现场，消除危害后果。实验教学安全事故发生的类型多样，造成的危害也各不相同，因此，应根据实际情况，对事故发生后造成的物体、土壤、水源、空气、设备等的危害及时清除。例如，化学实验中造成的化学品污染，应及时采取相应措施，对有害物质进行处理，防止其扩散及对环境的污染。四是初步调查分析原因，并配合有关部门清查或者侦破事故原因，评估危害程度。对事故发生的原因进行初步调查、分析，是进一步调查分析、有效合理处理事故的基础和条件。

3. 实验教学安全事故救助的原则

由于事故发生的偶然性与突发性，除了平时做好实验教学安全事故预防工作外，一旦事故发生，实验教学安全事故救助应当坚持五大原则。

（1）科学及时原则。当实验教学事故发生时，应进行及时、科学地救助。救助责任者特别是现场实验指导老师，应立即启动救助预案，采取有效措施及时、科学地处理，为教学事故的后续处理争取时间，也将伤害降到最低。例如，做化学实验时有毒试剂泄露，应根据实际的性质选择恰当的处理方式；又如，对于机械损伤，应采取及时包扎、止血等措施。如果发生重大伤害事故，个人无法及时处理，要立即根据事故性质，报告有关责任领导，同时选择拨打110、120、119。

（2）救人第一原则。实验教学安全事故特别是重大安全事故发生后，参与救助的责任主体要明确事故中受伤人员的情况，坚持救人第一原则、救学生第一原则救助伤员，要将人员伤亡控制到最小限度内。教学事故的救助应以人为本，在先保证人员安全的情况下，将国有资产损失降到最低，这也是救助的目标。

（3）救助设备即启原则。实验教学安全事故特别是重大安全事故发生后，救助责任主体要根据自己的岗位责任，立即启动救助设备，保证各种救助设施设备按时到岗、到位，正常运行。平常，这些救助设备不能随意启动，但专业人员要对救助设施设备进行定时检修，保证随时能正常立即启用。如果救助设备不能正常投入使用，则可能带来更加严重的后果。

（4）救助有序原则。实验教学安全事故特别是重大安全事故发生后，学校应急指挥中心要立即启动应急预案，岗位责任人员立即进入指定岗位，使救助工作有序进行，防止因组织不力而导致工作混乱而延误救助。教学安全事故救助要从领导、实验员、实验指导教师、班主任各层面互相配合，以使救助工作能有序进行，而不致延误后续的救助工作。

（5）协调配合原则。实验教学安全事故发生后，各救助岗位和责任人员，应当按照应急预案要求，无论是否接到指挥中心的指令，都应当自觉和主动地在第一时间、以最快的速度到达预先指定的岗位，立即发挥自己的岗位责任作用，充分体现配合协调救助的"应急精神"，充分体现学校处理突发事故的科学、合理、高效精神，充分体现各级安全管理者全心全意为师生员工服务的精神。

4. 实验教学安全事故救助要求

当学校遇到实验教学安全事故,导致学生受到伤害时,应沉着应对、积极主动、科学施救,切不可消极对待,具体要求如下。

1) 及时通知和主动汇报

学校要根据学生伤亡事故的性质和严重程度,在第一时间将事故发生的大体情况报告给有关主管部门或者政府负责人,必要时通知学生家长。同时,根据需要请求消防、卫生、医疗、防疫、交通,甚至公安、武警等有关部门支持,以求形成救援的合力。《学生伤害事故处理办法》第十六条也规定:发生学生伤害事故,情形严重的,学校应当及时向主管教育行政部门及有关部门报告;属于重大伤亡事故的,教育行政部门应当按照有关规定及时向同级人民政府和上一级教育行政部门报告。

2) 及时、科学地组织施救

实验教师是安全救助的第一线人员,对于大多数实验教学事故,实验教师应用其专业知识展开及时快速的救助。如果个人不能完成救助过程,则应立即报告学校领导,求助救援机构。不管是什么原因导致的学生意外伤亡事故,在事故发生后,学校都应当采取积极的救助措施,及时通知有关医疗和防疫部门,或者将受伤害者送医院抢救和治疗,努力将伤害减少到最低限度。

救助机构的救援行动一般包括接报、设点、报到、救援、撤点、总结等步骤。接报,接到救援指示或请求救援的报告,接报要问清事故发生的时间、地点、损害类型、危害程度、负责人等相关信息;设点,即各救援队伍选择有利地形进入救援现场;报到,即向现场指挥部报到,目的是接受任务,了解现场情况,便于统一协调救援;救援,即各救援队伍根据各自职能展开救援工作;撤点,即救援过程结束后离开现场或临时性转移;总结,即对每次的救援行动进行总结,积累经验。

3) 做好学生、家长的安抚工作

当实验教学安全事故发生后,学生可能受到伤害,这种情况可能导致学生产生恐惧心理,家长来到学校后也可能情绪激动。因此,学校应组织相关人员出面接待和安抚家长,辅导员或班主任、心理辅导教师等应对学生进行心理辅导,安抚学生情绪,并晓之以理、动之以情,为日后事故的有效解决奠定基础。

4) 保持证据,及时定性

在启动实验教学安全事故救助、开展救助过程中,在坚持"救人为先"的同时,还要有专门人员专门负责及时收集和保护保存证据,证据包括人证、物证和书证。重大安全事故,还要报告公安等部门,通过法律途径采集证据,查清事故发生原因,并通过司法鉴定部门等对事故的责任、损伤程度进行认定,有必要时还要请保险公司协同参与,为实验教学安全事故的有效处理包括保险理赔提供事实依据。

5) 救助预案工作

由于实验教学内容丰富、复杂,可能遇到不同的实验教学安全事故,应制订不同的救助应急预案,发生实验教学安全事故后,针对不同的事故,选择启动相应的救助方案。以下列举几种常见实验教学安全事故的救助应急预案。

实训中发生突发伤害事故。在场教师应立即停止一切训练活动,并积极采取针对性措施,控制事态扩大;及时向学校责任部门报告,拨打120;及时通知辅导员或班主任,联系家长告知具体情况;尽量组织在场人员积极取证,保留证据,对事故现场进行相应保护,对不能长时间保护的现场通过摄影、摄像进行拍照留存资料;组织在场学生、教师写好突发伤害事故的经过说明书;学校和有关部门责任人到来后,协助他们做好事故的善后处理工作。

见习实习中发生的伤害事故。实习见习是学生的必修课,如果组织、教育和管理不到位,也可能发生伤害事故。一旦学生在校外实习、见习活动过程中发生伤害事故,一般按以下程序处理:现场领导和教师,首先要积极组织抢救伤员;其次,通过拨打120,将伤员迅速送往医院;如果来回途中发生交通事故,立即报警,配合交警部门按相关法律法规处理;立即报告学校和见习单位有关责任部门;采用必要的手段保护好事故现场,有必要时通过摄影、摄像进行拍照留存资料;严重伤害事故需由学校责任人员协调有关实习单位或其他部门一同有效处理。

二、实验教学安全事故纠纷处理

1. 实验教学安全事故纠纷处理原则

在学校实验教学活动中,一旦发生学生伤害事故,最难的往往是责任的认定和理赔问题。通常,在责任划分、赔偿或者补偿范围和数额等方面难以达成一致意见,使事故不能得到及时妥善解决,同时也隐藏着一些不稳定因素。学校学生伤害事故的妥善处理是一项艰巨的工作,涉及面广、矛盾多、工作难度大,如果处理不当,则会严重影响学校各项教育教学工作的正常开展。对实验教学安全事故纠纷的处理原则上应以人为本、依法处理、及时处理。

1) 以人为本,维护权利

学校对在实验教学中受伤害的学生应给予物质和精神上的帮助,对于学生死亡的重大事故,学校应做好善后工作,严格按照有关法律政策规定,根据责任的大小,在不违背政策条件的情况下,积极与家长协商确定赔偿或者补偿经费数额,抚慰受害者家属。同时,实验教学伤害事故的处理涉及当事人的利益、政治前途和进步,必须采取谨慎的态度,应在合理、合法和可行的规章制度下进行操作。要坚持公开、公平、公正的原则,同时要在做出处理前告知当事人处理意见,并告知其控告和申诉的权利和期限。学生家长需要通过诉讼途径解决纠纷时,学校应当积极支持和配合家长通过诉讼途径解决纠纷。

2) 依法处理

在学生伤害事故明确责任后,学校就应按照相关的法律政策规定,除对受害人进行必要的赔偿或者道义补偿外,对故意、因过失或未履行职责而导致事故的人员特别是教师或者管理人员,应根据履职情况和岗位责任规定,进行依法处理。有些学校在实验教学伤害事故发生后,对责任人进行包庇,这样既违反了法律政策规定,同时也伤害了事故中的受害者。

3) 及时处理

学生伤害事故经过法律程序认定后,学校根据承担责任部分该赔偿的要及时赔偿;学校没有责任赔偿的应协助受害者家属向第三方保险公司索赔;学校无责任,学生家庭又特别困难的情况,学校可以从人道主义出发,发动群众采取捐助的办法,给予受伤害学生或者家长以道德援助,让受伤学生尽快得到相应经费帮助和精神补偿,迅速恢复健康,让家长得到安慰。学校处理事故时应处处为受害者着想,理解受害者家属的情绪,积极迅速地对事故原因进行调查,尽快给予答复,维护学校声誉。

实验教学事故均应按岗位职责追究到人,凡不属个人责任的由伤害事故单位有关负责人承担领导责任。伤害事故发生后,岗位责任人能及时、积极地采取措施补救者,可从轻处理;发生伤害事故后,如不能及时履行岗位职责,未能采取正确救助措施,或者隐瞒不报,影响救助顺利开展,使事故影响进一步扩大者,从重处理。

2. 实验教学安全事故纠纷处理

学校实验教学安全事故发生后,经常会产生各种利益主体之间的纠纷。因此,如何妥善地解决这些纠纷是一个很重要的问题。教育部颁布的《学生伤害事故处理办法》第18条明确规定:发生学生伤害事故,学校与受伤害学生或者学生家长可以通过协商方式解决;双方自愿,可以书面请求主管教育行政部门进行协调;成年学生或者未成年学生的监护人也可以依法直接提起诉讼。所以一般来说,实验教学安全事故纠纷的处理包括以下内容。

1) 做好后继救助工作

严格来说,实验教学安全事故救助有广义和狭义之分。广义应当包括现场救助和后继救助。实际上,任何实验伤害事故的发生,仅有现场救助是不够的,还必须有后继救助。后继救助是指按照应急方案到事故现场进行救助的阶段结束后的继续救助活动。这是出于对伤害事故救助的需要救助。发生学生伤害事故后,由于部分受伤害者仍未脱离危险,或者脱离危险也需要送进医院继续观察、治疗,进入医院观察、治疗阶段也需继续做好医疗救护工作,以最大限度地降低事故带来的损失,为以后事故的妥善处理创造良好条件。后继救助充分体现了安全事故纠纷处理的"以人为本"原则。

2) 事故责任的认定与处理

首先,事故责任的认定。实验教学事故是一项特殊的教学事故,处理不当既可能给国有资产带来严重损失,更严重的,会给已经受到伤害的师生群体带来精神上的意外伤害。因此,对此类教学事故的认定必须坚持实事求是和以事实为依据的原则,对教学事故的认定做到科学、合理。《教育法》第81条和最高人民法院《关于贯彻民法通则若干问题的意见》第160条规定,在学生伤亡事故中对学校实行的是过错责任和过错推定责任制。学生伤亡事故发生对高校法律责任的认定,要看学校是否存在过错。分析高校是否有过错,就要从学校所履行的义务来分析。如果学校在履行教育管理职责过程中存在过错,并且此过错与学生伤亡存在因果关系,那么学校就应承担相应的责任。例如,在学校设施或教学活动安排中有过错,且该过错是造成学生伤亡的原因,学校就应该承担过错责任;学校过错行为造成学生伤害的结果;在学校履行教育管理职责过程中学校是否尽了相应义务,即依照通常的预见水平和能力,应当预见而没有预见或已经预见而没有采取避免伤亡后果产生的措施,就是学校未尽相应义务。如果学校尽了相应义务就可以免除法律责任。《最高人民法院人身伤害赔偿司法解释》第6条中也对高校的赔偿责任做出了相应的规定,规定了学校在合理范围内的安全保障义务及其向第三者的追偿权。从学生伤亡事故发生的主要类型来分析高校的法律责任,可以将学校承担责任分别认定为三种情形:学校全部责任、学校部分责任、学校无责任。实验教学安全事故是特殊的学生伤害事故,应根据其发生的原因对事故责任进行认定。一旦事故责任已确定,对于一般的实验教学安全事故,由学校按照相关制度对责任人进行处理。

其次,事故的处理方法。对于实验教学安全事故在坚持"事故原因分析不清不放过、事故责任者和有关人员没有受到教育不放过、没有吸取教训采取预防措施不放过、事故责任者没有受到严肃处理不放过"[1]原则的条件下,实验教学安全事故处理的基本方法是协商、调解或诉讼。

协商。协商是指受害学生及其监护人和事故有关各方为解决事故而进行的直接交涉。当

---

① 谢正文,周波,李薇. 安全管理基础. 北京:国防工业出版社,2010.

事各方通过澄清事实、分清责任、确定损失,最后确定责任,并寻求各方都能接受的解决方法。协商时解决各类问题及其纠纷的最常见方法,不受时间、地域、程序的限制,与诉讼相比,成本更低,更快捷简便,有利于解决方案的实现。《学生伤害事故处理办法》第18条也规定:发生学生伤害事故,学校与受伤害学生或者学生家长可以通过协商方式解决;但协商解决事故应注意以下三方面。第一,由于实验教学发生了学生伤害事故的协商调解要以自愿为前提,在事故协调过程中应坚持自愿原则,不得欺骗、威逼、胁迫一方接受协商方案。第二,协商解决实验教学安全事故要以事实为依据,以法律为准绳。如果在事故协商时本着息事宁人的态度,忽视对事实的尊重,在确定事故性质时就会定性不准。《学生伤害事故处理办法》第26条规定,学校对学生伤害事故负有责任的,根据责任大小,适当予以经济赔偿,但不承担解决户口、住房、就业等与救助伤害学生、赔偿相应经济损失无直接关系的其他事项。因此,不能为息事宁人而将法律抛之脑后。第三,学生发生伤害事故后,如果是协商解决的,应制作协议书。协议书应记录当事人情况,以及事故发生的原因、发展及造成的伤害,协商赔偿金额、方式、协议生效时间等,当事人在协议书上签字盖章。

事故调解。调解,是指通过耐心说服教育的方法,使纠纷当事人或单位双方互相调解,在民主协商的基础上使纠纷获得解决。调解是妥善处理事故、防止矛盾过度激化、维护教育秩序的"第一道防线"。与协商不同,调解需要第三方介入。《学生伤害事故处理办法》第18条规定:"发生学生伤害事故……双方自愿,可以书面请求主管教育行政部门进行调解。"调解必须遵循合理、合法、可起诉的原则。根据事故的性质和伤害程度可分为轻微伤害事故的调解和一般伤害事故的调解。轻微伤害事故的调解,对于造成学生伤害较为轻微的伤害事故,可由实验教学指导教师与学生本人或家长进行调解,这种调解方法不伤和气,有利于学生与学校关系的维护。一般伤害事故的调解,对于造成学生伤害较为严重的伤害事故,可由学校组织调解,由学校组成调解委员会,根据事故实际情况和双方对事故的处理要求,以法律、政策和道德规范为准则,努力弥合双方认识上的差距,达成双方都能接受的处理意见。同时,根据《学生伤害事故处理办法》,也可以书面请求主管教育行政部门进行调解。事故调解应注意是双方自愿的、合法的,调解机构必须基于公正客观的理念,同时也应制定调解协议书。

事故的诉讼。《学生伤害事故处理办法》第20条规定:"在调解期限内,双方不能达成一致意见,或者调解过程中一方提起诉讼,人民法院已经受理的,应当终止调解。调解结束或者终止,教育行政部门应当书面通知当事人。"《学生伤害事故处理办法》第21条规定:"对经调解达成的协议,一方当事人不履行或者反悔的,双方可以依法提起诉讼。"对重大伤害事故或调解无效的伤害事故可诉诸法律加以解决。人民法院依法定要求和程序受理的伤害事故诉讼,应当按相应司法程序判决,其判决的结果具有最高法律效力。

3) 对责任人的处理、备案,签订协议

实验教学安全事故是学校教学事故的一个方面,它的发生总是以人为基础而出现的。在此过程中,实验教学安全管理的各级管理方是否履行必要的安全管理职责、在实验教学中教师是否按安全操作流程进行教学、在实验过程中学生是否遵循了安全规章制度和实验操作程序、是否导致了人身心和财产的损失、是否有主观的过失或者故意等都是认定责任的重要因素,是确定承担责任的主要依据。因此,对责任人的处理要坚持以事实为依据、以法律为准绳,坚持按照法定的程序和条件进行,坚持依据承担责任的大小处理;如果行为人触犯刑法的,坚持移送司法机关处理。同时,对处理结果要写成书面材料,书面材料至少一式三份。其中,一份学校存档,一份提交上级主管部门备案,一份提交当事人。如果是协商处理的,对协商结果也要制定调解协议书,调解协议书也至少一式三份,同样是其中一份学校存档,一份提交上级主管部门备案,一份提交当事人。

三、实验教学安全事故处理总结

1. 一般事故总结

对于一般实验教学安全事故,基层实验教学管理单位或者责任人员,除了要及时如实填写事故记录,报学校有关管理部门外,还要认真总结发生事故的经验教训。总结的内容,包括事故描述、事故性质、事故处理、经验教训等主要内容。各单位对发生的实验教学安全事故处理结果,都应当在规定期限内向实验教学管理部门报告,任何单位和个人都不得隐瞒、迟报和漏报,否则有关责任人员要承担管理责任。

2. 重大事故总结

对重大或者特大实验教学安全事故,学校实验教学安全管理部门,要按照岗位分工,组织专门部门和人员通过会议的形式,对实验教学安全事故进行总结。总结的基本目的:一是吸取本次发生事故的经验教训,找出目前实验教学中存在的问题与不足,进一步明确之后的实验教学安全预防责任和措施;二是为有针对性地提出下一步的实验教学安全预防改革、管理提供事实依据,为进一步提高管理水平创造条件。只有对每次发生的实验教学事故进行认真总结,才能减少甚至避免以后安全事故的发生。重大实验教学安全事故的总结会议规格要高,会议要严肃、规范,信息要全面,表扬、批评、处分要明确。

3. 事故总结报告

重大事故处理结束后,学校实验教学安全管理部门应当指定专门人员撰写书面"重大实验教学安全事故处理总结报告"。该总结报告包括的基本内容:事故的时间、地点、事故类别;事故经过;事故原因;事故造成的伤亡及经济损失;事故发生后组织抢救、采取的安全措施、事故控制情况、事故教训及防范措施;事故责任分析及处理意见,包括直接责任、主要责任、领导责任、管理者责任的分析及对责任者的处理;总结报告呈送或者报告部门。重大实验教学安全事故书面总结报告必须规范。

4. 总结报告归档

重大实验教学安全事故总结报告应当分为电子报告和书面报告。书面报告应当一式多份,按国家文件管理规定,其中,原件总结存入学校档案,复印件按规范程序和手续呈报上级有关管理部门;电子文档按规范程序和手续存入学校或者上级有关安全信息管理中心,为构建实验教学安全预警、预防和救助平台提供有力的信息支持。总的来说,学校实验教学安全事故的管理是一个动态过程,应不断地探索、调整、改进。

思 考 题

1. 实验教学安全事故的特点是什么?
2. 实验教学安全事故的成因是什么?
3. 实验教学安全事故的救助原则是什么
4. 如何进行实验教学安全事故纠纷处理?

主要参考文献

安文铸. 2001. 现代教育管理学引论. 北京:北京师范大学出版社.

巴克 K. 2005. 生物实验室管理手册. 黄伟达,王维荣译. 北京:科学出版社.

陈力华. 2005. 组织行为学. 北京:清华大学出版社.

陈琦,刘儒德. 2000. 现代教育心理学. 北京:北京师范大学出版社.

陈森尧. 1996. 安全管理学原理. 北京:航空工业出版社.

陈树文. 2006. 组织管理学. 大连:大连理工大学出版社.

陈孝彬. 1999. 教育管理学. 北京:北京师范大学出版社.

陈英武,李孟军. 2007. 现代管理学基础. 长沙:国防科技大学出版社.

成有信. 2001. 教育学原理. 郑州:大象出版社.

董肇君. 2007. 系统工程与运筹学. 北京:国防工业出版社.

方淇,胡正祥. 1991. 安全管理学. 北京:中国经济出版社.

方益权. 2005. 学生伤害事故赔偿:以相关司法解释和法规规章为中心. 北京:人民法院出版社.

甘华鸣,李湘华. 2002. 领导(下册). 北京:中国国际广播出版社.

韩岫岚. 1998. MBA 管理学方法与艺术. 北京:中共中央党校出版社.

贺乐凡. 2000. 中小学教育管理. 上海:华东师范大学出版社.

胡德海. 1998. 教育学原理. 兰州:甘肃教育出版社.

扈中平. 2000. 现代教育理论. 北京:高等教育出版社.

金龙哲,宋存义. 2004. 安全科学原理. 北京:化学工业出版社.

凯普. 2004. 没有任何借口. 大象译. 北京:中国工人出版社.

孔茨 H,韦里克 H. 1998. 管理学. 郝国华等译. 北京:经济科学出版社.

莱文森 H. 2007. 组织评估. 张进辅等译. 重庆:重庆大学出版社.

黎红雷. 2000. 人类管理之道. 北京:商务印书馆.

黎群. 2008. 企业文化. 北京:清华大学出版社.

李爱梅. 2011. 组织行为学. 北京:机械工业出版社.

李秉德. 1991. 教学论. 北京:人民教育出版社.

李建华. 2008. 现代企业文化通识教程. 上海:立信会计出版社.

李健,李浇. 2009. 现代管理学基础. 大连:东北财经大学出版社.

李来宏. 2007. 时间管理知识全集. 北京:金城出版社.

李森. 2005. 现代教学论纲要. 北京:人民教育出版社.

李树荣. 2007. 煤矿安全管理理论与实务. 北京:兵器工业出版社.

李五一. 2006. 高等学校实验室安全概论. 杭州:浙江摄影出版社.

刘邦齐,齐平. 1997. 现代教学管理系统. 石家庄:河北教育出版社.

吕保和,朱建军. 2004. 工业安全工程. 北京:化学工业出版社.

罗云,吕海燕,白福利. 2006. 事故分析预测与事故管理. 北京:化学工业出版社.

罗云. 2008. 新员工安全知识读本. 北京:煤炭工业出版社.

麦克斯温 T E. 2008. 安全管理:流程与实施. 2 版. 王向军,范晓虹译. 北京:电子工业出版社.

毛海峰. 2004. 安全管理心理学. 北京:化学工业出版社.

缪兴锋,叶小明. 2006. 现代管理学基础与应用. 广州:华南理工大学出版社.

青岛贤司. 1982. 安全管理学. 罗国钦, 刘宜家译. 攀枝花: 四川省冶金局、劳动局.

石佩臣. 1996. 教育学基础理论. 长春: 东北师范大学出版社.

石中英. 2001. 知识转型与教育改革. 北京: 教育科学出版社.

隋鹏程, 陈宝智, 隋旭. 2005. 安全原理. 北京: 化学工业出版社.

孙绵涛. 1999. 教育管理原理. 广州: 广东高等教育出版社.

唐燕. 2002. 扩招后的学生教育与管理. 广州: 中山大学出版社.

王策三. 1988. 教学论稿. 北京: 人民教育出版社.

王慈光. 2005. 系统工程讲义. 成都: 西南交通大学出版社.

王道俊, 王汉澜. 1999. 教育学. 北京: 人民教育出版社.

王关义, 高海涛, 张铭. 2009. 管理学原理. 北京: 经济管理出版社.

王凯全, 邵辉等. 2004. 事故理论与分析技术. 北京: 化学工业出版社.

吴祈宗. 2006. 系统工程. 北京: 北京理工大学出版社.

谢正文, 周波, 李薇. 2010. 安全管理基础. 北京: 国防工业出版社.

徐伟东. 2007. 现代企业安全管理. 广州: 广东科技出版社.

许国志. 2000. 系统科学. 上海: 上海科技教育出版社.

许宁, 胡伟光. 2007. 环境管理. 北京: 化学工业出版社.

叶龙, 李森. 2005. 安全行为学. 北京: 清华大学出版社, 北京交通大学出版社.

尹钢. 2005. 行政组织学. 北京: 北京大学出版社.

俞文钊. 2000. 管理心理学简编. 2版. 大连: 东北财经大学出版社.

袁昌明. 2009. 安全管理技术. 北京: 冶金工业出版社.

张丽丽. 2009. 本质安全管理四要. 中国电力企业管理, (8): 78-79.

张满林. 2010. 管理学理论与技能. 北京: 中国经济出版社

张旭霞. 2009. 管理学. 北京: 对外经济贸易大学出版社.

张勇. 2005. 环境安全论. 北京: 中国环境科学出版社.

张玉堂, 李巍. 2008. 高等教育管理概论. 北京: 中国科学技术出版社.

张玉堂. 2010. 学校安全预警与救助机制理论和实践. 成都: 四川人民出版社.

赵天宝. 2006. 化学试剂化学药品手册. 北京: 化学工业出版社.

赵文明. 2009. 世界经典管理思想精读精解. 北京: 中国物资出版社.

郑小平, 高金吉, 刘梦婷. 2009. 事故预测理论与方法. 北京: 清华大学出版社.

中共中央, 国务院. 2010. 国家中长期教育改革和发展规划纲要(2010—2020 年).

中华人民共和国国务院令(第 424 号). 2004. 病原微生物实验室生物安全管理条例.

中华人民共和国教育部令第 12 号. 2002. 学生伤害事故处理办法.

中华人民共和国卫生部. 2001. 化学品毒性鉴定管理规范.

中华人民共和国主席令第 45 号. 1995. 中华人民共和国教育法.

中华人民共和国主席令第 7 号. 1998. 中华人民共和国高等教育法..

中华人民共和国最高人民法院. 1988. 最高人民法院关于贯彻执行《中华人民共和国民法通则》若干问题的意见(试行).

中华人民共和国最高人民法院. 2003. 人身伤害赔偿司法解释.

周三多, 陈传明, 鲁明泓. 2004. 管理学——原理与方法(第四版). 上海: 复旦大学出版社.

周三多. 2000. 管理学. 北京: 高等教育出版社.

朱德全, 易连云. 2003. 教育学概论. 重庆: 西南师范大学出版社.

朱瑞博. 2010. 危机管理案例. 北京: 人民出版社.

朱占峰. 2009. 管理学原理. 武汉: 武汉理工大学出版社.

庄越, 雷培德. 2009. 安全事故应急管理. 北京: 中国经济出版社.

Gilliland B E, James R K. 2000. 危机干预策略. 肖水源等译. 北京: 中国轻工业出版社.

Heinrich H W. 1979. Industrial Accident Prevention. New York: McGraw-Hill.

后　记

　　本书是成都大学党委书记屠火明教授主持的"四川省2009—2012年高等教育人才培养质量和教学改革项目(川教[2009]288号P09392)"的成果之一,由成都大学实验技术中心副主任代显华副研究员担任主编,葛一楠教授担任副主编。参加本课题研究和成果撰写的成员及具体分工为:第一章,段黎、葛一楠;第二章,杨汉国、代显华;第三章,张雪梅、黎惠;第四章,代显华;第五章,张雪梅,代显华;第六章,刘晓琴,代显华;第七章,杨汉国、代显华;第八章,颜军、葛一楠;第九章,刘晓琴、代显华;第十章,颜军、葛一楠。本书的内容选择和研究提纲由代显华拟定、屠火明教授审定完成,全书最后由代显华统稿。本研究成果的问世,离不开课题组成员的齐心协力和艰苦奋斗,离不开学校领导的关怀支持,离不开学校实验技术中心其他同事的关心帮助。屠火明教授自始至终参与了本课题的领导和研究,从课题申报到课题立项,从研究实施、形成成果到顺利结题、最终出版整个过程,都给予了充分支持和帮助;成都大学副校长赵钢教授在本书编写过程中给予了充分的鼓励、支持、指导和帮助,并提供了宝贵的建议与意见;四川师范大学的张玉堂教授对本课题内容的选择、研究提纲、初稿修改等都提出了许多意见和建议;成都大学教务处、科技处和科学出版社也对本课题给予了大力支持和帮助。在此衷心感谢他们的无私奉献和帮助!

　　在本书的研究和编写过程中,我们参考了国内外不少学者的研究成果,借鉴了国内外很多专家的论著、教科书等素材,得到了校内外许多领导、专家和同事的热情鼓励和帮助,在此一并致谢。

代显华

2012年11月于成都